全国机械行业职业教育优质规划教材（高职高专）

经全国机械职业教育教学指导委员会审定

机械设备维修与安装

第 2 版

主　编　王丽芬　刘　杰

副主编　杨立云　赵宇辉

参　编　李天兵　张玉芝　王红光

主　审　张树海

U0258131

机 械 工 业 出 版 社

本书是全国机械行业职业教育优质规划教材，经全国机械职业教育教学指导委员会审定。全书共有七个学习项目，主要介绍了机械维护与修理的基础知识、零件和设备的润滑、机械维护与修理制度、机械的拆卸与装配、机械零件修复技术、机械设备的安装、典型设备的修理等内容。本书理论联系实际，突出理论知识的应用，加强内容的针对性、实用性和先进性，并采用双色印刷。

本书可作为高职高专及成人院校的机械设计与制造专业、机电工程类专业教材，也可作为工业企业中从事设备管理与维修的工程技术人员参考用书或作为培训教材。

本书配有电子课件，凡使用本书作为教材的教师可登录机械工业出版社教育服务网 www.cmpedu.com 注册后下载。咨询电话：010-88379375。

图书在版编目（CIP）数据

机械设备维修与安装/王丽芬，刘杰主编. —2 版. —北京：机械工业出版社，2018.12（2025.1 重印）

全国机械行业职业教育优质规划教材. 高职高专　经全国机械职业教育教学指导委员会审定

ISBN 978-7-111-61362-6

Ⅰ.①机…　Ⅱ.①王…②刘…　Ⅲ.①机械设备-维修-高等职业教育-教材②机械设备-设备安装-高等职业教育-教材　Ⅳ.①TH17②TH182

中国版本图书馆 CIP 数据核字（2018）第 259865 号

机械工业出版社（北京市百万庄大街 22 号　邮政编码 100037）
策划编辑：刘良超　　　　　责任编辑：刘良超
责任校对：陈　越　张　薇　封面设计：鞠　杨
责任印制：常天培
北京机工印刷厂有限公司印刷
2025 年 1 月第 2 版第 8 次印刷
184mm×260mm · 15.5 印张 · 381 千字
标准书号：ISBN 978-7-111-61362-6
定价：48.00 元

电话服务　　　　　　　　网络服务
客服电话：010-88361066　机　工　官　网：www.cmpbook.com
　　　　　010-88379833　机　工　官　博：weibo.com/cmp1952
　　　　　010-68326294　金　书　网：www.golden-book.com
封底无防伪标均为盗版　机工教育服务网：www.cmpedu.com

前　言

"工欲善其事，必先利其器"。随着科学技术的迅速发展和日趋综合化，知识更新的周期在缩短，生产设备正朝着大型化、自动化、高精度化方向发展，生产系统的规模变得越来越大，设备的结构也随之变得越来越复杂，设备在生产上的重要性日益显现。因此，做好设备维修，正确地使用设备，精心保养维护设备，使设备处于良好的技术状态，才能保证生产正常进行，使企业取得最佳的经济效益。

本书在编写过程中遵循了理论教学以应用为主，以必需、够用为度，加强了实用性内容，突出了理论和实践相结合，并将"专业知识"与"维修技术"有机地融于一体，使教材内容尽量体现"宽、浅、用、新"，在教材结构和叙述方式上遵循由浅入深、循序渐进的认知规律。

本书共分七个学习项目，主要介绍了机械维护与修理的基础知识、零件和设备的润滑、机械维护与修理制度、机械的拆卸与装配、机械零件修复技术、机械设备的安装、典型设备的修理等内容，目的是使读者了解设备修理的基本知识，学会设备修理的基本技能，熟悉设备修理的基本方法，了解新工艺、新技术、新材料在设备修理中的应用。

本书可作为高职高专及成人院校的机械设计与制造专业、机电工程类专业教材，也可供工业企业中从事设备管理与维修的工程技术人员参考或作为培训教材。

本书由河北工业职业技术学院王丽芬、刘杰任主编，河北机电职业技术学院杨立云、河北工业职业技术学院赵宇辉任副主编，河北工业职业技术学院张树海任主审。学习项目一由邯郸钢铁股份有限公司李天兵编写；学习项目二、三由河北机电职业技术学院杨立云编写；学习项目四、六由河北工业职业技术学院刘杰编写；学习项目五由河北工业职业技术学院赵宇辉和王红光编写；学习项目七由王丽芬和河北工业职业技术学院张玉芝编写。

由于编者的水平和经验有限，书中的不妥和错误之处在所难免，恳请广大读者批评指正。

编　者

目　录

Chapter 1

学习项目一

机械维护与修理的基础知识

任务1　机械故障和设备事故的概念

1.1　机械故障及其规律

1.1.1　机械故障的概念

机械故障，是指机械系统（零件、组件、部件或整台设备乃至一系列设备组合）丧失了它所被要求的性能和状态。机械发生故障后，其技术指标就会显著改变而达不到规定的要求。机械故障的概念不能简单地理解为物质形态"损坏"，也不能简单地理解为设备不能继续使用。性能下降到设计标准以下和状态老化等原因都会带来机械故障，如原动机功率降低、传动系统失去平衡、噪声增大、温度上升、工作机构能力下降、润滑油的消耗增加等都属于机械故障的范畴。通常见到的发动机发动不起来、机床运转不平稳、设备制动不灵等现象都是机械故障的表现形式。

零件是生产制造的最小单位。在一个基准件上装上若干个零件就构成了套件。在一个基准件上装上若干个零件、套件就构成了组件。在一个基准件上装上若干个零件、套件、组件就构成了部件。机械故障表现在结构上主要是零部件损坏和部件之间相互关系的破坏，如零件的断裂、变形，配合件的间隙增大或过盈丧失，固定和紧固装置松动和失效等。零部件损坏需要采用零件修复技术加以修复，部件之间相互关系的破坏需要拆卸机械设备进行调整和修理。

1.1.2　机械故障的类型

机械故障分类的方法主要有四种。

1. 按引发故障的时间性分类

机械故障按故障发生的时间性可分为渐发性故障、突发性故障和复合型故障。

（1）渐发性故障　渐发性故障是由机械产品参数的劣化过程（磨损、腐蚀、疲劳、老化）逐渐发展而形成的，是通过事前测试或监控可以预测到的故障。设备劣化是指设备在使用或闲置过程中逐渐丧失原有性能，或与新型设备相比性能较差，显得旧式化（相对劣化）的现象。设备劣化周期图如图1-1所示。

设备劣化周期图说明了设备管理工作的整体过程。图中横坐标为设备经历的各个生产期，纵坐标为设备表现出的功能水平。当进入设备更新期，设备经过多次修理，实际功能水

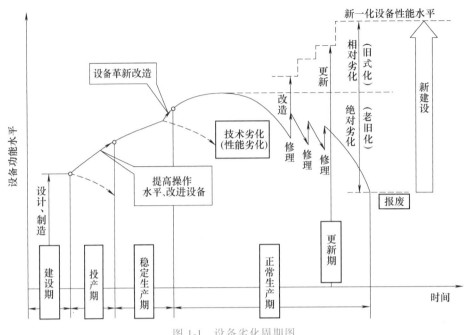

图 1-1 设备劣化周期图

平低于设计的最低水平时，设备应报废。

渐发性故障的主要特点是故障发生可能性的大小与使用时间的长短有关，使用的时间越长，发生故障的可能性就越大。大部分机器的故障都属于这类故障。这类故障只是在机械设备的有效寿命的后期才明显地表现出来。这种故障一经发生，就标志着机械设备寿命的终结，需要进行大修。由于这种故障是渐发性的，所以它是可以预测的。

（2）突发性故障 突发性故障是由各种不利因素和偶然的外界影响共同作用的结果。这种故障发生的特点是具有偶然性，是通过事前测试或监控不能预测到的故障，但它一般容易排除。这类故障的例子有：因润滑油中断而导致零件产生热变形裂纹；因机械使用不当或出现超负荷现象而引起零件折断；因各参数达到极限值而引起零件变形或断裂等。

（3）复合型故障 复合型故障包括了上述两种故障的特征，其故障发生的时间是不确定的，并与设备的状态无关，而设备工作能力耗损过程的速度则与设备工作能力耗损的性能有关。如由于零件内部存在着应力集中，当机器受到外界较大冲击后，随着机器的继续使用，就可能逐渐发生裂纹。

2. 按故障出现的情况分类

机械故障按故障出现的情况可分为实际（已发生）故障和潜在（可能发生）故障。

（1）实际故障 实际故障是指机械设备丧失了它应有的功能，或参数（特性）超出规定的指标，或根本不能工作，也包括机械加工精度被破坏，传动效率降低，速度达不到标准值等。

（2）潜在故障 潜在故障是指对运行中的设备如不采取预防性维修和调整措施，再继续使用到某个时候将会发生的故障。潜在故障和渐发性故障是相互联系的，当故障在逐渐发展，但尚未在功能和特性上表现出来，而同时又接近萌芽的阶段时，即认为也是一种故障现象，并称之为潜在故障。例如，零件在疲劳破坏过程中，其裂纹的深度是逐渐扩展的，同时其深度又是可以探测的，当探测到裂纹扩展的深度已接近于允许的临界值时，便认为是存在潜在故障，必须按实际故障一样来处理。探明了机械的潜在故障，就有可能在机械达到功能故障之前排除，这有利于保持机械的完好状态，避免由于发生功能性故障而可能带来的不利后果，在机械使用和维修中具有重要意义。

3. 按故障发生的原因或性质不同分类

机械故障按故障发生的原因或性质不同可分为人为故障和自然故障。

（1）人为故障　由于维护和调整不当，违反操作规程或使用了质量不合格的零件材料等，使各部件加速磨损或改变其机械工作性能而引起的故障称为人为故障，这种故障是可以避免的。有资料表明，70%以上的机械故障都与违反操作规程有关。在一些制度不规范，规章不健全的企业，人为故障往往是较常见的。

（2）自然故障　机械在使用过程中，因各零件的自然磨损或物理化学变化而造成零件的变形、断裂、蚀损等使机件失效所引起的故障，称为自然故障，这种故障虽不可避免，但随着零件设计、制造、使用和修理水平的提高，可使机械有效工作时间大大延长，而使故障较迟发生。

4. 按故障的影响程度分类

机械故障按故障影响程度可分为轻微故障、一般故障、严重故障、恶性故障。

（1）轻微故障　轻微故障是指设备略微偏离正常规定指标，设备运行受轻微影响的故障。

（2）一般故障　一般故障是指设备运行质量下降，导致能耗增加、噪声增大的故障。

（3）严重故障　严重故障是指关键设备或整体功能丧失，造成停机或局部停机的故障。

（4）恶性故障　恶性故障是指设备遭受严重破坏造成重大经济损失，甚至危及人身安全或造成环境严重污染的故障。

1.1.3　一般机电设备常见故障

1. 动力设备的常见故障

机电设备的动力系统包括动力源、动力机和动力传输系统。常见故障分类及其分析如下。

（1）动力源的常见故障　机电设备的动力源包括电源、气源、热源和燃料供给源。常见故障包括以下三种：

1）电源故障。设备的运转离不开电动机及电动机控制元件，当一部设备不能运转时，首先应检查电源，检查主电路的熔丝是否完好，接触器、继电器的触点、接头是否松动以及接触器的线圈是否因过电流引起毁损，再检查设备主控板的其他电器元件的完好情况。

2）气源故障。有的设备由于功能需要还有气动源，当气源出现故障时，应检查供气管路是否因过量变形而出现漏气；检查气阀是否能完成其打开、关闭功能，是否因腐蚀磨损而引起阀门失效。

3）热源故障。热源零件一般在高温下工作，因此，在温度冷热变化的条件下，应检查热源零件是否出现蠕变松动和高温变形以及高温疲劳失效。

（2）动力机常见故障　动力机包括电动机、汽油机、柴油机、汽轮机等。常见故障包括以下三种：

1）电动机故障，如电动机转子的不平衡故障。

2）汽、柴油发动机故障，如曲轴连杆的断裂失效故障。

3）汽轮机故障。汽轮机的故障大部分都发生在承压件上，如管道、管系和压力容器。

（3）动力传输系统常见故障　脏物积聚在系统低压区（死角），造成循环故障，并对管路造成腐蚀；在压力的作用下，参与系统循环，增加冲蚀作用，破坏防腐保护层，损坏密封，加速水泵和阀门的磨损。

2. 机械紧固件的常见故障

紧固件系统的功能是传递载荷，紧固件系统包括螺纹紧固件、铆钉、封闭式紧固件、销紧固件和特殊紧固件。紧固件常见故障部位是头杆的圆角处，螺纹紧固件上螺母内侧的第一个螺纹或杆身到螺纹的过渡处。

3. 润滑系统的常见故障

润滑不仅能减少摩擦表面之间的摩擦功耗，同时还能避免滚动和滑动表面的过度磨损。在所有的润滑方式中，都是接触表面被润滑介质隔开，此种介质可以是固体、半固体或加压的液体或气体膜。应注意润滑介质是否缺失或失效。

4. 传动系统的常见故障

1）轴类零件故障。轴类零件一般承受交变载荷，因此，失效形式以疲劳断裂为主，有时是由于疲劳裂纹的出现和扩展而引起的脆性断裂，而这些裂纹一般都发生于轴的阶梯部位、沟槽处以及配合部位等应力集中处。因此，在交变载荷的作用下，裂纹的出现和扩展导致轴类零件出现断裂失效。另外，在轴的配合处还可能发生微振磨损，在微振磨损过程中有时产生细微裂纹。

2）齿轮类零件的故障。齿轮是传递运动和动力的通用基础零件，其类型很多，工况条件复杂多变，失效形式也是多样的。但从发生失效的部位来看，经常是在轮齿部位。

轮齿部位的失效形式主要有轮齿折断、轮齿塑性变形、齿面磨损、齿面疲劳点蚀及其他损伤形式。

3）其他零件故障，如弹簧、轴承、卡簧、键、密封件等的故障。

1.1.4　一般机械的故障规律

机械在运行中发生故障的可能性随时间而变化的规律称为一般机械的故障规律。故障规律曲线如图1-2所示，根据曲线的形状，此曲线也称为"浴盆曲线"，图示中横坐标为使用时间，纵坐标为失效率。

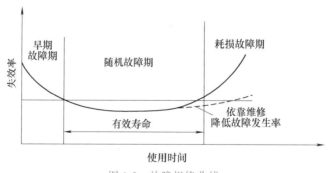

图 1-2　故障规律曲线

故障规律曲线主要分为三个阶段：第一阶段为早期故障期，即由于设计、制造、保管、运输等原因造成的故障，因此故障率一般较高，经过运转、磨合、调整，故障率将逐渐下降并趋于稳定；第二阶段为正常运转期，也称为随机故障期，此时设备的零件均未达到使用寿命，不易发生故障，在严格操作、加强维护保养的情况下，故障率很低，这一阶段为机械的有效寿命；第三阶段为耗损故障期，由于零部件的磨损、腐蚀以及疲劳等原因造成故障率上升，这时，如加强维护保养，及时更换即将到达寿命周期的零部件，则可使正常运行期延长，但如维修费过高，则应考虑设备更新。

从设备使用者的角度出发，对于曲线所表示的早期故障率，由于机械在出厂前已经过充分调整，可以认为已基本得到消除，因而可以不必考虑；随机故障通常容易排除，且一般不决定机器的寿命；唯有耗损故障才是影响机械有效寿命的决定因素，因而是主要研究对象。

1.2 了解事故及其评估方法

机械故障和事故是有差别的。机械故障是指设备丧失了规定的性能；事故是指失去了安全性状态，包括设备损坏和人身伤亡。机械故障强调设备的可靠性，更多的是考虑经济性因素，而事故更强调设备和人身的安全性。

1.2.1 事故分类

事故是指在没有预料的情况下突然发生的故障。事故按起因和后果可分为四类，见表 1-1。

表 1-1　事故的分类

类　型	含　义
设备事故	设备事故是指工业企业设备(包括各类生产设备、管道、厂房、建筑物、构筑物、仪器、电信设备或设施)因非正常损坏造成停产或效能降低，直接经济损失超过规定限额的行为或事件。设备事故是设备丧失安全性的状态。凡正式投入生产的设备，不论何种原因造成动力供应中断或设备不能运行通称为设备事故
生产事故	由于操作或工艺问题造成停产，但未损坏设备，则属于生产事故。例如，冶金炉跑铁、跑钢，高炉悬料结瘤，焙烧炉或煤气发生炉结块等。此外生产中造成工具损坏也属于生产事故。如轧机导轨装置损坏，剪刀和锯片崩裂等。还有，由于非设备原因造成的动力系统(电、水、压缩空气、氧气、煤气等)供应中断及调节失灵而影响生产，也属于生产事故
安全事故	不论何种原因，凡造成人员伤亡都属于安全事故
质量事故	由各种原因导致产品质量急剧下降，超出正常的废次品率的称为质量事故

表 1-1 中的四种事故类别互相区分而又互有联系，一起事故的类型可能是多种性质的复合型。对于设备维修人员，最重要的是加强设备事故管理。

凡是正式投入生产的设备，在运转过程中造成整机、零件、构件损坏，使生产系统中断 4h 以上或造成直接经济损失 1 万元以上（含 1 万元）的事件，称为设备事故。设备事故按直接经济损失大小，或事故停产时间分为较小设备事故、一般设备事故、重大设备事故和特大设备事故。

1）较小设备事故。设备事故直接经济损失在 1 万元以上，30 万元以下（不含 30 万元）；或主要生产设备发生事故使生产系统停产 4h 以上，8h 以下。

2）一般设备事故。设备事故直接经济损失在 30 万元以上，100 万元以下（不含 100 万元）；或主要生产设备发生设备事故使生产系统停产 8h 以上，24h 以下。

3）重大设备事故。设备事故直接经济损失在 100 万元以上，1000 万元以下（不含 1000 万元）；或主要生产设备发生设备事故使生产系统停产 24h 以上，72h 以下。

4）特大设备事故。设备事故直接经济损失在 1000 万元及以上；或主要生产设备发生事故使生产系统停产 72h 及以上。

1.2.2 设备事故的原因

造成设备事故的原因有以下几方面：

1）设备方面。设计上，结构不合理；零部件强度、刚度不足，安全系数过小。制造上，零件材质与设计不符，工艺处理达不到要求，有先天缺陷，如内裂、砂眼、缩孔、夹杂等；加工、安装精度不高等。安装上，基础质量不好；标高、水平不符，中心线不正，间隙调整不当等。

2）设备管理方面。维护不良，润滑不当，未定期检查，故障排除不及时等；检修工作不当，未按计划进行检修，磨损、疲劳超过极限，部件更换不及时，修理质量不好，未能恢复原来的安装水平。

3）生产管理方面。违章操作，超负荷运转等。

4）其他方面。防腐、抗高温等措施不力，外物碰撞，卡滞等意外原因。

1.2.3 设备事故的预防、处理与考核

1. 设备事故的预防

对设备事故的预防要以人为主，通过下列措施达到保证设备安全运行的目的。

1）选购合格设备。

2）做好设备的安装、调试和验收。

3）为设备运行提供合格的环境。

4）保证设备操作者具有相应的操作资格。

5）制定规章制度，保证设备正常运行。

6）做好设备定期维护。

7）做好设备的日常维护保养。

8）做好设备运行前后的检查。

9）吸取事故教训，避免同类事故重复发生。

10）做好设备的更新改造。

2. 设备事故的处理

设备管理，应以预防设备事故为重点，即贯彻预防为主的原则。但是，设备事故是不可能完全避免的，关键是要把设备事故的损失减少到最小。因此，设备事故发生后的处理、考核工作是十分重要的。

设备事故造成的损失，包括修理费（修复所需材料、备件、人工、管理费用等）和减（停）产损失费等，可按下式计算：

设备事故损失费 = 受影响的生产时间(h)×小时计划产量×(减产产品的价格 − 原材料费)+原样修复费

由此可见，要减小事故损失，应做到以下几点：

1）由于事故而造成的减产损失要比照原样修复的费用高得多，因此，千方百计地减少

事故发生后的停产时间，是减小事故损失的关键。

2）事故发生后，要根据重大事故和一般事故的划分，分别由各级主管部门领导主持对事故原因和责任进行认真分析。切实做到事故原因没有查清不放过，事故责任者不受教育不放过，防止事故措施不落实不放过。要认真总结教训，杜绝类似事故发生。

3）贯彻既防患于未然，又改进于事后的事故管理原则。克服在事故后只照原样修复，不加改进的消极做法。

4）不能过分强调防止事故，而采取过激的检查和修理手段。片面提高维修率，会造成维修费用和停产时间的增加。

5）按规定要求填写报表，并将有关资料存档。对重要设备的重大事故或性质恶劣、情节严重的其他重大设备事故，必须立即报告上级主管部门。

6）严格执行事故奖惩制度。

3. 设备事故的考核

为了对设备事故造成的损失进行统计，以便考核设备管理工作的效果，通常采用以下几种考核办法：

1）考核企业的重大设备事故次数、一般设备事故次数、事故停产时间、事故损失价值等。这种考核办法的缺点是没有可比性。因各厂矿企业的设备数量、生产规模、年产值等不尽相同，所以用事故次数、停产时间、损失价值三项指标还不能评定企业设备管理工作的效果和水平。

2）近年来，许多企业都在探讨考核事故率的办法，即用设备事故率和资金事故率来考核。

① 考核台时事故率：用事故累积时间与主要设备的台数乘以年日历时间之比，即：

$$K_p = \frac{\sum t}{N_p T_0} \times 100\%$$

式中　K_p——设备台时事故率；

　　　$\sum t$——年累计设备事故影响生产时间（h）；

　　　N_p——主要设备台数；

　　　T_0——年日历时间（h）。

这种考核办法由于设备台数划分比较复杂，台与台之间差别很大，又不可能把全部设备台数都计算在内，以年日历时间为基础，与企业的实际生产效率、作业率不一致，因此，这种办法只适用于单机组考核，而不适用于整个企业。

② 考核资金事故率：即"千元产值事故损失率"。以事故损失金额与产值比较，作为设备事故考核指标，即

$$K_b = \frac{1000 \sum \Delta E}{E} \times 100\%$$

式中　K_b——千元产值事故损失率；

　　　$\sum \Delta E$——年全部事故损失（万元）；

　　　E——年总产值（万元）。

这种考核办法，考虑了生产水平，在企业之间、企业内部各年度间都可进行考核比较。

例　某轧钢厂去年总产值8000万元，年事故损失金额共6万元；今年总产值12000万

元，年事故损失金额共 6.5 万元。试比较该厂去年和今年的事故率有何变化？

按资金事故率的考核公式计算：

$$去年\ K_{b1} = \frac{1000 \times 6}{8000} \times 100\% = 75\%$$

$$今年\ K_{b2} = \frac{1000 \times 6.5}{12000} \times 100\% = 54.2\%$$

$K_{b1} > K_{b2}$，可见今年的事故率比去年下降了。

任务2　机械故障发生的原因及其对策

机械设备越复杂，引起故障的原因越多样化。一般认为引起故障的原因有机械设备自身的缺陷（内因）和各种环境因素（外因）的影响。机械设备本身的缺陷是由于材料有缺陷和应力、人为差错（设计、制造、检验、维修、使用、操作不当）等原因造成的。环境因素主要指灰尘、温度、有害介质等。环境因素和时间因素同时对机械设备的各个方面都有影响（无论是引起机械故障的直接原因，还是间接原因，乃至故障的结果）。这种影响可能是诱发因素，也可能是扩大因素。环境因素是产生应力的原因，因而也是故障原因之一。由于机械设备的状况每时每刻都在发生变化，故障原因自然随时间而变化，因而，时间因素对故障出现的可能性、对故障出现的时刻都有很大影响，况且时间和应力实际上是不能分开的。

此外，应该重视故障的波及作用。例如，某些零件、材料出现异常后，这种潜在故障将向整个零件扩展，并波及其他零件或设备，使其发生故障。如果弄清了局部发生的异常和波及机理，并加以监测和控制，就可避免故障向其他层次扩展。

2.1　机械磨损

2.1.1　机械磨损的概念及原因

机器故障最显著的特征是构成机器的各个组合零件或部件间配合的被破坏，如，活动连接的间隙、固定连接的过盈等的破坏。这些破坏主要是零件过早磨损的结果，因此，研究机器故障应首先研究典型零件及其组合的磨损。

两相互接触产生相对运动的摩擦表面之间的摩擦将产生阻止机件运动的摩擦阻力，引起机械能量的消耗，并转化为热量，使机件产生磨损。

关于机件在摩擦情况下磨损过程的本质问题至今尚在探讨中，对摩擦、磨损曾有诸多学说，下面仅介绍目前常用的干摩擦"粘着理论"和"分子-机械理论"。

1. 粘着理论和分子-机械理论的一些假设

（1）接触表面凹凸不平　两个物体相对运动的接触表面（即摩擦表面）有一定的粗糙度，无论怎样精密细致地加工、研磨、抛光，表面总是会存在凹凸不平，如图 1-3 所示。采用不同的加工方法，获得的表面最大粗糙度也不同，其具体

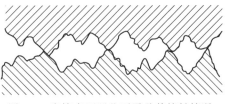

图 1-3　摩擦表面凹凸不平及其接触情况

对应关系见表 1-2。

表 1-2　不同加工方法与对应的表面最大粗糙高度

加 工 种 类	最大粗糙高度/μm
精车和精镗、中等精度的磨光、刮（0.5～3 点/cm²）	6～16
用硬质合金刀精车和精镗、精磨、刮（3～5 点/cm²）	2.5～6
用金刚石刀车光和镗光、超精磨	1～2.5
抛光、研磨、光磨	≤1

（2）真实接触面积很小　由于零件表面存在着凹凸不平，因此，当两表面接触时，接触区就不是一个理想的平面，而是在微小面积上发生接触。真实接触面积 a（即在接触区域内，接触各点实际微小面积的总和），远比接触区域或名义接触面积 A 小得多，其比值一般在 $\dfrac{1}{10}\sim\dfrac{1}{10^5}$ 范围内。

（3）真实接触面积上的压强很大　真实接触面很小，即使垂直载荷 N 很小的时候，在真实接触面积上，也将受到很大的压强。

2. 粘着理论

两接触表面有摩擦时，在接触点产生瞬时高温（达 1000℃ 以上且可持续千分之几秒的时间），引起两种金属发生"粘着"；当机件间有相对移动时，粘着点将被剪掉，使两金属产生"滑溜"。摩擦的产生，就是由于粘着与滑溜交替进行的结果。当摩擦副表面较粗糙，且两摩擦表面的硬度不同时，则硬的凸点可嵌入软的表面，在相对运动时，部分表面金属也将被剪掉，这是产生摩擦力的另一个原因。

每当摩擦时，接触点形成的粘着与滑溜不断相互交替，造成表面的损伤，这就是磨损。

3. 分子-机械理论

分子-机械理论认为，摩擦副接触是弹性与塑性的混合状态，摩擦表面的真实接触部分在较大的压强作用下，表面凸峰相互啮合，同时相互接触的表面分子也有吸引力。在相对运动时，摩擦过程一方面要克服表面凸峰的相互机械啮合作用，另一方面还要克服分子吸引所产生的阻力的总和。因此，摩擦时，表面的相互机械啮合与分子之间引力的形成和破坏不断交替，就造成了磨损。

2.1.2　机械磨损的类型

机械磨损是多种多样的。但是，为了便于研究，按其发生和发展的共同性，可分为自然磨损和事故磨损。

自然磨损是机件在正常的工作条件下，其配合表面不断受到摩擦力的作用，有时由于受周围环境温度或介质的作用，使机件的金属表面逐渐产生的磨损。这种自然磨损是不可避免的正常现象。机件的结构、操作条件、维护修理质量等方面的不同，产生的磨损程度也不相同。

事故磨损是由于机器设计和制造中的缺陷，以及不正确地使用、操作、维护、修理等人为的原因，而造成过早的、有时甚至是突然发生的剧烈磨损。

机械磨损也可以按磨损的原因分为粘着磨损、磨料磨损、表面疲劳磨损和腐蚀磨损。

1. 粘着磨损

按照前面介绍的粘着理论,根据粘着程度的不同,粘着磨损的类型也不同。常见的粘着磨损类型见表1-3。

表1-3 粘着磨损的类型

类 型	发生位置及现象	实 例
轻微磨损	剪切发生在粘着结合面上,表面转移的材料极轻微	缸套与活塞环的正常磨损
涂抹	剪切发生在软金属浅层里面,转移到硬金属表面上	重载蜗杆副的蜗杆的磨损
擦伤	剪切发生在软金属接近表面的地方,硬表面可能被划伤	滑动轴承的轴瓦与轴摩擦
撕脱	剪切发生在摩擦副的一方或两方金属较深的地方	滑动轴承的轴瓦与轴的焊合层在较深部位剪断
咬死	摩擦副之间咬死不能相对运动	滑动轴承在油膜严重破坏的条件下,轴与滑动轴承抱合在一起,不能转动

2. 磨料磨损

由于一个表面硬的凸起部分和另一表面接触,或者在两个摩擦表面之间存在着硬的颗粒,或者这个颗粒嵌入两个摩擦面的一个面里,在发生相对运动后,使两个表面中某一个面的材料发生位移而造成的磨损称为磨料磨损。在农业、冶金、矿山、建筑、工程和运输等机械中许多零件与泥沙、矿物、铁屑、灰渣等直接摩擦,都会发生不同形式的磨料磨损。据统计,因磨料磨损而造成的损失,占整个工业范围内磨损损失的50%左右。

由于磨损产生的条件有很大不同,磨料磨损一般可以分为如下三种类型:

(1)凿削磨料磨损 机械的许多构件直接与灰渣、铁屑、矿石颗粒相接触,这些颗粒的硬度一般都很高,并且具有锐利的棱角,当以一定的压力或冲击力作用到金属表面上时,即从零件表层凿下金属屑,这种磨损形式称为凿削磨料磨损。

(2)碾碎式磨料磨损 当磨料以很大压力作用于金属表面时(如破碎机工作时矿石作用于颚板),在接触点引起很大压应力,这时,对韧性材料则引起变形和疲劳,对脆性材料则引起碎裂和剥落,从而引起表面的损伤。粗大颗粒的磨料进入摩擦副中的情况也与此相类似。零件产生这种磨损的条件是作用在磨料破碎点上的压应力必须大于此磨料的抗压强度,而许多磨料(如砂、石、铁屑)的抗压强度是较高的,因此把这种磨损称为高应力碾碎式磨料磨损。

(3)低应力磨料磨损 磨料以某种速度较自由地运动,并与摩擦表面相接触。磨料摩擦表面的法向作用力甚小,如气(液)流携带磨料在工作表面做相对运动时,零件表面被擦伤,这种磨损称为低应力磨损。如烧结机用的抽风机叶轮、矿山用泥浆泵叶轮、高炉大小料钟等的磨损,都属于低应力磨料磨损。

3. 表面疲劳磨损

两接触面作滚动和滑动的复合摩擦时,在循环接触应力的作用下,使材料表面疲劳而产生物质损失的现象称为表面疲劳磨损。例如,滚动轴承的滚动体表面、齿轮轮齿节圆附近、钢轨与轮箍接触表面等，常常出现的小麻点或痘斑状凹坑就是表面疲劳磨损所形成的。

机件出现疲劳斑点之后，虽然设备可以运行，但是机械的振动和噪声会急剧增加，精度大幅度下降，设备失去原有的工作性能，造成产品生产的质量下降，机件的寿命也迅速缩短。

4. 腐蚀磨损

在摩擦过程中，金属同时与周围介质发生化学反应或电化学反应，使腐蚀和摩擦共同作用而导致零件表面物质的损失，这种现象称为腐蚀磨损。

腐蚀磨损可分为氧化磨损和腐蚀介质磨损。大多数金属表面都有一层极薄的氧化膜，若氧化膜是脆性的或氧化速度小于磨损速度，则在摩擦过程中极易被磨掉，然后又产生新的氧化膜且又被磨掉，在氧化膜不断产生和磨掉的过程中，使零件表面产生物质损失，此即为氧化磨损。氧化磨损速度一般较小，当周围介质中存在着腐蚀物质时，例如润滑油中的酸度过高等，零件的腐蚀速度就会很快。和氧化磨损一样，腐蚀产物在零件表面生成，又在磨损表面被磨掉，如此反复交替进行而带来比氧化磨损高得多的物质损失，此即为腐蚀介质磨损。

2.1.3　机械磨损的一般规律

机械磨损的规律如图 1-4 所示，机械正常磨损可分为三个阶段。

1. "磨合"阶段（曲线 O_1A 段）

在这个时期内，开始由于零件表面存在着加工后的不平度，在接触点上引起高接触应力，磨损速度很快，曲线急剧上升；随着机械运转的时间延长，不平度凸峰逐渐磨平，使摩擦表面的实际接触面逐渐增大，磨损速度逐渐减慢，曲线趋于 A 点时，逐渐变得平缓。间隙由 S_{min} 逐渐增大到 S_0。

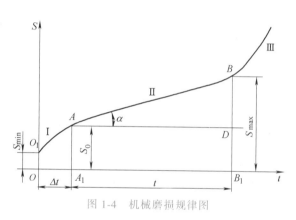

图 1-4　机械磨损规律图

2. "稳定"磨损阶段（曲线 AB 段）

在这个时期内，由于机械已经过"磨合"，摩擦表面加工硬化，微观几何形状改变，从而建立了弹性接触的条件。同时在正常运转时，摩擦表面处于液体摩擦状态，只是在起动和停车过程中，才出现边界摩擦和半干摩擦情况，因此，磨损速度降低而且基本稳定，磨损量与时间成正比增加，间隙缓慢增大到 S_{max}。

3. "急剧"磨损阶段（曲线 B 点以右部分）

经过 B 点以后，由于摩擦条件发生较大的变化（如温度急剧增加，金属组织发生变化），产生过大的间隙，增加了冲击，润滑油膜易破坏。磨损速度急剧增加，致使机械效率下降，精度降低，出现异常的噪声和振动，最后导致发生意外事故。

机械磨损发展过程是由自然磨损和事故磨损组成的。自然磨损是不可避免的现象，事故磨损可以延缓，甚至避免。应采取适当措施，如提高机件的强度和耐磨性能，改善机件的工作条件，提高修理、装配的质量，特别是对机件进行良好的润滑和维护，从而减小磨损程度；尽量缩短"磨合"时间，达到延长机械正常工作时间，即延长机器使用寿命的目的。

2.1.4 机械磨损的影响因素

影响机械磨损的主要因素有零件材料、工作载荷、运动速度、温度、湿度、环境、润滑、表面加工质量、装配和安装质量、机件结构特点及运动性质等。

1. 零件材料对磨损的影响

零件材料的耐磨性主要取决于它的硬度和韧性。硬度决定其表面抵抗变形的能力，但过高的硬度易使脆性增加，使材料表面产生磨粒状剥落；韧性则可防止磨粒的产生，提高其耐磨性能。

经过热处理或化学热处理的钢材，可以获得优良的力学性能，提高机件的耐磨性。有时，可用表面火焰淬火或高频感应淬火的方法使材料提高耐磨性，或者采用渗碳、渗氮、碳氮共渗的方法，使钢的表面具有较高的硬度和耐磨性。

在组合机件中，如轴承副中的转轴，由于是需要加工的主要机件，所以，应采用耐磨材料（如优质合金钢）来制造；对较简单的机件，如轴承衬或轴瓦，则选用巴氏合金、铜基合金、铅基或铝基合金等较软质材料（又称减摩合金）来制造，以达到减小摩擦和提高耐磨性的目的。

2. 机件工作载荷对磨损的影响

一般情况下，单位压力越大，机件磨损越剧烈。除了载荷大小之外，载荷特性对磨损也有直接影响，如是静载荷还是变载荷，有无冲击载荷，是短期载荷还是长期载荷等。一般情况下，机件不应长期超负荷运转和承受冲击载荷。

3. 机件运动速度对磨损的影响

机件运行时，速度的高低、方向、变速与匀速、正转与反转、时开时停等，都对磨损有不同程度的影响。通常在干摩擦条件下，速度越高，磨损越快；有润滑油时，速度越高，越易形成液体摩擦而减少磨损；机器的起动频率越高，机件的磨损也越快。

4. 温度、湿度和环境对磨损的影响

温度主要影响润滑油吸附强度。润滑油膜有相当高的机械稳定性，但温度及化学稳定性较差，当在高温和有化学变化时，润滑油便失去吸附性能。

机件工作的周围环境若受到湿气、水气、煤气、灰尘、铁屑或其他液体、气体的化学腐蚀介质等影响，都将导致和加速机件的氧化和腐蚀磨损。

5. 润滑对磨损的影响

润滑对减少机件的磨损有着重要的作用。例如，液体润滑状态能防止粘着磨损；供给摩擦副洁净的润滑油可以防止磨料磨损；正确选择润滑材料能够减轻腐蚀磨损和疲劳磨损等。在机件运行良好的润滑摩擦副中保持足够的润滑剂，可以减少摩擦副金属与金属的直接摩擦，降低功率消耗，延长机件使用寿命，保证设备正常运转。润滑可有效地改善磨损的影响，对机械维护有很重要的意义，本书学习项目二将介绍机械润滑的相关知识。

6. 零件表面加工质量对磨损的影响

表面加工质量主要指机械加工质量，包括宏观几何形状、表面粗糙度和刀痕方向。

（1）宏观几何形状对磨损的影响 所谓宏观几何形状是指加工后实际形状与理想形状的偏差，即加工精度，如圆度、圆柱度、平行度和垂直度等，宏观几何形状的偏差使零件表面载荷分布不均匀，容易造成局部地方严重磨损。

（2）表面粗糙度对磨损的影响　并非表面粗糙度值越小，磨损越小。由试验得知，在每种载荷下都有一个最合理的表面粗糙度使其磨损量最小；在相同的载荷下，通常表面粗糙度值越小，磨损越小，但超过合理点后磨损又会逐渐上升。这是因为表面过于光洁，使接触表面增大，分子间吸引力增强，因而产生粘着磨损的可能性也就增大。

（3）刀痕方向对磨损的影响　刀痕方向对磨损影响较大，如果两摩擦表面的刀痕方向是平行的，且与运动方向一致，则磨损较小。如果两摩擦表面的刀痕方向平行，但与运动方向垂直，则磨损较大。如果刀痕方向与运动方向交叉，则磨损在上述两者之间。

7. 装配和安装质量对磨损的影响

机件的装配质量对磨损影响很大，特别是配合间隙不应过大或过小。当间隙过小时，不易形成液体摩擦，容易产生高的摩擦热，而且不利于散热，故易产生粘着磨损和摩擦副咬死现象。当间隙过大时，同样不易形成液体摩擦，而且会产生冲击载荷，加剧磨损。装配好的部件或机器也应正确地安装。如果安装不正确，将会引起载荷分布不均匀或产生附加载荷，使机器运转不灵活，产生噪声和发热，造成机件过早地磨损。

8. 机件结构特点及运动性质对磨损的影响

机件结构及运动性质不同，则磨损的情况也不一样。如滚动摩擦的磨损远远小于滑动摩擦的磨损，通常滚动摩擦磨损量为滑动摩擦磨损量的$\dfrac{1}{10} \sim \dfrac{1}{100}$或更小。

2.2　机械故障发生的其他原因及对策

2.2.1　零件的变形

机械在工作过程中，由于受力的作用，机械的尺寸或形态发生改变的现象称为变形。零件的变形分弹性变形和塑性变形两种，其中塑性变形易使机件失效。机件变形后，破坏了组装机件的相互关系，因此其使用寿命也会大大缩短。

引起零件变形的主要原因有：

1）当外载荷产生的应力超过材料的屈服强度时，零件产生过应力永久变形。

2）温度升高，金属材料的原子热振动增大，抗切变能力下降，容易产生滑移变形，使材料的屈服强度下降；或零件受热不均，各处温差较大，产生较大的热应力，引起零件变形。

3）由于残留的内应力，影响零件的静强度和尺寸的稳定性，不仅使零件的弹性极限降低，还会产生减少内应力的塑性变形。

4）由于材料内部存在缺陷。

需要指出的是：零件的变形，不一定是在单一因素作用下一次产生的，往往是几种原因共同作用、多次变形累积的结果。

使用中的零件，变形是不可避免的，所以在机械大修时不能只检查配合面的磨损情况，对于相互位置精度也必须认真检查和修复。尤其对第一次大修机械的变形情况要注意检查、修复，因为零件在内应力作用下变形，通常在12~20个月内完成。

2.2.2　断裂

金属的完全破断称为断裂。金属材料在不同的情况下，当局部破断（裂缝）发展到临界裂缝尺寸时，剩余截面所承受的外载荷即因超过其强度极限而导致完全破断。与磨损、变形相比，虽然零件因断裂而失效的概率较小，但是，零件的断裂往往会造成严重的机械事故，产生严重的后果。

1. 断裂的类型

从不同的角度出发，零件的断裂可以有不同的分类方法，下面介绍其中两种。

（1）按宏观形态分类　按宏观形态可分为韧性断裂和脆性断裂。零件在外加载荷作用下，首先发生弹性变形，当载荷所引起的应力超出弹性极限时，材料发生塑性变形，载荷继续增加，应力超过强度极限时发生断裂，这样的断裂称为韧性断裂；当载荷所引起的应力达到材料的弹性极限或屈服强度以前的断裂称为脆性断裂，其特点是断裂前几乎不产生明显的塑性变形，断裂突然发生。

（2）按载荷性质分类　按载荷性质可分为一次加载断裂和疲劳断裂两种。一次加载断裂是指零件在一次静载作用下，或一次冲击载荷作用下发生的断裂，其包括静拉、压、弯、扭、剪、高温蠕变和冲击断裂。疲劳断裂是指零件在经历反复多次的应力作用后才发生的断裂，其包括拉、压、弯、扭、接触和振动疲劳等。

零件在使用过程中发生断裂，有60%～80%属于疲劳断裂，其特点是断裂时的应力低于材料的抗拉强度或屈服强度。不论是脆性材料还是韧性材料，其疲劳断裂在宏观上均表现为脆性断裂。

2. 几种断口形貌

断口是指零件断裂后的自然表面。断口的结构与外貌直接记录了断裂的原因、过程和断裂瞬间各方面的发展情况，是断裂原因分析的"物证"资料。

（1）杯锥状断口（见图1-5）　断裂前伴随大量大塑性变形的断口，断口的底部裂纹不规则地穿过晶粒，因而呈灰暗色的纤维状或鹅绒状，边缘有剪切唇，断口附近有明显的塑性变形。

（2）脆性断裂断口　其断口平齐光亮，且与正应力相垂直，断口上常有人字纹或放射花样，断口附近截面的收缩很小，一般不超过3%（见图1-6）。

（3）疲劳断裂断口　疲劳断裂断口（见图1-7）有三个区域：疲劳核心区、疲劳裂纹扩展区和瞬时破断区。

疲劳核心区（疲劳源区）是疲劳裂纹最初形成的地方，用肉眼或低倍放大镜就能大致判断其位置。它一般总是发生在零件的表面，但若材料表面进行了强化或内部有缺陷，也会在表面下或内部发生。在疲劳核心周围，往往存在着以疲劳核心为焦点，非常光滑细洁、贝纹线不明显的狭小区域。疲劳破坏以它为中心，向外发射海滩状的疲劳弧带或贝纹线。

疲劳裂纹扩展区是疲劳断口上最重要的特征区域。它最明显的特征是常呈现宏观的疲劳弧带和微观的疲劳纹。疲劳弧带大致以疲劳源为核心，似水波形式向外扩展，形成许多同心圆或同心弧带，其方向与裂纹的扩展方向相垂直。

瞬时破断区是当疲劳裂纹扩展到临界尺寸时发生的快速破断区。其宏观特征与静载拉伸断口中快速破断的放射区及剪切唇相同。

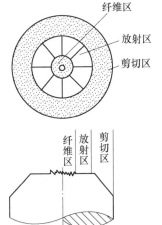

图1-5　杯锥状断口

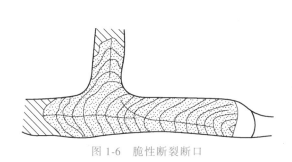

图 1-6　脆性断裂断口

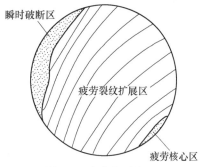

图 1-7　疲劳断裂断口

3. 断口分析

断口分析是为了通过断裂零件破坏形貌的研究，推断断裂的性质和类别，分析、找出破坏的原因，提出防止断裂事故的措施。

零件断裂的原因是非常复杂的，因此断口分析的方法也是多种多样的。

（1）实际破裂情况的现场调查　现场调查是破断分析的第一步。零件破断后，有时会产生许多碎片，对于断口的碎片，都必须严加保护，避免氧化、腐蚀和污染。在未查清断口的重要特征和照相记录以前，不允许对断面进行清洗。另外，还应对零件的工作条件、运转情况以及周围环境等进行详细调查研究。

（2）断口的宏观分析　断口的宏观分析是指用肉眼或低倍放大镜（20 倍以下）对断口进行观察和分析。分析前对油污应用汽油、丙酮或石油醚清洗、浸泡。对锈蚀比较严重的断口，采用化学法或电化学法除去氧化膜。

宏观分析能观察分析破断全貌、裂纹和零件形状的关系，断口与变形方向的关系，断口与受力状态的关系；能够初步判断裂纹源位置、破断性质与原因，缩小进一步分析研究的范围，为微观分析提供线索和依据。

（3）断口的微观分析　断口的微观分析是指用金相显微镜或电子显微镜对断口进行观察和分析。其主要目的是观察和分析断口形貌与显微组织的关系，断裂过程微观区域的变化，裂纹的微观组织与裂纹两侧夹杂物性质、形状和分布，以及显微硬度、裂纹的起因等。

（4）金相组织、化学成分、力学性能的检验　金相方法主要是研究材料是否有宏观及微观缺陷、裂纹分布与走向以及金相组织是否正常等。化学分析主要是复验金属的化学成分是否符合零件要求，杂质、偏析及微量元素的含量和大致分布情况等。力学性能检验主要是复验金属材料的常规性能数据是否合格。

2.2.3　腐蚀

1. 腐蚀的概念

腐蚀是金属受周围介质的作用而引起损坏的现象。金属的腐蚀损坏总是从金属表面开始，然后或快或慢地往里深入，同时常常发生金属表面的外形变化。首先在金属表面上出现不规则形状的凹洞、斑点、溃疡等破坏区域；其次，破坏的金属变为化合物（通常是氧化物和氢氧化物），形成腐蚀产物并部分地附着在金属表面上，例如铁锈蚀。

2. 腐蚀的分类

金属的腐蚀按其机理可分为化学腐蚀和电化学腐蚀两种。

（1）化学腐蚀 金属与介质直接发生化学作用而引起的损坏称为化学腐蚀。腐蚀的产物在金属表面形成表面膜，如金属在高温干燥气体中的腐蚀，金属在非电解质溶液（如润滑油）中的腐蚀。

（2）电化学腐蚀 金属表面与周围介质发生电化学作用的腐蚀称为电化学腐蚀，属于这类腐蚀的有：金属在酸、碱、盐溶液及海水、潮湿空气中的腐蚀，地下金属管线的腐蚀，埋在地下的机器底座被腐蚀等。引起电化学腐蚀的原因是宏观电池作用（如金属与电解质接触或不同金属相接触）、微观电池作用（如同种金属中存在杂质）、氧浓差电池作用（如铁经过水插入砂中）和电解作用。电化学腐蚀的特点是腐蚀过程中有电流产生。

以上两种腐蚀中，电化学腐蚀比化学腐蚀强烈得多，金属的蚀损大多数由电化学腐蚀所造成。

3. 防止腐蚀的方法

防腐蚀的方法包括两个方面：首先是合理选材和设计；其次是选择合理的操作工艺规程。这两方面都不可忽视。目前生产中常采用的防腐措施有：

（1）合理选材 根据环境介质的情况，选择合适的材料。如选用含有镍、铬、铝、硅、钛等元素的合金钢，或在条件允许的情况下，尽量选用尼龙、塑料、陶瓷等材料。

（2）合理设计 通用的设计规范是避免不均匀和多相性，即力求避免形成腐蚀电池的作用。不同的金属、不同的气相空间、热和应力分布不均以及体系中各部位间的其他差别都会引起腐蚀破坏。因此，设计时应努力使整个体系的所有条件尽可能均匀一致。

（3）覆盖保护层 这种方法是在金属表面覆盖一层不同材料，改变零件表面结构，使金属与介质隔离开来以防止腐蚀。具体方法如下：

1）覆盖金属保护层。采用电镀、喷镀、熔镀、气相镀和化学镀等方法，在金属表面覆盖一层如镍、铬、锡、锌等金属或合金作为保护层。

2）覆盖非金属保护层。这是设备防腐蚀的发展方向，常用的办法如下：

① 涂料。将油基漆或树脂基漆（如合成脂）通过一定的方法将其涂覆在物体表面，经过固化而形成薄涂层，从而保护设备免受高温气体及酸碱等介质的腐蚀作用。常用的涂料产品有防腐漆、沥青漆、环氧树脂涂料、聚乙烯涂料等。

② 砖、板衬里。常用的是水玻璃胶泥衬辉绿岩板。辉绿岩板是由辉绿岩石熔铸而成，它的主要成分是二氧化硅，胶泥即是粘合剂。它的耐酸碱性及耐腐蚀性较好，但性脆不能受冲击，在有色冶炼厂用来做储酸槽壁，槽底则衬瓷砖。

③ 硬（软）聚氯乙烯。它具有良好的耐蚀性和一定的机械强度，加工成形方便，焊接性能良好，可做成储槽、电除尘器、文氏管、尾气烟囱、管道阀门和离心风机、离心泵的壳体及叶轮。它已逐步取代了不锈钢、铅等贵重金属材料。

④ 玻璃钢。它是采用合成树脂为粘结材料，以玻璃纤维及其制品（如玻璃布、玻璃带、玻璃丝等）为增强材料，按照不同成形方法（如手糊法、模压法、缠绕法等）制成。它具有优良的耐蚀性，比强度（强度与质量之比）高，但耐磨性差，有老化现象。实践证明，玻璃钢在中等浓度以下的硫酸、盐酸和温度在90℃以内作防腐衬里，使用情况是较理想的。

⑤ 耐酸酚醛塑料。它是以热固性酚醛树脂作粘结剂，以耐酸材料（玻璃纤维、石棉等）作填料的一种热固性塑料，它易于成形和机械加工，但成本较高，目前主要用作各种管道和管件。

（4）添加缓蚀剂 在腐蚀介质中加入少量缓蚀剂，能使金属的腐蚀速度大大降低。如在设备的冷却水系统采用磷酸盐、偏磷酸钠处理，可以防止系统腐蚀和锈垢存积。

（5）电化学保护 电化学保护就是对被保护的金属设备通以直流电流进行极化，以消除电位差，使之达到某一电位时，被保护金属可以达到腐蚀很小甚至无腐蚀状态。它是一项较新的防腐蚀方法，但要求介质必须是导电的、连续的。电化学保护又可分为以下两类：

1）阴极保护。主要是在被保护金属表面通以阴极直流电流，可以消除或减少被保护金属表面的腐蚀电池作用。

2）阳极保护。主要是在被保护金属表面通以阳极直流电流，使其金属表面生成钝化膜，从而增大了腐蚀过程的阻力。

（6）改变环境条件 改变环境条件的方法是将环境中的腐蚀介质去掉，减轻其腐蚀作用，如采用通风、除湿及去掉二氧化硫气体等。对常用金属材料来说，把相对湿度控制在临界湿度（50%~70%）以下，可以显著减缓大气腐蚀。在酸洗车间和电解车间里要合理设计地面坡度和排水沟，做好地面防腐蚀隔离层，以防酸液渗透地坪后，地面起凸而损坏储槽及机器基础。

2.2.4 蠕变损坏

零件在一定应力的连续作用下，随着温度的升高和作用时间的增加，将产生变形，而这种变形还要不断地发展，直到零件的破坏。温度越高，这种变形速度越加迅速，有时应力不但小于常温下的强度极限，甚至小于材料比例极限，在高温下由于长时间变形的不断增加，也可能使零件破坏，这种破坏称为蠕变破坏。

金属发生蠕变的原因是由于高温的影响。图 1-8 所示为温度与应力作用时间对低碳钢力学性能的影响。抗拉强度 R_m 随温度增加而增加，最大 R_m 在 250~350℃ 之间，温度再上升则 R_m 急剧下降；屈服强度 R_{eL} 随温度上升而下降，400℃ 以后即行消失；弹性模量 E 随温度上升而降低；泊松比 μ 随温度升高而略增加；断面收缩率 Z 和断后伸长率 A 在 250~350℃ 之间为最低，以后均随温度升高而增加。

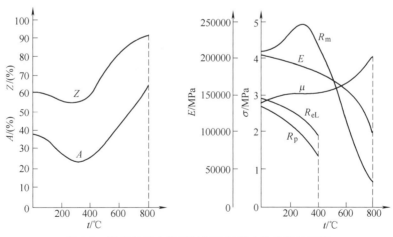

图 1-8 温度与应力作用时间对材料力学性能的影响

为了防止蠕变损坏的产生，对于长期处于高温和应力作用下的零件，除了采用耐热合金（在钢中加入合金元素钨、钼、钒或少量的铬、镍）外，还可采用减小机件工作应力的方法，通过计算来保证其在使用期限内不产生不允许的变形，或不超过允许的变形量。

任务3 机械故障诊断技术的原理及应用

3.1 了解机械故障诊断技术

3.1.1 机械故障诊断的基本内容

机械故障诊断，就是对机械系统所处的状态进行监测，判断其是否正常，当出现异常时分析其产生的原因和部位，并预报其发展趋势。

对设备的诊断有不同的技术手段，较为常用的有振动监测与诊断、噪声监测、温度监测与诊断、油液诊断、无损检测技术等。

机械设备状态监测及诊断技术的主要工作内容有：

1）保证机器运行状态在设计的范围内。监测机器振动位移可以对旋转零件和静止零件之间临近接触状态发出报警。监测振动速度和加速度可以保证受力不致超过极限；监控温度可以防止强度丧失和过热损伤等。

2）随时报告运行状态的变化情况和恶化趋势。虽然振动监测系统不能制止故障发生，但能在故障还处于初期和局部范围时就发现并报告它的存在，以防止恶性事故发生和继发性损伤。

3）提供机器状态的准确描述。机器的实际运行状态，是决定机器小修、项修、大修的周期和内容的依据，进而避免对机器不必要的拆卸而破坏其完整性。

4）故障报警。警告某种故障的临近，特别是报警危及人身和设备安全的恶性事故。

实施故障诊断技术的目的是：避免设备发生事故，减少事故性停机，降低维修成本，保证安全生产及保护环境，节约能源。换句话说，实施该技术可以保证设备安全、可靠、长周期、满负荷地运行。

3.1.2 机械故障诊断的基本原理

机械故障诊断就是在动态情况下，利用机械设备劣化进程中产生的信息（即振动、噪声、压力、温度、流量、润滑状态及其指标等）来进行状态分析和故障诊断。故障诊断的基本过程和原理如图1-9所示。

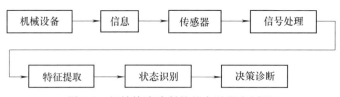

图1-9 机械故障诊断的基本过程和原理

3.1.3 机械故障诊断的基本方法

机械故障诊断目前流行的分类方法有两种：一是按诊断方法的难易程度分类，可分为简易诊断法和精密诊断法；二是按诊断的测试手段来分类，主要分为直接观察法、振动噪声测定法、无损检测法、磨损残余物测定法和机器性能参数测定法等。下面分别加以叙述。

（1）简易诊断法 简易诊断法指主要采用便携式的简易诊断仪器，如测振仪、声级计、工业内窥镜、红外点温仪对设备进行人工巡回监测，根据设定的标准或人的经验分析，了解设备是否处于正常状态。简易诊断法主要解决的是状态监测和一般的趋势预报问题。

（2）精密诊断法 精密诊断法指对已产生异常状态的原因采用精密诊断仪器和各种分析手段（包括计算机辅助分析方法、诊断专家系统等）进行综合分析，以此来判断故障的类型、程度、部位和产生的原因及故障发展的趋势等问题。精密诊断法主要解决的问题是分析故障原因和较准确地确定发展趋势。

（3）直接观察法 传统的直接观察法如"听、摸、看、闻"，在一些情况下仍然十分有效。但因其主要依靠人的感觉和经验，有较大的局限性。目前出现的光纤内窥镜、电子听诊仪、红外热像仪、激光全息摄影等现代手段，使这种传统方法又恢复了青春活力，成为一种有效的诊断方法。

（4）振动噪声测定法 机械设备动态下的振动和噪声的强弱及其包含的主要频率成分和故障的类型、程度、部位和原因等有着密切的联系，因此，利用这种信息进行故障诊断是比较有效的方法。其中，特别是振动法，信号处理比较容易，因此应用更加普遍。

（5）无损检测法 无损检测法是一种从材料和产品的无损检测技术中发展起来的方法，它是在不破坏材料表面及其内部结构的情况下检验机械零部件缺陷的方法。它使用的手段包括超声波、红外线、X射线、γ射线、声发射、渗透染色等。这一套方法目前已发展成一个独立的分支，在检验由裂纹、砂眼、缩孔等缺陷造成的设备故障时比较有效。其局限性主要是其某些方法如超声波检测、射线检测等有时不便于在动态下进行。

（6）磨损残余物测定法 机器的润滑系统或液压系统的循环油路中携带着大量的磨损残余物（磨粒）。它们的数量、大小、几何形状及成分反映了机器的磨损部位、程度和性质，根据这些信息可以有效地诊断设备的磨损状态。目前磨损残余物测定方法在工程机械及汽车、飞机发动机监测方面已取得了良好的效果。

（7）机器性能参数测定法 显示机器主要功能的机器性能参数，一般可以直接从机器的仪表上读出，由这些数据可以判定机器的运行状态是否偏离正常范围。机器性能参数测定方法主要用于状态监测或作为故障诊断的辅助手段。

3.2 监测与诊断系统

机械运转状态与故障诊断的手段，体现在一套完整的装置上，构成一个完整的系统，称为机械状态监测与故障诊断系统。

3.2.1 监测与诊断系统的工作过程与步骤

机械设备故障诊断从技术上讲，一般分为两大部分：第一是信号的获取，即根据具体情况选用适当的传感器，将能反映机械状况的信号（即某个物理量）测量出来；第二是信号分析与数据解释，即根据被诊断故障的性质以及所采集的信号特点，采用相应的信号处理技术，将信号中反映机械设备状况的特征突出出来，并将其与以往值比较，找出其中的差别，以此确定设备是否出现了故障、是什么类型的故障以及故障的位置等。

对被监测系统运转状态的判别，是对一个未知系统的识别过程，在多数情况下，已知某些系统特性的参数，通过试验的方法，确定参数值，确定系统模型，从而确定了系统的状态。也就是通过参数识别确定系统状态，其步骤如下：

（1）选定敏感参数　选定对系统影响最大和最敏感的参数作为系统识别的敏感因子，建立系统的数学模型。这里可作为基本参数的有长度、质量、时间、电流、温度及光强度等。由这些参数推导出来的主要参数有力、压力、功、能量、功率、电阻、电容、电感及导热等。另外一些参数，即由各个量之间的内在联系推导出来的次要参数有力矩、流量、单位燃油消耗率等。优选上述参数，建立选定参数表征的故障档案库。

（2）信号采集　信号采集就是对监测系统敏感点上的敏感参数的采集。在正常情况下记录输入与输出，即激励与响应信号。

（3）状态参数识别　通过敏感因子的识别，或经过必要的推导计算，将待检模式与样板模式（故障档案）对比，识别待检系统运转状态。

（4）诊断决策及其输出　检测与诊断系统对设备当前状态根据判别结果采取相应对策。若出现异常及时报警并对设备进行干预，或者根据叠积差值预估系统的变化趋势，并将设备状态发展趋势的具体描述，如趋势数据表、曲线、图谱或者寿命估计、维修建议等，以显示、存储、笔绘的方式输出。设备监测与诊断过程如图 1-10 所示。

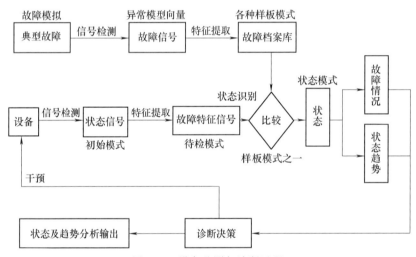

图 1-10　设备监测与诊断过程

3.2.2　简易诊断系统

1. 便携式振动分析仪

便携式振动分析仪（见图 1-11）使用专用的速度或加速度传感器，连接方便、工作可靠。一般仪器上均有指针、液晶或发光二极管显示，能直观读出振动有效值、均方根值、峰值或振动烈度值等。有的仪器可分为几个频率档分别读值，高档仪器可同时进行若干个频率档（如倍频程）分析。

便携式振动分析仪价格低廉，使用方便，在中小企业应用广泛。但便携式振动分析仪一般不能分析故障的原因及部位等问题。

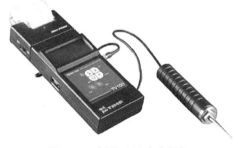

图 1-11　便携式振动分析仪

2. 声级计

声级计（见图1-12）是测量噪声的专用仪器。一般声级计均使用电容式传声器（话筒），经放大及计权后读出声压级的大小。它的使用有一定的局限性，现场使用声级计进行噪声监测，由于背景噪声等方面的干扰，还不能达到有经验的检修工人耳朵的水平。

3. 点温度计

各种点温度计能准确地测出实际温度。比如常用的半导体点温度计，将测头与轴承座被测部位接触，仪器指针可指示温度高低；更方便的是红外点温度计（见图1-13），外形像把手枪，操作者只要对准需要测量的部位，不需接触，被测物体可以做直线运动、往复运动或转动，液晶屏上立刻就能显示被测点的温度。这种方式的缺点是过分依赖操作者的巡检。

图1-12 声级计

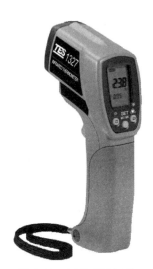

图1-13 红外点温度计

3.2.3 精密监测诊断系统

监测诊断系统是以状态辨识为中心的信号智能处理系统，其组成如图1-14所示。由该图可以看出，系统分为三大部分，即数据采集系统、状态识别系统和诊断输出系统。

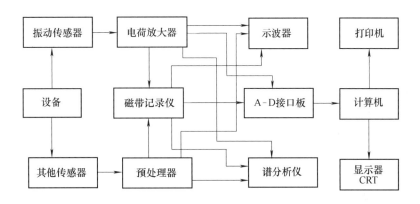

图1-14 监测和诊断系统硬件框图

1. 数据采集系统

数据采集系统又称为数据采集器。它能按照定时、周期性地在被监测系统的那些选定的监测点上测量振动、温度、噪声等信号。

（1）数据采集系统 数据采集系统包括传感器、放大器、滤波器、示波器、记录器、A-D接口板及微型计算机。

1）传感器。传感器是将机械量转换为电信号的装置。传感器性能的选择、测点数目和位置的确定以及正确的安装，关系到能否获得完整、准确的信息，将直接影响监测和分析工作的效果。

2）放大器。放大器用来调整由传感器输出的电信号的大小和输出阻抗等，以便接入后续硬件进行分析。

3）滤波器。由传感器输出的振动信号中包含的频率成分比较复杂，频率范围也比较宽，但有些频率成分是不需要的，如高频噪声干扰信号。因此要用滤波器对传感器输出的信号"过滤"一遍，除掉一些不需要的频率成分，然后送入计算机处理。

4）示波器。示波器是一个辅助仪器，可以直接显示信号波形。

5）记录器。用磁带记录仪定期到现场记录信号，然后带回来重放并进行分析，称为离线分析。在线监测方法中，有时不可能实时分析机器快速起停过程和突发性时间历程，可辅助使用磁带记录仪现场记录以便离线分析。

6）A-D接口板。A-D接口板主要功能是将信号从连续量变为一个个离散数字量。只有这样，计算机才能接受和处理。A-D接口板可以同时完成对多路信号的转换（采样）。

7）微型计算机。计算机是监测与诊断系统的心脏，负责完成信号的接收、储存、监测和管理工作，还控制着A-D接口板和开关量板的转换工作。它和打印机、显示器（屏幕）等外部设备连接，可以将信号及分析处理结果显示和打印出来。

（2）数据采集系统的工作步骤

1）组态。组态即：选定被监测对象——机器；选定测点；确定巡检的路线和周期，确定各测点的测量参数，并把这些信息输入计算机。组态表可由打印机打印出来。

2）巡检准备。巡检之前把数据采集系统与计算机连接起来，使用相应的软件使采集系统处于准备状态，使内存置为零，把采集系统的时钟与计算机时钟对准，标定准确的采样时间，把巡检路线和测点参数等组态信息及上次巡检中测得的量值和预定的报警值输入采集系统。准备完毕后将采集系统和计算机脱开，到现场去采集数据。

3）数据采集。根据采集系统显示的测点顺序，逐点监测。对每个测点均可以把本次显示的与上次测得值及预定的报警值做比较。如果变化不大，做一般处理。当有明显变化及其他异常时，需记录一段信号和时间历程以备谱分析之用。

当完成某点采集后，采样系统根据预定的巡回路线自动显示下一个测点的名称。

2. 状态识别系统

状态识别系统主要是由计算机和谱分析仪组成的数字信号处理系统。其主要作用是把采集的信号输入计算机和谱分析仪，通过信号分析，对多种运行特征量进行监视。特征量是从不同方面收集的动态过程的主要信息，用以分析和推断故障原因并预报工况发展趋势。

3. 诊断输出系统

诊断输出系统的作用是把状态识别的诊断结论予以输出。它包括两部分：一是出现故障后对设备干预信号的输出，由 D-A 输出接口板、开关量板及其他执行电器组成，其作用是将计算机输出的干预数字信号变成模拟信号或直接输出，使执行电器机构动作，对被监测设备进行干预；二是将机器状态分析结果通过计算机输出为时间历程曲线及频谱图等。

3.3　旋转机械的振动监测与诊断

旋转机械是各类机械设备中数量最多、应用最广的一类机械，其主要组成部分为转轴组件，转轴组件又称为转子-轴承系统或转子系统，它包括转子（轴、齿轮传动件、叶轮、联轴器等）、轴承（滑动轴承、滚动轴承）、支座（定子、机座等）及密封装置等部分。转轴组件是旋转式机械的核心部分，是监测和诊断的主要对象。

3.3.1　旋转机械故障的简易诊断方法

简易诊断方法是采用一些便携式测振仪拾取信号，主要用于设备状态的监测，并作为进一步进行精密诊断的基础。简易诊断方法简单易行，投资少，见效快，适用于现场机械故障的诊断。但是由于便携式仪器功能有限，只能解决状态识别和故障的初步分类问题。

1. 测定方式和测定参数

振动信号的采集有两种测定方式：一种为离线（Offline）测定，即采集信号和分析数据是分别进行的；首先在现场测振仪表头上读取数据，或由磁带记录仪或电脑存储仪存储数据，然后在实验室进行回放，由人工进行分析；简易诊断即属于离线测定方式。另一种为在线（Online）测定，即采集信号及数据处理和分析工作是在现场同步进行的，主要用于计算机监测的精密诊断方法中。

测振仪器输出的参数主要有位移、速度及加速度，以及由这三种参数构成的简单统计量，如峰值、均方根值及平均值等。

2. 合理地布置测点

（1）主要测点的布置　主要测点应布置在反映转子振动特征最敏感的部位，即轴承的部位。轴承是反映诊断信息最集中和最敏感的部位，类似于人的脉搏。轴承的测定可分为测轴承的振动和测轴位移两种测定方法。

1）测轴承的振动（绝对值）。测量时采用速度或加速度传感器，要同时把测点布置在垂直（Y）、水平（X）和轴向（Z）三个方向上进行测定，如图 1-15 所示。对于引起同步振动的一些故障的监测，如不平衡、不对中、松动等常采用这种布置方法。

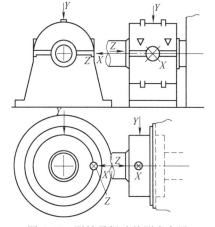

图 1-15　测轴承振动的测点布置

2）测轴位移（相对值）。测量时采用电涡流位移传感器。一般，测点布置在垂直（V）和水平（H）两个方向上，或 45°互成垂直的方向上，必要时也可在轴向布置测点，如图 1-16 所示。对于引起亚同步振动的一些故障的监测，如半速涡动、油膜振荡以及旋转失速、喘振等常采用这种布置方式。

（2）辅助测点的布置　对于结构比较复杂的大型旋转机械，有时必须根据具体情况增加辅助测点。一般可布置在机壳、箱体、基础等部位。图 1-17 所示为电站锅炉离心式给水泵的振动测点布置示意图。

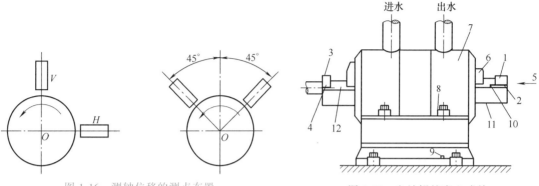

图 1-16　测轴位移的测点布置

图 1-17　电站锅炉离心式给水泵的振动测点布置示意图

1、3、6、8、9、11—垂直振动测点　2、4、7、10、12—横向振动测点　5—轴向振动测点

3. 测定振动时的注意事项

为了保证所测数据的可比性，在测定数据时应遵循以下原则：每次测量要在同一测点进行，否则测量结果相差很大；每次测量时机器的工况相同、测量的参数相同、使用的仪器相同和测量的方法（如传感器的固定方法）相同等。

3.3.2　旋转机械的精密诊断原理

为完成诊断任务，还必须用前述的各种诊断信息所提供的振动特征与典型故障的振动特征相互联系进行分类比较，即模式识别，才能对故障的类型、性质、产生的部位和原因进行识别，为诊断决策提供依据。图 1-18 所示为简易诊断与精密诊断过程的比较。

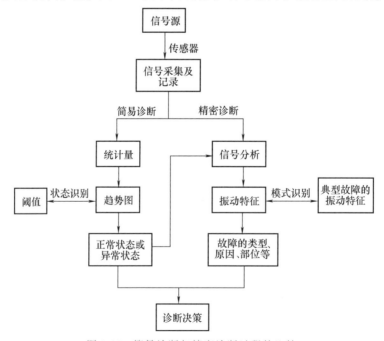

图 1-18　简易诊断与精密诊断过程的比较

振动特征的模式识别是精密诊断的核心问题。可以从诊断信息中提取若干（n 个）诊断指标（统计量）构成一个 n 维向量（称为特征向量）来代表信号的特征：

$$X = \{x_1, x_2, \cdots, x_n\}^T$$

每个特征向量又称为一种模式。所谓模式识别就是把待检模式 X_i 与 k 种典型故障模式 $X_i(i=1,2,\cdots,k)$ 进行比较、分类的方法。图 1-19 所示为模式识别的方法原理。

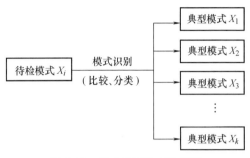

图 1-19 模式识别的方法原理

有关振动监测与诊断技术、振动信号的分析方法，可参阅《机械故障诊断技术》等相关书籍。

3.4 齿轮的故障诊断

齿轮箱是各类机械的变速传动部件，在齿轮箱中齿轮本身的故障发生率较高，约占 60%，采用振动监测对齿轮进行故障诊断是一种行之有效的方法。

3.4.1 齿轮的振动机理

1. 轮齿的啮合振动

齿轮在传动过程中，每个轮齿周期地进入和退出啮合。对于直齿圆柱齿轮，其啮合区分为单齿啮合区和双齿啮合区。在单齿啮合区内，全部载荷由一对齿副承担。当进入双齿啮合区时，载荷分别由两对齿副按其啮合刚度的大小分别承担（啮合刚度是指啮合齿副在其啮合点处抵抗挠曲变形和接触变形的能力）。在单、双齿啮合区的交变位置，每对齿副所承受的载荷将发生突变，这必将激发齿轮的振动。同时，在传动过程中，每个轮齿的啮合点均从齿根向齿顶（主动齿轮）或从齿顶向齿根（从动齿轮）逐渐移动，由于啮合点沿齿高方向不断变化，各啮合点处齿副的啮合刚度也随之改变，相当于变刚度弹簧，这也是轮齿产生振动的一个原因。此外，由于轮齿的受载变形，其基节发生变化，在轮齿进入啮合和退出啮合时，将产生啮入冲击和啮出冲击，这更加剧了轮齿的振动。

综上所述，即使齿轮系统制造得绝对准确，也会产生振动，这种振动是以每齿啮合为基本频率进行的，该频率称为啮合频率，其计算公式如下：

$$f_m = Z_1 n_1 / 60 = Z_2 n_2 / 60$$

式中 Z_1、Z_2——主、从动齿轮的齿数；
n_1、n_2——主、从动齿轮的转速（r/min）。

对于斜齿圆柱齿轮，由于同时啮合的齿数较多，所以传动较平稳。

2. 齿轮的制造和装配误差引起的振动

齿轮在制造过程中，会产生各种加工误差，如齿距累积误差、基节误差、齿形误差、齿向误差等；在装配过程中，由于箱体、轴等零件的加工误差，装配不当等因素，引起齿轮在传动过程中产生旋转频率的振动和啮合振动。

3. 齿轮在使用过程中出现损伤引起的振动

齿轮常见的损伤形式有磨损、表面疲劳、塑性变形、断裂、气蚀、电蚀等。这些损伤会改变轮齿的正确齿形，恶化传动质量，加剧齿轮的振动，并改变振动的特性。

4. 冲击载荷引起的自由衰减振动

上述各种因素，在引起齿轮强迫振动的同时，还经常产生周期的冲击载荷。由于冲击脉冲具有较宽的频谱，容易激发齿轮系统按其相关的固有频率做自由衰减振动。

3.4.2 齿轮故障的振动诊断

1. 齿面损伤

当齿轮所有的齿面产生磨损或齿面上有裂痕、点蚀、剥落等损伤时，所引起的振动波形如图1-20所示。

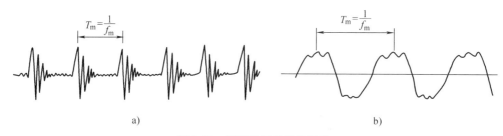

图 1-20　齿面损伤引起的振动
a) 高频　b) 低频

由图1-20可以看出，齿轮啮合时，产生冲击振动，并引起齿轮按其固有频率振动，固有频率成分的振幅与其他振动成分相比是非常大的，而且冲击振动的振幅大小几乎相同（见图1-20a）。

与此同时，低频的啮合频率成分的振幅也增大。此外，随着磨损的发展，齿的刚性（弹性常数）表现出非线性的特点，振动波形的变化如图1-20b所示，在其振动频谱中存在啮合频率的2次、3次等高次谐波或1/2、1/3等分频成分。

2. 齿轮偏心

当齿轮存在偏心时，齿轮每转中的压力时大时小地变化，致使啮合振动的振幅受旋转频率的调制，其频谱包含旋转频率 f_r、啮合频率 f_m 成分及其边频带 $f_m \pm f_r$，其振动波形如图1-21所示。

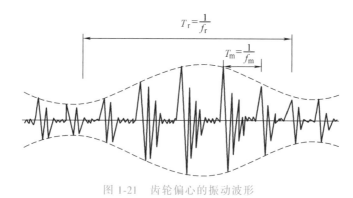

图 1-21　齿轮偏心的振动波形

3. 齿轮回转质量不平衡

齿轮回转质量不平衡的振动波形如图1-22所示，其主要频率成分与正常情况基本相同，

即为旋转频率 f_r 和啮合频率 f_m，但旋转频率振动的振幅较正常情况大。

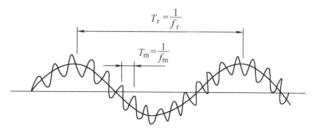

图 1-22　齿轮回转质量不平衡的振动波形

4. 齿轮的局部缺陷

当齿轮存在个别轮齿折损、齿面磨损、点蚀、齿根裂纹等局部缺陷时，在啮合过程中该轮齿将引起异常大的冲击振动，在振动波形上出现较大的周期性脉冲幅值。其主要频率成分为旋转频率 f_r 及其高次谐波 nf_r，并经常激发起系统以固有频率振动，其波形如图 1-23 所示。

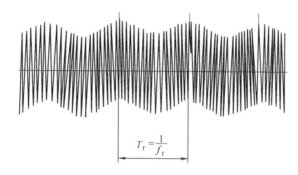

图 1-23　齿轮局部性缺陷的振动波形

5. 齿距误差

当齿轮存在齿距误差时，齿轮在每转中的速度将时快时慢地变化，致使啮合振动的频率受旋转频率振动的调制，其振动波形如图 1-24 所示。其频谱包含旋转频率 f_r、啮合频率 f_m 或其边频带 $f_m \pm nf_r (n = 1, 2, 3, \cdots)$。

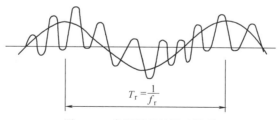

图 1-24　齿距误差的振动波形

高速涡轮增速机中所用的齿轮，其啮合频率高达 5kHz 以上，其振动特性表现出与常速旋转齿轮不同的振动特性：在常速旋转的齿轮中，其振动波形包含啮合频率和啮合冲击引发的自由振动的固有频率这两个主要成分；而在高速旋转的齿轮中，因啮合频率大于固有频率，所以，齿轮只发生啮合频率成分的振动，而不发生固有频率的振动。

3.5　滚动轴承的故障诊断

轴承可分为滚动轴承和滑动轴承两大类。目前，对滑动轴承的故障诊断的研究还非常有限，所以只讨论滚动轴承的故障诊断。对滚动轴承进行故障诊断与工况监测，可以采用振动诊断、油样分析技术、光导纤维探测以及接触电阻法等多种技术手段，在此，只讨论振动诊断法。

3.5.1　滚动轴承常见的异常现象

（1）落入异物造成的损伤　当砂粒和氧化皮等异物落入轴承内部时，会造成旋转体和滚道之间的磨损及产生压痕。

（2）润滑不良造成的损伤　当润滑剂不足或润滑剂和润滑方法与使用条件不相适应时，滚动轴承会在很短时间内损伤，产生点蚀、胶合、烧损等损伤。

（3）内外环倾斜造成的损伤　各种不能调心的轴承（圆锥滚子轴承、圆柱滚子轴承、深沟球轴承等），由于轴承和转轴的加工和装配误差，或当轴的挠度较大时，轴承往往会在短时间内即产生表面脱落，或在滚针轴承的滚道和滚动体的端面发生胶合，而在高速旋转时则会出现烧损。

（4）保持架受载造成的损伤　在高速下突然增减速度和反复换向运转，保持架往往会受到损伤。

（5）异常推力载荷引起的损伤　在长轴的轴承组合设计中，通常是将一端固定而另一端为自由设置，以补偿轴的热伸长变形。如对自由端考虑不周，则会产生异常推力载荷而引起表面剥落、胶合、烧损等损伤。

（6）装配不良造成的损伤　热装内环时，如加温过高或内环的过盈量不足，就会因内环和轴相对滑动而发生擦伤甚至胶合。但若过盈量太大，则又会使内环开裂。

（7）电蚀　如在滚动轴承的滚道面与滚动体之间存在漏电电流则会发生电火花，从而使滚道与滚动体的表面局部熔化或退火，严重时会出现凹坑或凸起点。

3.5.2　滚动轴承损伤（缺陷）而引起的振动及诊断

1. 轴承严重磨损引起偏心时的振动

当使用过程中由于发生严重磨损而使轴承偏心时，轴的中心将产生振摆，此时的振动波形如图 1-25 所示，振动的频率为 nf_r，其中 n 为自然数，f_r 为轴的旋转频率。

2. 内环有缺陷时的振动

当内环的某个部分存在剥落、裂纹、压痕、损伤等缺陷时，便会发生如图 1-26 所示的振动，振动频率为 f_0 及其高次谐波 $2f_0$，$3f_0$，…。由于轴承通常有径向间隙而使振动受到轴的旋转频率 f_r（见图 1-26a）或滚动体的公转频率 f_c（见图 1-26b）的调制。

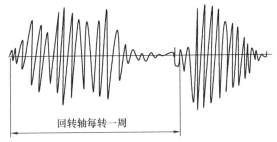

回转轴每转一周

图 1-25　轴承偏心时的振动特性

3. 外环有缺陷时的振动

当外环有缺陷时，轴承会产生如图 1-27 所示的振动，振动频率为 f_i 及其高次谐波 $2f_i$，

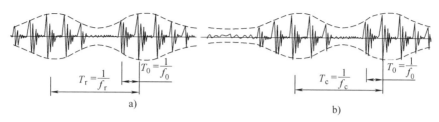

图 1-26　内环有缺陷时的振动

a）振幅被轴的旋转频率调制　b）振幅被滚动体的公转频率调制

$3f_i$，…。与内环缺陷振动特性不同的是，由于此时缺陷的位置与承载方向相对位置固定，故不会发生调制现象。

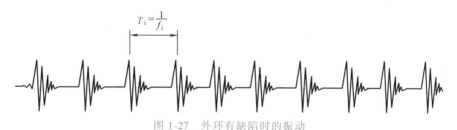

图 1-27　外环有缺陷时的振动

4. 滚动体有缺陷时的振动

当滚动体上有缺陷时将会引发如图 1-28 所示的振动，振动频率为 f_b 及其高次谐波 $2f_b$，$3f_b$，…。和内环有缺陷时相同，由于通常存在的轴承径向间隙，使振动受到滚动体公转频率的调制，如图 1-28a 所示。图 1-28b 所示为振幅未被调制的情形。

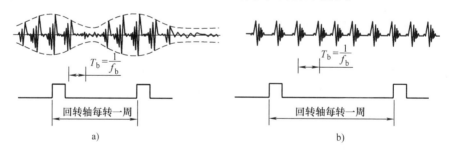

图 1-28　滚动体缺陷的振动特性

a）振幅受到滚动体公转频率的调制　b）振幅未被调制

应该说明的是：由于轴承的初期损伤所引起的冲击振动往往比机器的其他振动要小得多，为了有效地进行轴承故障诊断，经常采用共振解调技术。

3.6　无损检测法

无损检测法是指在不改变被检测物体的前提下，利用物质因存在缺陷而使其某一物理性能发生变化的特点，完成对物体的检测与评价的技术手段的总称。无损检测一般包括超声波检测、磁粉检测、渗透检测、射线检测、涡流检测、声发射检测技术等。

3.6.1 超声波检测技术

1. 检测原理

人耳可听得见的声波的频率范围大致是 20Hz～20kHz，频率比 20kHz 更高的声波称为超声波。超声波检测是把高频波（通常为 1～5MHz），即超声波脉冲，从探头射入被检测物体，如果其内部有缺陷，则一部分入射的超声波在缺陷处被反射或折射，利用探头接收信号的性能，在不损坏被检物体的情况下检测出缺陷的部位及其大小。

在金属检测中，之所以使用高频波，是因为其指向性好，能形成窄的波束，波长短，小的缺陷也能够很好地反射；短距离的分辨能力好，缺陷的分辨率高。正因为如此，当超声波在被测零件内部传播的过程中遇到缺陷时，缺陷与零件材料之间便形成界面，此界面即引起反射，使原来单方面传播的超声波能量有部分被反射回去，通过此界面的能量就相应减少。这时在反射方向可以接到此缺陷处的反射波；而在反射方向对面接收到的超声波能量就会小于正常值。这两种情况的出现，反过来也证明了缺陷的存在。在检测过程中，前者称为反射法，后者称为穿透法。

2. 检测方法

（1）脉冲反射法 脉冲反射法是生产中应用最普遍的一种超声波检测方法。图 1-29 所示为用单探头（一个探头兼作发射和接收）检测的原理。脉冲发生器所产生的高频电脉冲激励探头的压电晶片振动，使之产生超声波。超声波垂直入射到零件中，当通过界面 A、缺陷 F 和底面 B 时，均有部分超声波反射回来，这些反射波各自经历了不同的往返路程而回到探头上，

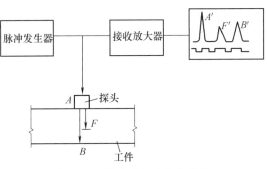

图 1-29 脉冲反射法检测原理

探头又重新将其转变为电脉冲，然后经接收放大器放大后，即可在荧光屏上显现出来。其对应各点的波形分别称为始波（A'）缺陷波（F'）和底波（B'）。当被测零件中无缺陷存在时，则在荧光屏上只能见到始波 A' 和底波 B'。缺陷的位置（深度 AF 可根据各波形之间的间距之比等于所对应的工件中的长度之比求出，即 $AF = \dfrac{AB}{A'B'} \times A'F'$

零件的厚度 AB 可以实际测出；$A'B'$ 和 $A'F'$ 可从荧光屏上读出。

（2）穿透法 穿透法是根据超声波能量变化情况来判断零件内部状况的，它是将发射探头和接受探头分别置于零件的两相对表面，发射探头发射的超声波能量是一定的，在零件不存在缺陷时，超声波穿透到零件一定厚度以后在接收探头上所接收到的能量也是一定的。而零件存在缺陷时，由于缺陷的反射，接收到的能量便减小，从而断定工件存在缺陷。

根据发射波的不同种类，穿透法有脉冲波检测法和连续波检测法两种，如图 1-30 和图 1-31 所示。

穿透法检测的灵敏度不如脉冲反射法高，且受零件形状的影响较大。但较适宜于检测成批生产的零件，如板材一类的零件，此时可以通过接收能量的精确对比而得到高的精度，且适宜于实现自动化。

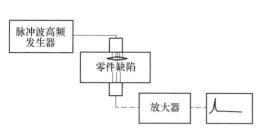

图 1-30 脉冲波穿透检测法示意

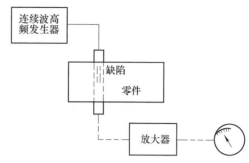

图 1-31 连续波法穿透检测示意

3.6.2 磁粉检测

1. 基本原理

磁粉检测是广泛应用的一种无损检测技术。当磁力线通过铁磁性材料时，如果内部组织均匀一致，则磁力线通过零件的方向也是一致和均匀分布的；如果零件内部有缺陷，如裂纹、空洞、非磁性夹杂物和组织不均匀，由于在这些有缺陷的地方磁阻增加，磁力线便发生偏转而出现局部方向改变，如图 1-32 所示的1、2、3 三处断面情况，其中 1、2 两处有磁力线漏出零件表面。此时若在零件表面上洒以磁性铁粉，则落到此漏磁处的铁粉即被吸住，使此处明显地区别于没

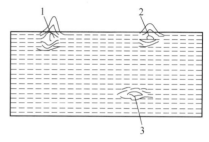

图 1-32 铁磁物质中的磁力线分布情况

1—表面横向裂纹 2—近表面
气泡 3—深层纵向裂纹

有缺陷的部位，从而使那些本来不明显的缺陷能清晰的显现出来。但对于深层的裂纹就不容易检测出来，因此磁粉检测的检测深度受到限制，至于不同的裂纹方向则可以通过改变外磁场的方向，使两者互相垂直，因而是不受限制的。

2. 零件的磁化方法

将磁场加到被检测机件上的方法，称为磁化方法。实际应用的磁化方法如图 1-33 所示。图 1-33a 所示为闭合磁路法，图 1-33b 所示为线圈法，这两种统称为纵向磁化法。其特点是磁力线沿零件轴向通过，用于检测横向裂纹。

图 1-33c 所示为周向磁化法，此法是使电流沿工件轴向流动，产生一个环绕工件轴心的磁场，该磁场的磁力线方向垂直于零件上的纵向裂纹，从而可以测出零件的纵向裂纹。

图 1-33d 所示为磁轭法，就是将两个不同极性的电磁铁跨放在被测部位的两侧，此时若为零件中所示方向的裂纹，则此处将聚集磁粉。改变两磁极与零件表面的相对位置，则可测得任意方向的缺陷和裂纹。此法适用于大型零件的局部检测。

对于与零件轴线相倾斜的裂纹，可以同时采用纵向磁化法和周向磁化法进行检测。

3. 磁粉检测操作

磁粉检测工作包括预处理、磁化、施加磁粉、观察、记录与退磁等工序。

(1) 预处理 预处理是用溶剂把零件表面上的油脂、涂料和锈去掉，使磁粉能很好地附着在缺陷上。施加磁粉时，还应注意使工件表面干燥。

(2) 磁化 关于磁化方法前面已作介绍，可根据被检测零件种类和大小，具体进行选择。

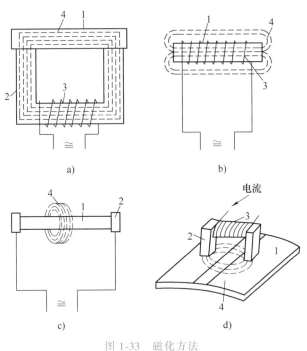

图 1-33 磁化方法

1—被测工件 2—磁轭 3—线圈 4—磁力线

（3）加磁粉 磁粉有普通磁粉和荧光磁粉两类，一般使用普通磁粉，只有在有荧光设备的条件下和检测暗色工件时才使用荧光磁粉。

普通磁粉为氧化铁粉（Fe_3O_4），其颜色有棕红色和灰黑色两种，可根据被检查工件的颜色选用，以便于观察。对磁粉的要求是要有合格的磁性和一定规格的粒度。

磁粉使用方法分为干磁粉法和磁粉液法两种。干磁粉法使用简单，不受条件限制，适用于在非试验台上使用，如磁轭法和触头通电法等。小型手提式磁粉检测仪因为无磁粉液供给设备，一般也是用干磁粉法。干磁粉法的显示灵敏度较低，而磁粉液法显示的清晰度较高，因此在检测机上都采用磁粉液法。

把磁粉施加在零件上的方法有两种，即连续法和剩磁法。连续法是在零件加有磁场的状态下施加磁粉，且磁场一直保持到施加完成为止，而剩磁法则是在磁化过程后施加磁粉的。

（4）磁粉痕迹的观察 磁粉痕迹的观察是在施加磁粉后进行的。用非荧光磁粉时，在光线明亮的地方进行观察；而用荧光磁粉时，则在暗处用紫外线灯进行观察。

（5）退磁 经磁粉检测后，零件应进行退磁。用交流检测仪退磁时，将工件置于线圈中，并逐渐沿中心线方向移出 1m 左右即可。直流检测仪有专门的退磁换向开关，接通退磁开关，即可自动退磁。

3.6.3 渗透检测

1. 检测过程和原理

用渗透检测可检测与零件表面相通的微观缺陷。它适用于金属和非金属材料，而且与其他无损检测方法相比，具有设备和检测材料简单的优点。在机械修理中，用这种方法来检测零件表面裂纹由来已久，至今仍不失为一种通用的方法。

（1）渗透　首先将零件除去油污，然后浸入渗透液中或将渗透液涂于工件表面。当零件表面有缺陷时，由于毛细管作用，渗透液就浸入到缺陷中，如图1-34a所示。

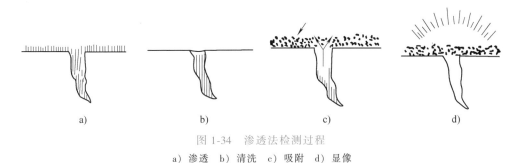

图1-34　渗透法检测过程

a）渗透　b）清洗　c）吸附　d）显像

（2）清洗　待渗透液充分渗透到缺陷中后用水或清洗剂把零件表面上的渗透液洗掉，如图1-34b所示。

（3）吸附　对零件表面施加一薄层显像剂，由于显像剂的作用，以及由显像剂颗粒构成的多孔状覆盖层形成新的毛细管作用。这种多孔隙毛细管作用的总和比单缝的毛细管作用大很多，因而使缺陷中的渗透液被吸附到显像剂中，如图1-34c所示。

（4）显像　由于显像剂的吸附作用以及渗透液的扩散作用，使渗透液的散布范围扩大，如图1-34d所示。由于所用渗透液的种类不同因而有不同的显像结果。当用带有颜色（红色）的渗透液时，即可在显像剂（白色）中看到红色的痕迹，这种方法称为着色法；当用含有荧光物质的渗透液时，应用紫外线进行照射，这时可以见到鲜明的荧光，从而找出缺陷所在，这种方法称为荧光法。

2. 操作步骤和要求

（1）工件预处理　清除工件表面的油污、将工件进行干燥处理。

（2）浸涂渗透液　零件在渗透液中浸泡的时间应不小于30min；当向零件表面涂抹渗透液时，应用质地柔软的毛刷或海绵材料在零件上涂抹3~4次，每涂抹一次应在空气中停放1.5~2min。

（3）除去零件表面的渗透液　渗透进行完毕后，应尽快除去表面上的多余渗透液。一般可用溶剂去除，即用擦布、棉纱蘸煤油等溶剂将渗透液擦去，但应注意煤油不宜与零件表面过多接触，以避免缺陷内的渗透液被除去。对于后乳化型的渗透液可涂上乳化剂，然后即可用温水冲洗。乳化剂的成分为：煤油44%、油酸35%、三乙醇胺21%、热水的温度为32~42℃。

（4）在零件表面涂白色显像剂　显像剂可用毛刷涂抹或用喷枪喷涂，厚度要薄而均匀。

（5）观察缺陷痕迹　一般可在室温下（18~21℃），涂抹显像剂5~6min后即可显现出缺陷，当温度偏低时，可适当延长时间。为了有较好的显像效果，可将零件在空气中停放10~15min后，再将它放在热空气流或烘箱内保持温度40~50℃，停放30~60min，可增大渗透液向显像剂内的扩散程度，以提高显像效果。

3.6.4　射线检测

1. 射线检测的基本原理

射线检测是以X射线、γ射线和中子射线等易于穿透物质的特性为基础的。其基本工作原理为：射线在穿过物质的过程中，由于受到物质的散射和吸收作用而使其强度衰减，强度衰减的程度取决于物体材料的性质、射线种类及其穿透距离。当把强度均匀的射线照射到物体上一个侧面，在物体的另一侧使透过的射线在照相底片上感光、显影后，就可得到与材料内部结构或缺陷相对应的黑度不同的图像，即射线底片。通过观察射线底片，就可检测出物体表面或内部的缺陷，包括缺陷的种类、大小和分布情况并做出评价。

射线检测缺陷的形状非常直观，对缺陷的尺寸、性质等情况判断比较容易。采用计算机辅助断层扫描法还可以了解断面的情况，可以进行自动化分析。射线检测对所测试检查物体既不破坏也不污染，但射线检测成本较高，且对人体有害，在检测过程中必须注意要妥善保护。

工业上常用的是 X 射线、γ 射线检测。

2. X 射线、γ 射线及其检测装置

X 射线、γ 射线都是电磁波，它们具有波动性、粒子性，都可产生反射、折射、干涉、光电效应、康普顿效应和电子效应等。它们又是不可见光，不带电荷，不受电场和磁场影响；能透过可见光不能透过的物质，使物质起光化学反应；能使照相胶片感光；能使荧光物质产生荧光。

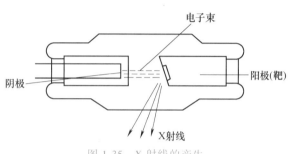

图 1-35　X 射线的产生

工业上使用的 X 射线是由一种特制的 X 射线管产生的，如图 1-35 所示，它的基本构造是一个保持一定真空度的二极管。通常是热阳极式，阴极由钨丝绕成。当通电加热时，钨丝在白炽状态下放出电子，这些高速运动的电子因受到阳极靶阻止，就与靶碰撞而发生能量转换，其中大部分转换成热能，其余小部分转换成光子能量，即 X 射线。

电子的速度越高，转换成 X 射线的能量就越大。X 射线的强度，即单位时间内发射 X 射线的能量，随着电流的增加而增加。

γ 射线是由放射性同位素的原子核在衰变过程中产生的。它是一种波长很短的电磁波，它的辐射是从原子核里释放出来的。γ 射线是由原子核从激发能级跃迁到较低能级的产物，因此它的发生不同于原子核外电壳层放出的 X 射线。

γ 射线与 X 射线虽然产生的机理不同，但同属电磁波，性质很相似，只不过 γ 射线的波长比一般 X 射线的波长更短。

X 射线检测装置通常分为两大类：一类为移动式 X 射线机，另一类为便携式 X 射线机。移动式 X 射线机通常体积和重量都较大，适合于实验室或车间使用，它们采用的电压、电流也较大，可以透照较厚的物体和工件。便携式 X 射线机体积小，重量轻，适用于流动性检验或大型设备的现场探伤。

γ 射线检测装置的结构比 X 射线检测装置要简单得多，价格便宜，使用方便。γ 射线检测一般采用照相方法进行工作。γ 射线检测装置使用灵活方便，不易发生故障，并能按需要发射一定宽度的锥形射线束或进行圆周曝光探测管形工件的缺陷。但必须做好防护，预防 γ 射线对人体的危害。

3. 射线检测的操作过程

射线检测包括 X 射线、γ 射线和中子射线三种。对射线穿过物质后的强度检测方法有：

直接照相法、间接照相法和透视法等多种。其中，对微小缺陷的检测以 X 射线和 γ 射线的直接照相法最为理想。其典型操作的一般过程如下：

通常把被检物安放在离 X 射线装置或 γ 射线装置 0.5～1m 处，将被检物按射线穿透厚度为最小的方向放置，把胶片盒紧贴在被检物的背后，让 X 射线或 γ 射线照射一定时间（几分钟至几十分钟不等）进行充分曝光。把曝光后的胶片在暗室中进行显影、定影、水洗和干燥。再将干燥的底片放在显示屏的观察灯上观察，根据底片的黑度和图像来判断缺陷的种类、大小和数量，随后按通行的要求和标准对缺陷进行等级分类。

4. 射线检测（照相法）的特点和适用范围

射线检测是一种常用于检测物体内部缺陷的无损检测方法，它几乎适用于所有的材料。检测结果（照相底片）可永久保存。但从检测结果很难辨别缺陷的深度，要求在被检试件的两面都能操作，对厚的试件曝光时间需要很长。

对厚的被检测物来说，可使用硬 X 射线或 γ 射线；对薄的被检物则使用软 X 射线。射线穿透物质的最大厚度为：钢铁约 450mm，铜约 350mm，铝约 1200mm。

对于气孔、夹渣和铸造孔洞等缺陷，在 X 射线透射方向有较明显的厚度差别，即使很小的缺陷也较容易检查出来。而对于如裂纹等虽有一定的投影面积但厚度很薄的一类缺陷，只有用与裂纹方向平行的 X 射线照射时，才能够检查出来，而用与裂纹面几乎垂直的射线照射时就很难查出。因此，有时要改变照射方向来进行照相。

观察一张透射底片能够直观地知道缺陷的二维形状大小及分布，并能估计缺陷的种类，但无法知道缺陷厚度以及离表面的距离等信息。要了解这些信息，就必须用不同照射方向的两张或更多张底片。

在进行检测时，应注意到射线辐射对人体健康（包括遗传因素）的损害。X 射线在切断电源后就不再发生，而同位素射线（如 γ 射线）是源源不断地发生的。此外，还应特别注意，射线不只是笔直地向前辐射，它还可通过被检物、周围的墙壁、地板以及天花板等障碍物进行反射与透射传播。其次还应注意，X 射线装置是在几万乃至几十万伏高电压下工作的，通常虽有充分的绝缘，但也必须注意防止意外的高压危险。

3.7　机械故障诊断的油样分析技术

在机械设备中广泛存在着两类工作油：液压油和润滑油。它们携带有大量的关于机械设备运行状态的信息，特别是润滑油，它所经由的各摩擦副的磨损碎屑都将落入其中并随之一起流动。这样，通过对工作油液（脂）的合理采样，并进行必要的分析处理后，就能取得关于该机械设备各摩擦副的磨损状况，包括磨损部位、磨损机理以及磨损程度等方面的信息，从而对设备所处工况作出科学的判断。油样分析技术如同人体健康检查中的血液化验，已成为机械故障诊断的主要技术手段之一。

3.7.1　磁塞检查法

磁塞检查法是最早出现的一种检查机器磨损状态的简便方法。它是在机器的油路系统中插入磁性探头（磁塞）以收集油液中的铁磁性磨粒，当磨损趋向严重，出现大于 50μm 以上的大尺寸磨粒时，有较高的检测效率。与其他方法相比，这种方法对早期磨损故障的预报灵敏性较差。但由于其简便易行，故目前仍为一种广泛采用的方法。

3.7.2　颗粒计数器方法

颗粒计数器方法作为一种辅助方法，主要用于检定油液污染度等级。它是对油样内的颗粒进行粒度测量，并按预选的粒度范围进行计数，从而得到有关磨粒粒度分布方面的信息，以判断机器磨损的状况。粒度的测量和计数过去是采用光学显微镜的方法，现在已发展为采用光电技术进行自动计数和分析。

3.7.3　油样光谱分析技术

油样光谱分析分有原子吸收光谱和原子发射光谱法两种。主要是根据油样中各种金属磨粒在离子状态下受到激发时所发射的特定波长的光谱来检测金属的类型和含量。该方法起源于20世纪40年代，比较成熟。它提供的金属类型和浓度值为判定机器磨损的部位及程度提供了科学依据，但它不能提供磨粒的形态、尺寸、颜色等直观形象，因而不能进一步判定磨粒类型及原因。此外，这种方法分析的磨粒最大尺寸不超过10μm，而大多数机器失效期的磨粒特征尺寸，多在20~200μm，导致许多重要信息的遗漏，这是光谱法的不足之处。目前它主要用于非铁金属磨粒的检测和识别。

3.7.4　油样铁谱分析技术

铁谱分析技术是20世纪70年代出现的一项新技术。铁谱分析是利用铁谱仪从润滑油（脂）试样中分离和检测出磨粒和磨屑。根据工作方式的不同，铁谱仪可分为直读式铁谱仪、分析式铁谱仪和旋转式铁谱仪等。近年来，又研究成功了在线式铁谱仪。在此，只介绍直读式铁谱仪。

1. 直读式铁谱仪的结构和工作原理

直读式铁谱仪的结构如图1-36所示，由光伏探测器1、2、磁铁3、光导纤维4、白炽灯光源5、接油杯6、放大电路7、数显装置8、压块9、沉积管10、毛细管11以及其他辅助机构组成。

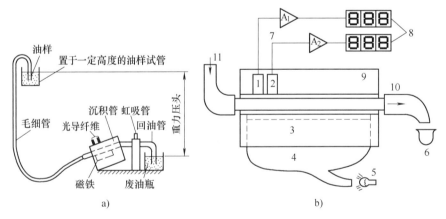

图1-36　直读式铁谱仪的结构和工作原理

a）工作原理　b）结构

1、2—光伏探测器　3—磁铁　4—光导纤维　5—白炽灯光源　6—接油杯　7—放大电路

8—数显装置　9—压块　10—沉积管　11—毛细管

油样在虹吸现象的作用下流入沉积管，在沉积管的下部有一高强度、高梯度磁场，油中

的铁磁性颗粒受重力、浮力以及磁力三者的综合作用，在随着油样流过沉积管的过程中，将会在沉积管内有规律地沉积下来。

其中的大颗粒沉积在入口处，而较小的颗粒则离入口处较远。传统的直读式铁谱仪在沉积管的入口处和离入口处 5mm 的地方各装有一个光伏探测器，分别作为大颗粒和小颗粒的光密度读数监测。光伏探测器的输出电压与其所受光强有关，而铁磁性颗粒在沉积管中的沉积将会削弱来自光导纤维的光强。由于光导纤维的匀光作用，使得光伏探测器所接收到的光强改变量与铁磁性颗粒的挡光面积成正比，在一定条件下，挡光面积又与磨屑体积之间有某种较稳定的对应关系，即光伏探测器的输出与磨屑体积有关，可表达为

$$U_{out} = f(V)$$

式中　　V——磨屑体积；

　　　　U_{out}——光伏探测器的输出电压。

这样，通过光伏探测器输出电压的变化就能感知油样中铁磁性颗粒的体积，这就是直读式铁谱仪的工作原理。

2. 性能特点

直读式铁谱仪结构简单，价格便宜；制谱与读谱合二为一，分析过程简便快捷；但读数稳定性、重复性差，随机因素干扰影响大；只能提供关于磨屑体积的信息，常用作油样的快速分析和初步诊断。

思　考　题

一、填空题

1. 机械故障是指 _____。机械故障表现在结构上主要是 _____ 和 _____ 的破坏。

2. 故障按发生的原因或性质不同可分为 _____ 和 _____。

3. 由于 _____、_____、_____，使各部件加速磨损或改变其机械工作性能而引起的故障称为人为故障。

4. 事故是指 _____。事故按起因和后果分为四类，分别是 _____、_____、_____ 和 _____。

5. 机械磨损按磨损的原因分为 _____、_____、_____ 和 _____。

6. 影响机械磨损的主要因素有 _____、_____、_____、_____、_____、_____、_____ 等。

7. 断裂按宏观形态可分为 _____ 和 _____。按载荷性质可分为 _____ 和 _____。

8. 离线测定是指 _____，在线测定是指 _____。

9. 轴承是反映诊断信息最集中和最敏感的部位，分为 _____ 和 _____ 两种测定方法。

10. 无损检测法一般包括 _____、_____、_____、_____、_____、_____ 等。

二、简答题

1. 画出设备劣化周期图并说明其意义。

2. 画出机械的故障规律曲线并说明其意义。

3. 说明机械磨损的粘着理论和分子-机械理论的基本观点。

4. 画出机械磨损的规律曲线并说明其含义。

5. 说明机械变形发生的原因及对策。

6. 画出疲劳断裂断口图。

7. 防腐蚀的方法有哪些？

8. 说明机械故障诊断技术的含义、基本内容、基本原理、基本方法。

9. 滚动轴承常见的损伤有哪些？

10. 说明超声波检测技术原理。

11. 说明磁粉检测原理。

12. 说明射线检测原理。

13. 什么是油样分析技术？

Chapter 2

学习项目二

零件和设备的润滑

任务1 润滑原理

1.1 润滑的作用及分类

1.1.1 润滑的作用

在摩擦副之间加入润滑介质，使接触面间形成一层润滑膜，用以控制摩擦、降低磨损，以延长使用寿命的措施通常称为润滑。

润滑是减轻摩擦、磨损的一种手段。摩擦造成大量的能源浪费，磨损增加了金属等原材料的消耗，降低了机械及其零部件的使用寿命。德国福格尔波尔（Vogelpohl）教授估算：世界上所用能源的 1/3~1/2 消耗在摩擦损失上。

金属压力加工车间的机械设备大都在高温及恶劣的条件下工作，润滑更为重要。现代金属压力加工车间日益向大型、高速、连续、自动化方向发展，润滑不仅影响设备的寿命，而且关系到设备能否安全、连续地运转。因此，必须根据摩擦机件的特点及工作条件，周密考虑和正确选择所需的润滑材料、润滑方法、润滑装置和系统，严格按照规程所规定的部位、周期、润滑材料的质量和数量进行润滑。润滑对机械设备的正常运转起着十分重要的作用，其主要作用有：

（1）降低摩擦因数、减少磨损　在两个相对摩擦的表面之间加入润滑材料（润滑剂），使相对运动的机件摩擦表面不直接接触或尽量少接触，就可以降低摩擦因数，减少摩擦阻力，降低功率损耗。在良好的液体摩擦条件下，其摩擦因数可以低到 0.001 甚至更低，此时的摩擦阻力主要是液体润滑膜内部分子间相互滑移的低剪切阻力。

润滑材料在摩擦表面之间，还可以减少由于硬粒磨损、表面锈蚀、金属表面间的咬焊与撕裂等造成的磨损。因此，在摩擦表面间供应足够的润滑剂，就能形成良好的润滑条件，保持零件配合精度，大大减少磨损。降低摩擦、减少磨损是机械润滑最主要的作用。

（2）降温冷却　润滑材料能够减少摩擦热量的产生。机械克服摩擦所做的功，全部转变成热量，这些热量，一部分由机体向外扩散，一部分使机械温度不断升高。采用液体润滑材料的集中循环润滑系统就可以带走摩擦产生的热量，起到降温冷却的作用，使机械控制在所要求的温度范围内运转。

（3）防腐、防锈　机械表面在与周围介质（如空气、水汽、腐蚀性气体、液体、腐蚀性物体等）接触时，就会因生锈、腐蚀而损坏。在金属表面涂上一层具有防锈、防腐添加剂的润滑材料，就可起到防锈、防腐的目的。

（4）冲洗清洁　摩擦副在运动时产生的磨损颗粒或外来微粒等，都会加速摩擦表面的磨损。利用液体润滑剂的流动性，可以把摩擦表面间的磨粒带走，从而减少磨粒磨损。在压力循环润滑系统中，冲洗作用更为显著。在热轧、冷轧、切削、磨削等加工工艺中所采用的工艺润滑剂，除有降温冷却作用外，还有良好的冲洗作用，防止表面被固体颗粒磨损划伤。

（5）密封作用　润滑油、润滑脂不仅能起润滑减摩作用，还能增强密封效果，减少泄漏，提高工作效率。此外，润滑油还有减少振动和噪声的效能。

1.1.2　润滑的分类

1. 根据润滑剂的物质形态分类

（1）气体润滑　采用空气、蒸汽、氮气或某些惰性气体为润滑剂，将摩擦表面用高压气体分隔开，减少摩擦，从而实现的润滑称为气体润滑。如重型机械中垂直透平机的推力轴承、航海用的惯性陀螺仪、大型天文望远镜的大型转动支承轴承、高速磨头的轴承等都可用气体润滑。气体润滑的最大优点是摩擦因数极小，接近零。另外，气体的黏度不受温度的限制。

（2）液体润滑　采用动植物油、矿物油、合成油、乳化油、水等液体为润滑剂进行的润滑称为液体润滑。如轧钢机的油膜轴承用矿物类润滑油润滑；冷轧带材时用乳化油作冷却润滑液；初轧机胶木瓦轴承用水作润滑剂润滑等。

（3）半固体润滑　以润滑脂为润滑剂进行的润滑称为半固体润滑。润滑脂是一种介于液体和固体之间的一种塑性状态或膏脂状态的半固体物质，包括各种矿物润滑脂、合成润滑脂、动植物脂等。此种润滑广泛用于各种类型的滚动轴承和垂直安装的平面导轨，具有防腐、减摩和密封的作用。

（4）固体润滑　利用具有特殊润滑性能的固体作润滑剂进行的润滑称为固体润滑。常用的固体润滑剂有石墨、二硫化钼、二硫化钨、氮化硼、四氟乙烯等。拉拔高强度丝材时表面所镀的铜，以及拉拔生产中广泛使用的石蜡、脂肪酸钠、脂肪酸钙等固体皂粉都属于固体润滑剂。固体润滑材料是一种新型的很有发展前途的润滑材料，即可单独使用，也可做润滑油脂的添加剂。

2. 根据润滑膜在摩擦表面的分布状态分类

（1）全膜润滑　摩擦面之间有润滑剂，并能生成一层完整的润滑膜，把摩擦表面完全隔开。摩擦副运动时，摩擦是润滑膜分子之间的内摩擦，而不是摩擦面直接接触的外摩擦，这种状态称为全膜润滑。这是一种理想的润滑状态。

全膜润滑的形态很多，其中之一就是人们所熟知的液体润滑。它是用液体作为润滑剂而获得的一种理想润滑状态。此外，还可以用气体、固体、半固体的润滑剂，形成一层完整的润滑膜。在边界摩擦和极压摩擦状态下，只要润滑剂选用得当，在一定条件下同样也能获得一层完整的边界润滑膜和极压润滑膜。

（2）非全膜润滑　摩擦表面由于粗糙不平或因载荷过大、速度变化等因素的影响，使润滑膜遭到破坏，一部分有润滑膜，另一部分为干摩擦，这种状态称为非全膜润滑。一般由于运动速度变化（起动、制动、反转）、受载性质变化（突加、冲击、局部集中、变载荷等）以及润滑不良时，设备经常出现这种状态，其磨损较快，应当力求减少和避免这种状态。

1.2 常用的润滑原理

摩擦副理想的工作状况是在全膜润滑下运行。但是，如何创造条件，采取措施来形成和满足全膜润滑状态则是比较复杂的工作。人们在长期的生产实践中对润滑原理进行了不断地探索和研究，形成了一些较成熟的理论，现对常用的流体动压润滑原理、流体静压润滑原理、流体动静压润滑原理、边界润滑原理、固体润滑原理、自润滑做简单介绍。

1.2.1 流体动压润滑原理

1. 曲面接触

图 2-1 所示为滑动轴承摩擦副建立流体动压润滑的过程。图 2-1a 是轴承静止状态时轴与轴承的接触状况，在轴的下部正中与轴承接触，轴的两侧形成了楔形间隙。开始起动时，轴滚向一侧如图 2-1b 所示，具有一定黏度的润滑油粘附在轴颈表面，随着轴的转动被不断带入楔形间隙，润滑油在楔形间隙中只能沿轴向溢出，但轴颈有一定长度，而油的黏度使其沿轴向的流动受到阻力而流动不畅，这样，润滑油就聚积在楔形间隙的尖端互相挤压，从而使润滑油的压力升高，随着轴的转速不断上升，楔形间隙尖端处的油压也越升越高，形成压力油楔逐渐把轴抬起，如图 2-1c 所示。此时轴处于一种不稳定状态，轴心位置随着轴被抬起的过程而逐渐向轴承中心另一侧移动，当达到一定转速后，轴就趋于稳定状态，如图 2-1d 所示。此时油楔作用于轴上的压力的总和与轴上的负载（包括轴的自重）相平衡，轴与轴承的表面完全被一层油膜隔开，实现了液体润滑，这就是动压流体润滑的油楔效应。由于动压流体润滑的油膜是借助于轴的运动而建立的，一旦轴的转速降低（如起动和制动的过程中）油膜就不足以把轴和轴承隔开。因此，载荷过重或轴的转速较低都有可能无法建立足够厚度的油膜，从而不能实现动压润滑。

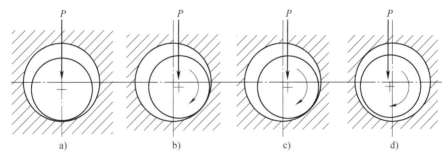

图 2-1 滑动轴承动压润滑油膜建立过程

a）静止状态 b）开始转动 c）不稳定状态 d）平衡状态

如图 2-1d 所示，在楔形间隙出口处油膜厚度最小。油膜最小厚度用 h_{min} 表示，实现动压润滑的条件是油膜必须将两摩擦表面可靠地隔开，即

$$h_{min} > \delta_1 + \delta_2$$

式中　δ_1、δ_2——轴颈与轴承表面的最大表面粗糙度（mm）。

2. 平面接触

（1）两平行平面间的滑动　如图 2-2a 所示，AB、CD 为平行平面，设 CD 不动，AB 沿箭头指示的方向运动。在未受载时，由于润滑油的黏性，紧贴 AB 面的润滑油获得 AB 面的

运动速度 v，以上各层润滑油由于油液的内摩擦力使速度逐层递减，故呈三角形分布。图 2-2b为不考虑相对运动时，在载荷 P 作用下润滑油从两平面间被挤出的流动速度分布。图 2-2c 是 a 图和 b 图叠加后在进口和出口处的油液流速分布。如用单位时间的流量来代替流速，则可以看出：对平行平面来说，在载荷和相对运动的联合作用下，单位时间流入两平面间的流量低于流出的流量。根据曲面接触动压润滑的原理可知，这种情况不可能出现油楔效应，也就不可能实现流体动压润滑。

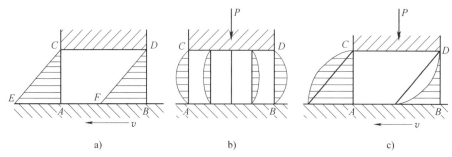

图 2-2　两平行平面间油液的流动

（2）两倾斜平面间的滑动　如果将上述情况中的一个平面 CD 相对于平面 AB 倾斜一个角度，如图 2-3 所示，则可以看出，这时入口截面的流量将大于出口截面的流量，类似于曲面接触的情况，因而可以实现流体动压润滑。

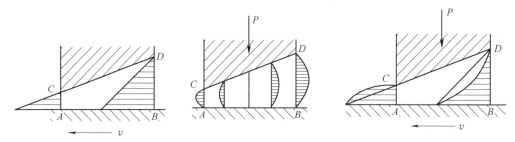

图 2-3　两倾斜平面间油液的流动情况

应当注意的是，如果 CD 倾斜的方向与图 2-3 中的方向相反，就不可能出现动压润滑。这说明倾斜方向与相对运动方向有关。

将这一原理用于推力滑动轴承，将轴承制作成若干扇形块，将每个扇形块倾斜一定角度形成楔形间隙，在推力滑动轴承上就可实现动压润滑。

（3）流体动压润滑形成条件及影响因素　由上面的分析可知，实现流体动压润滑必须具备以下条件：

1）两相对运动的摩擦表面，必须沿运动的方向形成收敛的楔形间隙。

2）两摩擦面必须具有一定的相对速度。

3）润滑油必须具有适当的黏度，并且供油充足。

4）外载荷必须小于油膜所能承受的极限值。

5）摩擦表面应具有较小的表面粗糙度值，这样可以在较小的油膜厚度下实现流体动压润滑。

各种因素对流体动压润滑的形成有着不同的影响，如当润滑油的黏度和两摩擦表面相对运动速度增加时，最小油膜厚度增加；当外负荷增加时，最小油膜厚度减小；温度的影响会引起润滑油的黏度变化，从而影响最小油膜厚度。

还应注意，流体动压轴承的进油口不能开在油膜的高压区，否则进油压力低于油膜压力，油就不能连续供入，破坏了油膜的连续性。

1.2.2　流体静压润滑原理

从外部将高压流体经节流阻尼器送入运动副的间隙中，使两摩擦表面在未开始运动之前就被流体的静压力强行分隔开，由此形成的流体润滑膜使运动副能承受一定的工作载荷而处于流体润滑状态，这种润滑称为流体静压润滑。

图 2-4 所示为具有四个对称油腔的径向流体静压轴承，轴承上开有四个对称的油腔 9、周向封油面 11 和回油槽 10，在油腔的轴向两端也有封油面。从供油系统输出的压力油，经四个节流阻尼器后分别供给相应的油腔。从各封油面与轴颈间的泄油间隙流出的油液经回油槽返回油箱。

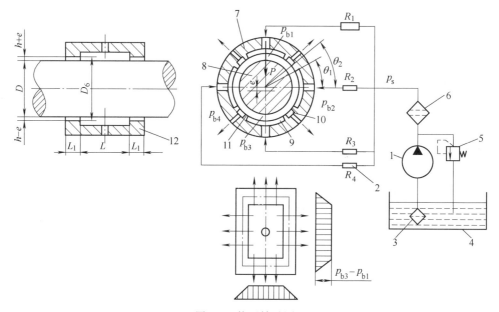

图 2-4　静压轴承原理

1—油泵　2—节流阻尼器　3—粗过滤器　4—油箱　5—溢流阀　6—精过滤器
7—轴承套　8—轴颈　9—油腔　10—回油槽　11—周向封油面　12—轴向封油面

轴未受载时，由于各油腔的静压力相等，轴浮在轴承中央（忽略轴的自重），此时各泄油间隙相等。

轴颈受外载 P 作用后，沿 P 作用方向产生一个位移，下部泄油间隙减小、上部泄油间隙增大，使下部泄油阻力增大、上部泄油阻力减小，导致下部泄油量减小、上部泄油量增大。由于节流阻尼器的作用，使上部油腔压力 p_{b1} 减小而下部油腔压力 p_{b3} 增大，在轴颈上、下两压力面出现了压力差：$p_{b3}-p_{b1}$，这个压力差与外载荷 P 产生的压力相平衡，而使轴承保持流体润滑状态。图 2-5 所示为流体静压导轨的三种形式，其中，图 2-5a 所示为单一平面油垫；图 2-5b 所示为双面油垫；图 2-5c 所示为斜面油垫。

流体静压润滑与流体动压润滑相比有如下特点：

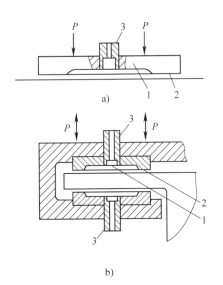

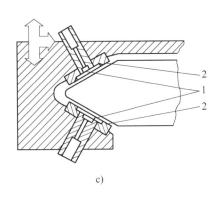

图 2-5 静压润滑导轨的三种形式

a) 单一平面油垫 b) 双面油垫 c) 斜面油垫

1—油腔 2—封油面 3—供油嘴

1) 应用范围广，承载能力高。因流体膜的形成与摩擦面的相对速度无关，故可用于各种速度的摩擦副。因承载能力决定于供油压力，故可有较高的承载能力。

2) 摩擦因数比其他形式的轴承都低并且稳定。

3) 几乎没有磨损，所以摩擦副的寿命极长。

4) 由于两摩擦面不直接接触，所以对轴承材料要求不高，只需比轴颈稍软即可。

缺点是需要一整套昂贵的供油系统，油泵不间断地工作增加了能耗。

1.2.3 流体动、静压润滑原理

流体静压润滑的优点很多，但是油泵需一直工作要耗费大量能源。流体动压润滑在起动、制动过程中，由于速度低，不能形成足够厚度的流体动压油膜，使轴承的磨损增大，严重影响轴承的使用寿命。如果在起动、制动时采用流体静压润滑，而在达到额定转速后，靠流体动压润滑，这样就能充分发挥动压润滑和静压润滑的优势，又可克服二者的不足。据此产生了流体动、静压润滑理论，其主要工作原理是：摩擦副在起动或制动过程中，采用流体静压润滑的办法，把高压润滑流体压入承载区，将摩擦副强行分开，从而避免了在起、制动过程中，因速度变化不能形成动压油膜而使摩擦副直接接触产生摩擦与磨损；当摩擦副进入全速稳定运转时，可将静压供油系统停止，靠动压润滑供油形成动压油膜来润滑。这种动、静压润滑近年来在工业上已经得到应用。

1.2.4 边界润滑原理

从摩擦副间流体润滑过渡到摩擦副表面直接接触之前的临界状态称为边界润滑。几乎各种摩擦副在相对运动时都存在着边界润滑状态。可见边界润滑是一种极为普遍的润滑状态，即使精心设计的流体动压润滑轴承，在起动、制动、负载变化、高温和反转时也都会出现边界润滑状态。

边界润滑状态的摩擦界面上，存在一层厚度为 $0.1\mu m$ 左右的薄膜，具有一定的润滑性能，通

常称为边界膜。按边界膜的形成结构形式不同,边界膜可分为吸附膜和反应膜两大类。

在边界润滑状态时,润滑剂中含有的某些活性分子,吸附在金属摩擦表面上而形成的具有一定润滑性的边界膜称为吸附膜。含硫、磷、氯等元素的添加剂的润滑油,进入摩擦副之间,与金属摩擦表面起化学反应生成的边界膜称为反应膜。

一般说来,吸附膜适用于中等温度、速度、载荷以下的场合;反应膜适用于高温、高速、重载的场合。

在边界润滑状态下,如果温度过高、负载过大、受到振动冲击,或者润滑剂选用不当、加入量不足、润滑剂失效等原因,均会使边界润滑膜遭到破坏,导致磨损加剧,使机械寿命大大缩短,甚至导致设备损坏。良好的边界润滑虽然比不上流体润滑,但是比干摩擦的摩擦因数低得多,相对来说可以有效地降低机械的磨损,使机械的使用寿命大大提高。一般来说,机械的许多故障多是由于边界润滑解决不当引起的。

改善边界润滑的措施有:

(1) 减小表面粗糙度　金属表面各处边界膜承受的真实压力的大小与金属表面状态有关:摩擦副表面粗糙度越大,则真实接触面积越小,同样的载荷作用下,接触处的压力就越大,边界膜易被压破。减小表面粗糙度可以增加真实接触面积,降低负载对油膜的压力,使边界膜不易被压破。

(2) 合理选用润滑剂　根据边界膜工作温度高低、负载大小和是否工作在极压状态,应选择合适的润滑油类型和添加剂,以改善边界膜的润滑特性。

(3) 改变润滑方式　改用固体润滑材料等新型润滑材料,改变润滑方式。如对某些振动冲击大的重载、低速的摩擦副,可考虑采用添加固体润滑剂的新型半固体润滑脂进行干油喷溅润滑(有关这方面的问题后面有专门的介绍)。

1.2.5　固体润滑原理

在摩擦副之间放入固体粉状物质的润滑剂,同样也能起到良好的润滑效果。图 2-6 所示为两摩擦面之间有固体润滑剂的滑移模型,它的剪切阻力很小,稍有外力,分子间就会产生滑移。这样就把两摩面之间的外摩擦转变为固体润滑剂分子间的内摩擦。固体润滑有两个必要条件,首先是固体润滑剂分子间应具有低的剪切强度,很容易产滑移;其次是固体润滑剂要能与摩擦面有较强的亲和力,在摩擦过程中,使摩擦面上始终保持着一层固体润滑剂(一般在金属表面上是

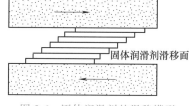

图 2-6　固体润滑剂的滑移模型

机械附着,但也有形成化学结合的),而且这一层固体润滑剂不腐蚀摩擦表面。具有上述性质的固体物质很多,例如石墨、二硫化钼、滑石粉等。

对于层状结构的固体润滑剂,分子层之间的结合力很弱,分子层间表面即为低剪切应力表面,当分子层间受到一定的切应力作用时,分子层间就产生滑移;对于非层状结构固体润滑剂或软金属来说,主要是以其剪切力低,起到润滑作用,然后使它附着在摩擦表面形成润滑膜。

对于已经形成的固体润滑膜的润滑机理,与边界润滑机理相似。

1.2.6　自润滑简介

以上所讲的几种润滑,在摩擦运动过程中,都需要向摩擦表面间加入润滑剂。而自润滑

则是将具有润滑性能的固体润滑剂粉末与其他固体材料相混合并经压制、烧结成材，或是在多孔性材料中浸入固体润滑剂；或是用固体润滑剂直接压制成材，作为摩擦表面。这样在整个摩擦过程中，不需要再加入润滑剂，仍能具有良好的润滑作用。自润滑的机理包括固体润滑、边界润滑，或两者皆有的情况。例如用聚四氟乙烯制品做成的压缩机活塞环、轴瓦、轴套等都属自润滑，因此，在这类零件的工作过程中，不需再加任何润滑剂也能保持良好的润滑作用。

任务2　常用润滑材料的辨识

2.1　润滑材料综述

凡是在摩擦副之间加入的能起抑制摩擦、减少磨损的介质，都可称为润滑材料（润滑剂）。如前所述，按润滑材料的物质形态，可分为：气体润滑材料、液体润滑材料、半固态润滑材料、固态润滑材料四类。

虽然，润滑材料的物质形态不同，品种更是多种多样，但都应能满足对润滑的一些基本要求：降低摩擦因数；具有良好的吸附及楔入能力；有一定的黏度；具有较高的抗氧化稳定性和机械稳定性；具有良好的防护性能和抗磨性能等。

本节重点介绍金属压力加工常用的液体、半固体、固体润滑材料及添加剂。

2.2　润滑油

2.2.1　概述

金属压力加工常用的液体润滑材料为润滑油。

润滑油是从原油中提炼出来并经过精制而成的石油产品。原油经过初馏和常压蒸馏，提取低沸点的汽油、煤油、柴油后，再经过减压蒸馏，按沸点范围不同而提取的一线、二线、三线、四线馏分油以及减压渣油，都是制取润滑油的原料。然后通过精制和调和，即可获得各种润滑油。

2.2.2　润滑油的物理化学性能及主要质量指标

（1）外观　油品质量的优劣，很大程度上可以从外观察觉，特别是进入商品市场，油品的外观就显得更为重要。

1）颜色。油品的精制程度越高，颜色越浅。黏度低的油品，颜色也较浅。润滑油在使用过程中，由于杂质污染及氧化变质都会逐渐使颜色变深甚至发黑，因此，从油品的颜色变化情况可以大致判断油品的变质程度。

2）透明度。质量良好的油品应当有较高的透明度。油中含有水分、气体杂质及其他外来成分，都会影响透明度。

3）气味。优良的油品在使用过程中不应当散发出刺激性气味。

（2）流动性能　流动性能是润滑油最重要的技术性能之一，它直接影响润滑系统的工作，常用指标有：

1）黏度。润滑油在外力作用下流动时，分子间产生一种内摩擦力，这一特性称为黏性，其大小用黏度来表示。常用的黏度有动力黏度、运动黏度和相对黏度。润滑油在单位速度梯度下流动时，液层间单位面积上产生的内摩擦力，称为动力黏度；动力黏度与润滑油密度之比称为运动黏度。工程上常用运动黏度作为润滑油黏度的标志。除此以外，还有相对黏度（或条件黏度），我国采用的为恩氏黏度。

2）黏度指数。润滑油的黏度与温度有着密切的关系，黏度随着温度的变化而变化，然而黏度变化的幅度，各种油品不完全相同。在国际上，目前广泛采用黏度指数 VI（Viscosity Index）这一指标，用它来评价油品黏度受温度变化影响的程度，即黏温特性的优劣。黏度指数就是试验油黏温变化程度与标准油相比较时的相对数值。

根据 GB/T 3141—1994 规定，除电器绝缘油、金属加工油、热传导、热处理油（后三种不强迫使用该标准）外，除内燃机油和车辆齿轮油（这两种不适用该标准）外，所有润滑油一律使用40℃时的运动黏度作为油液的牌号。各牌号润滑油的技术参数见表2-1。

表 2-1　各牌号润滑油在不同黏度指数和不同温度时的运动黏度（GB/T 3141—1994）

本标准采用的黏度牌号	ISO 组织采用的黏度牌号	运动黏度范围（40℃）/（mm²/s）	运动黏度（50℃）/（mm²/s）	
			黏度指数（VI）= 50	黏度指数（VI）= 95
2	ISO VC2	1.98～2.42	1.69～2.03	1.69～2.03
3	ISO VC3	2.88～3.52	2.38～2.84	2.39～2.86
5	ISO VC5	4.14～5.06	3.29～3.95	3.32～3.99
7	ISO VC7	6.12～7.48	4.68～5.61	4.76～5.72
10	ISO VC10	9.00～11.00	6.65～7.99	6.78～8.14
15	ISO VC15	13.6～16.5	9.62～11.5	9.80～11.80
22	ISO VC22	19.8～24.2	13.6～16.3	13.9～16.6
32	ISO VC32	28.8～35.2	19.0～22.60	19.4～23.3
46	ISO VC46	41.4～50.6	26.1～31.3	27.0～32.5
68	ISO VC68	61.2～74.8	37.1～44.4	38.7～46.6
100	ISO VC100	90.0～110	52.4～63.0	55.3～66.6
150	ISO VC150	135～165	75.9～91.2	80.61～97.1
220	ISO VC220	198～242	108～129	115～138
320	ISO VC320	288～352	151～182	163～196
460	ISO VC460	414～506	210～252	228～274
680	ISO VC680	612～748	300～360	326～393
1000	ISO VC1000	900～1100	425～529	466～560
1500	ISO VC1500	1350～1650	613～734	676～812

3）凝点和倾点。倾点是指油品在规定的试验条件下，被冷却的试样能够流动的最低温度；凝点指油品在规定的试验条件下，被冷却的试样油面不再移动时的最高温度，都以℃表示。倾点是用来衡量润滑油等低温流动性的常规指标，同一油品的倾点比凝点略高几度，过去常用凝点，国际通用倾点。

（3）安定性　润滑油在工作中总是要与空气中的氧接触，发生氧化反应，生成酸类、胶泥物，使油的颜色加深变暗，黏度增加，酸性增加，产生沉淀物，最终限制了油品的使用性能。优质润滑油应具有防止氧化减缓变质的能力。润滑油的抗氧化安定性，是很重要的一项技术指标。

（4）机械安定性　含有高分子聚合物的油品，在使用过程中，黏度有降低的现象，这种现象特别是稠化油表现最严重，必须控制黏度下降的幅度，应做剪切试验。

(5) 抗水性 钢铁设备生产过程中要使用大量的冷却水，少量的水分混入润滑系统中，是很难避免的，有时候进入油中的水是大量的，这就要求润滑油具有良好的抗乳化性能，当水分进入油中时应能很快地从油中分离出来，不与油混合形成稳定的乳化液；对水基润滑液无法要求它的抗水性能，但无论是进水或失水对其性能都有较大影响。

(6) 抗泡沫性能 润滑油在使用过程中，受到强烈的机械搅拌或流速太快时，都会产生泡沫，泡沫存在于油中会严重阻碍润滑系统的工作，最严重的时候，泡沫会从油箱上盖溢出。润滑油产生泡沫并不可怕，可怕的是泡沫久久不消失，越积越多。良好的油品应消泡迅速。润滑油中常常加入硅油或醚类消泡剂。

(7) 防护性能 润滑油对摩擦元件必须有良好的保护性能，要防止金属锈蚀，更不得腐蚀金属。

(8) 抗磨性能 这是润滑油最重要的性能之一，油品的质量很大程度上取决于它的抗磨性能。极压齿轮油和抗磨液压油对抗磨性能都有特殊的要求。

(9) 与密封材料的适应性 润滑油与密封材料的适应性是十分重要的，它直接影响整个系统的密封性。

(10) 杂质含量 润滑油中的杂质是一种磨粒磨料，能加速摩擦面的磨损；也是一种催化剂，加速油品的老化。因此，必须通过努力把油中杂质含量降低到允许的范围。

(11) 其他性能

1) 密度。润滑油的密度是一个很重要的参数，它影响到泵的吸入阻力和压力损失，在管路阻力计算中很重要。密度随油的种类、黏度不同而有所差异，矿物质油的密度为 $(0.85\sim0.94)\times10^3 kg/m^3$，水基乳化液的密度为 $1\times10^3 kg/m^3$，水乙二醇和磷脂的密度大于 $1\times10^3 kg/m^3$。

2) 闪点。大部分润滑油都用开口杯测定闪点，按 GB/T 3536—2008 测定，矿物油的闪点在 150~300℃，闪点随黏度的增高而增高。使用中的油品闪点一般不易发生变化，但有时操作不慎，局部受高温的影响而发生热裂化，就有大量挥发性物质产生，或者油中混入汽油、煤油等都会使闪点降低，若闪点降低 10℃，就要考虑换油。

3) 酸值。酸值又叫中和值，使用中的油品，因老化而使酸值增高，所以要定期测检酸值。当酸值增加 0.5 时，即表明油品已经老化，应当考虑换油。

4) 灰分。按 GB 508—1985 检测灰分，新油的灰分是很少的，一般都少于 0.005%，含有金属盐类的添加剂，对灰分含量有影响，但是油品中进入金属微粒及尘埃就会使灰分大量增加，所以测定灰分的含量可以知道油品中有害杂质的含量。

5) 表面张力。液体表面有力图缩小表面积而形成球面的趋势，这个收缩力就是表面张力，润滑油受到污染后表面张力有所降低，测定润滑油的界面张力与新油对比，可知油品受污染的程度。

6) 元素含量。凡是要求润滑油具有抗磨性能、清净分散性能以及防锈性能，都需要添加添加剂。添加剂中含有硫、磷、钡、钙、锌、镁等元素，新油对这些元素含量都有一定的要求。在使用中这些元素逐渐消耗，因此，测定油品中这些元素的含量可以掌握油品的变化情况。

2.2.3 常用润滑油简介

我国根据国际标准组织 ISO 6743/1—1981 制定了 GB/T 7631.1—2008《润滑剂、工业用油和有关产品（L类）的分类 第1部分：总分组》，该标准在 ISO 标准的基础上添加了 S组，其组别代号与应用场合见表 2-2。

表 2-2　L 类产品分组代号

组别代号	应用场合	组别代号	应用场合
A	全损耗系统	P	风动工具
B	脱模	Q	热传导
C	齿轮	R	暂时保护防腐蚀
D	压缩机(冷冻机和真空泵)	T	汽轮机
E	内燃机	U	热处理
F	主轴、轴承、离合器	X	需要润滑脂的场合
G	导轨	Y	其他应用场合
H	液压系统	Z	蒸汽汽缸
M	金属加工	S	特殊润精剂应用场合
N	电器绝缘	—	—

根据 GB/T 7631.1—2008 规定，我国 L 类产品的代号由三部分组成：

1）类别号，即 L，石油产品。

2）品种代号，第一个字母为组别代号，紧随其后的各个字母是产品性能说明代号。

3）牌号，按照 GB/T 3141—1994 规定的润滑油黏度及等级或润滑脂稠度等级。如 L-AN32 是 L 类产品中用于全损耗系统的精制矿物油，牌号为 32（产品的平均运动黏度为 32 mm²/s）；L-FC10 是 L 类产品中用于轴承的精制矿物油（即轴承油）具有抗氧化、缓蚀性能，牌号为 10。

润滑油流动性好，容易进入支承的承载区，它的冷却、清洁作用显著，但不能阻止灰尘进入。润滑油按照用途和性质的不同分为全损耗系统用油、齿轮油和内燃机油等。常用润滑油的主要性能和用途见表 2-3。

表 2-3　常用润滑油的主要性能和用途

名称	代号	主要性能				适用范围
		黏度(40℃)/(mm²/s)	闪点最低温度(开口)/℃	凝点最高温度/℃	其　他	适用范围
全损耗系统用油(高速机械)	L-AN5	4.14~5.06	80	-10	良好的润滑性：无水分、无机械杂质、无水溶性酸或碱	高速轻载机械及小型电动机，转速不低于800r/min
		6.12~7.48	110	-10		
轴承油	L-FC2	1.98~2.42	70(闭口)	-23	无机械杂质、低酸值、抗氯防锈性好，不含极压抗磨剂	纺纱锭子、机床轴承及离合器
	L-FC5	4.14~5.06	90(闭口)	-23		
	L-FC10	9.0~11.0	140	-23		
	L-FC22	19.8~24.4	140	-17		
全损耗系统用油	L-AN10	9.0~11.0	130	-10	良好的润滑性；强抗泡沫性和抗乳化性、低酸值、无灰分、无机械杂质、无水分	500~8000r/min 的轻载机械设备，1500~5000r/min 的轻载机械设备，1500r/min 左右的机床齿轮，功率小于 100kW 的电动机，各种机床，1000r/min 以下，功率小于 400kW 的电动机，鼓风机、离心泵、中型矿山机械，低速重型机床重载机械，大型矿山机械起重机械，锻压机械设备
	L-AN15	13.5~16.5	150	-10		
	L-AN22	19.8~24.2	150	-10		
	L-AN32	28.2~35.2	150	-10		
	L-AN46	41.4~50.6	160	-10		
	L-AN68	61.2~74.8	160	-10		
	L-AN100	90.0~110	180	-10		
	L-AN150	135~165	180	-10		

（续）

名称	代号	主要性能				适用范围
		黏度（40℃）/（mm²/s）	闪点最低温度（开口）/℃	凝点最高温度/℃	其　他	适用范围
汽轮机油	L-TSA32	28.2～35.2	180	-12	无机械杂质、无水分，无锈；酸值<0.3，灰分低，黏度指数≥90	电力和工业动力源有关控制系统；液力耦合器和变压器
	L-TSA46	41.4～50.6	180	-12		
	L-TSA68	61.2～74.8	195	-12		
	L-TSA100	90.0～110	195	-12		
抗磨抗压油	L-HM32	19.8～24.2	165	-20	无锈、无机械杂质，具有良好的抗氧化、防锈、抗磨性能，黏度指数≥90	主要用于钢-钢摩擦副的液压泵及高压、高速的液压系统
	L-HM32	28.2～35.2	175	-20		
	L-HM46	41.4～50.6	185	-14		
	L-HM68	61.2～74.8	195	-14		
工业齿轮油	L-CKB	61.2～74.8	80	-13	与L-CKC工业齿轮油性能相近。无锈，机械杂质<0.02%。具有抗氧化、缓蚀和抗泡沫性，并已提高其极压性和抗磨性，黏度指数≥90	适用于齿面载荷低于500Pa的正常齿轮，也适用于工作温度恒定在70～90℃的范围内，但负荷高于500Pa的齿轮
	L-CKB100	90.0～110	200	-13		
	L-CKB150	135～165	200	-13		
	L-CKB220	198～242	200	-13		
	L-CKB320	288～352	200	-13		
	L-CKB460	414～506	200	-13		
	L-CKB680	612～748	200	-10		
蜗轮蜗杆油	L-CKE220	198～242	200	-11	无水溶性酸或碱、无锈，机械杂质≤0.02%，酸值≤1.3，黏度指数≥90	主要用于钢-钢配对的圆柱形和双包围形的、承受轻负载、传动平稳、无冲击的蜗轩副，包括该设备的齿轮及滑动轴承、气缸、离合器等部件的润滑及在潮湿环境下工作的其他机械设备的润滑
	L-CKE320	288～352	200	-11		
	L-CKE460	414～506	220	-11		
	L-CKE680	612～748	220	-11		
	L-CKE1000	900～1100	220	-11		
压缩机油（100℃）	HS-13	11～14	215	—	无水溶性酸或碱、无水分，酸值≤0.15，机械杂质<0.007%，低灰分	13号压缩机油主要用于中低压的压缩机润滑，19号压缩机油主要用于高压或多级压缩机润滑
	HS-19	17～21	240	—		
仪表油	SH/T 0138—1994（普通型）	9～11	125	-60	无水分、机械杂质和无水溶性酸或无碱，酸值小于0.15；灰分小于0.005%，凝点低	各种仪表
饱和机油（100℃）	HG-11	9～13	215	5	无水溶性酸或无碱，灰分、水分较低	适用于重负载轴承、齿轮箱及蜗杆传动装置，一定条件下的饱和蒸汽机
	HG-24	20～28	240	15		
汽油机油（50℃）	HQ-6	6～8	185	-20	良好的黏温性能和润滑性能，耐高温、耐低温性能	冬季用汽车的汽油机，夏季用汽车的汽油机，冬季用拖拉机的汽油机，夏季用拖拉机的汽油机
	HQ-6D	6～8	185	-30		
	HQ-10	10～12	200	-15		
	HQ-15	14～16	200	-5		

（1）全损耗系统用油　这种润滑油主要用于无特殊要求的全损耗润滑系统。按40℃的运动黏度共分为10个牌号：L-AN5、L-AN7、L-AN10、L-AN15、L-AN22、L-AN32、L-AN46、L-AN68、L-AN100、L-AN150。其中L-AN5、L-AN7为高速机械用油；L-AN32、L-AN46为普通机床用油；L-AN15、L-AN32可作为滚动轴承、滑动轴承和一般齿轮箱润滑用油。

（2）普通液压油　这种润滑油按40℃的运动黏度共分为6个牌号：L-HL15、L-HL22、L-HL32、L-HL46、L-HL68、L-HL100。普通液压油适用于环境温度在0℃以上的各类机床的轴承座、齿轮箱、低压液压系统，其使用寿命是全损耗系统用油的2倍以上。

（3）导轨油　导轨油按40℃的运动黏度分为4个牌号：32号、68号、100号、150号。导轨油适用于各种精密机床的工作台导轨及砂轮架导轨的润滑，也可用于坐标镗床、滚齿机、龙门铣床和落地镗床导轨的润滑。

（4）轴承油　轴承油按40℃的运动黏度共分为7个牌号：2号、3号、5号、7号、10号、15号、22号。轴承油适用于精密机床主轴的润滑，15号轴承油还可作为液压油和精密齿轮油。例如，主轴转速在1000～3000r/min，滑动轴承半径间隙为0.002～0.006mm时用2号轴承油；滑动轴承半径间隙为0.006～0.010mm时用5号轴承油；滑动轴承半径间隙为0.010～0.030mm时用7号轴承油；滑动轴承半径间隙为0.030～0.060mm时用15号轴承油。

（5）普通工业齿轮油　这种润滑油按40℃的运动黏度共分为9个牌号：50号、70号、90号、120号、150号、200号、250号、300号、350号。普通工业齿轮油适用于工业设备中齿轮、蜗杆副和其他重负荷传动装置的润滑。工业齿轮油中加有抗磨剂、缓蚀剂等多种添加剂，可取代全损耗系统用油用于重负荷设备的润滑。

2.3　润滑脂

2.3.1　概述

润滑脂简单地说就是稠化了的润滑油。它是由稠化剂分散在润滑油中而得到的半固体状的膏状物质。润滑脂是一种胶体分散系。润滑油和稠化剂既不是简单的溶解，也不是简单的混合，而是由稠化剂胶团均匀地分散在油中。所谓分散系是指一种物质（稠化剂）以微粒状态分散到另一种物质（润滑油）中形成的一种稳定体系。

相对于润滑油，润滑脂有很多优点，如附着力强，密封性能好，可以抗水冲淋，防锈，不易漏失，加入特殊添加剂可赋予特殊性质，补给周期可以很长，甚至可以一次性终身润滑等。

润滑脂的品种很多，制造业中常用的润滑脂，按用途可分为集中润滑系统用脂、灌注式润滑用脂、传动机构用脂及特殊用脂。

2.3.2　润滑脂的质量指标

（1）耐温性　金属压力加工设备用润滑脂一般在高温环境中工作，它必须具有良好的耐温性能，其评价的方法有以下几种：

1）滴点。国家标准GB/T 4929—1985《润滑脂滴点测定法》规定了测定润滑脂滴点的方法，即润滑脂在测定器中受到加热后，滴下第一滴时的温度，滴点越高耐温性越好。灌注式润滑的轴承所使用的润滑脂，其滴点应高于轴承工作温度40℃，才能确保不流失；集中供脂、一次性润滑的部位所使用的润滑脂，其滴点应高于工作环境温度。

2）蒸发量。国家标准 GB 7325—1987《润滑脂和润滑油蒸发损失测定法》规定了测定蒸发量的方法，通过蒸发量可以评定润滑脂在高温下基础油的挥发损失情况，蒸发量较大的润滑脂在使用过程中容易干枯，使用寿命也就降低了。电动机轴承以及难于补充润滑脂而检修周期又较长的轴承，所使用的润滑脂要求具有较小的蒸发损失。一些连续生产的热处理炉炉底轴承用脂，其蒸发损失要求极为严格，例如硅钢片厂的连续退火炉内气氛保持要求很高，如果炉底辊轴承用脂挥发出的气体进入炉内，会破坏炉内气氛，直接影响到高磁感硅钢片的生产质量，它对润滑脂蒸发量有极为严格的要求，即在105℃下保持8h，润滑脂的蒸发损失不得大于1%。

另外，还有保持能力、漏失量、静热试验、结集性等。

（2）抗水性 金属压力加工设备必须与冷却水接触，水不可避免地要进入轴承，特别是热轧轧制线上的设备，进水量是相当大的，因此要求润滑脂必须具有良好的抗水性能。该性能一般用水淋流失量、喷淋冲失试验、加水剪切等来测定。

（3）压送性 现代钢铁联合企业绝大部分设备都采用集中给润滑脂，因此润滑脂的压送性极为重要，评价压送性的指标有锥入度（过去称针入度）、相似黏度、强度极限、润滑脂流动性、润滑脂泵送性能试验等。

锥入度是衡量润滑脂稠度及软硬程度的指标，它是指在规定的负荷、时间和温度条件下锥体落入试样的深度。其单位以 0.1mm 表示。锥入度值越大，表示润滑脂越软，反之就越硬。润滑脂按工作锥入度范围划分为 9 个牌号，按从软到硬依次是 000#、00#、0#、1#、2#、3#、4#、5#、6#。依据用途选择不同稠度的润滑脂，如：集中供脂选用 0#、1#；轴承润滑选用 2#、3#；齿轮润滑选用 000#、00#、0#。

表 2-4 润滑脂的牌号和锥入度

牌 号	锥入度范围/0.1mm	状态
000#	445~475	液态
00#	400~430	接近液态
0#	355~385	极软
1#	310~340	非常软
2#	265~295	软
3#	220~250	中
4#	175~205	硬
5#	130~160	非常硬
6#	85~115	极硬

（4）胶体安定性 润滑脂中大部分成分是润滑油，润滑油从润滑脂中析出的倾向即是胶体安定性。任何润滑脂都有析油现象，但是析油过多的润滑脂容易干涸，析油流失也会造成污染，良好的润滑脂析油量是有一定限度的。评价方法有钢网分油、压力分油、漏斗分油等。

（5）含皂量 润滑脂的皂分对其性能起着决定性的因素。皂分含量对脂的内摩擦阻力有影响，从减少摩擦阻力，便于压送这一点，希望含皂量越少越好，但又不能过分减少含皂量，否则就会影响润滑脂的其他性能。

另外，还有抗磨性、机械安定性、氧化安定性、防护性、灰分、水分、机械杂质等其他指标。

2.3.3　常用的润滑脂

（1）钙基润滑脂　它是一种浅黄色或暗褐色的润滑脂，俗称黄油。其耐潮但不耐温，常用于工业、农业的运输机械及潮湿环境下机械的润滑。

钙基润滑脂的使用寿命较短，需经常加补新脂。其中 1 号润滑脂常用于集中润滑系统，2 号、3 号适用于中小负荷的中转速的中小型机械设备；4 号、5 号适用于重负荷、低速机械设备。

（2）钠基润滑脂　钠基润滑脂共分两个牌号：2 号、3 号。钠基润滑脂不耐水，适用于不超过 120℃ 的机械摩擦装置，如电动机、发动机轴承的润滑。

（3）复合钙基润滑脂　复合钙基润滑脂具有良好的耐潮性、耐温性，但有表面硬化趋势。因此不宜长期储存。

（4）钙钠基润滑脂　钙钠基润滑脂具有良好的耐潮性、耐温性，用于湿度不大、温度较高的场合，但不适合低温环境。

（5）锂基润滑脂　锂基润滑脂可取代钙基、钠基及钙钠基润滑脂。锂基润滑脂内加有抗氧剂、缓蚀剂等，其具有较好的耐温性、耐潮性、机械稳定性、防锈性和氧化稳定性，并且使用寿命长。它是一种有一定通用性能的润滑脂，广泛应用于矿山采煤机和运输机的电动机轴承、胶带运输机托辊的轴承润滑。但不能与其他润滑脂混合使用。这种润滑脂共分 3 个牌号，0 号、00 号、000 号。

（6）合成复合铝基润滑脂　合成复合铝基润滑脂具有良好的耐潮性、耐温性，应用于矿山机械和中大型机械电动机轴承润滑。使用时必须注意合理地选择牌号，一般在高温下使用。

（7）石墨钙基润滑脂　石墨钙基润滑脂具有良好的耐潮、耐磨特性，但不耐温。适用于齿轮传动、钢丝绳等一般在环境温度 60℃ 以下工作的机械，不能应用于滚动轴承和精密机件。

（8）二硫化钼　二硫化钼具有耐潮、耐温、耐磨等特性，应用于矿山大型机械，如通风机、空压机和采煤机的电动机轴承。不能与其他润滑脂混合使用。

2.3.4　添加剂

为了提高油品的质量和使用性能，在油品中掺配少量某些物质（加入量从百分之几到百万分之几），就能够显著地改善油品的某些性能，这种物质称为添加剂。润滑油中使用添加剂的品种很多，而且还在继续不断地发展，性能也逐渐提高。目前常用的主要添加剂有以下几种：

（1）清净分散剂　它是用来中和油品氧化后产生的酸性化合物，防止酸性化合物进一步氧化，并能吸附氧化物的颗粒，它分散在油中。因此它可以抑制漆膜的生成，将已生成的积炭和漆状物从金属表面上洗涤下来，不至于结垢或沉积在金属表面上。清净分散剂主要有四种：烷基酚盐、磺酸盐、硫磷化聚异丁烯钡盐和无灰清净分散剂。这类添加剂加入油品时，油温需在 100℃ 以下，添加量在 1.5% ~ 5% 之间。

（2）抗氧化添加剂　抗氧化添加剂可防止油品氧化变质。抗氧化添加剂加入油品中，可以减少油品吸取的氧气量，从而使油品与氧作用发生酸性化合物的生成率大大降低或减缓，阻止氧化反应，延长了油品的使用寿命。

抗氧化添加剂多用在中、低温度下运行的润滑油，如变压器油、汽轮机油、液压油、仪表油等。一般润滑脂使用的抗氧化添加剂为二苯胺或 α 萘胺，添加量约为 0.5%。

（3）增稠剂　增稠剂加入油品中能影响油品的黏度。当温度升高时，增稠剂的分子便"舒展"开来，防止了润滑油的黏度降低。在温度低时，增稠剂溶解度减小，分子又开始"卷缩"成紧密的小团，所以对黏度的影响小，不至于使润滑油在低温时黏度过于变大。

常用的增稠剂有聚正丁基乙烯醚、聚异丁烯、聚甲基丙烯酸酯等，添加量为 0.2%~2.0%。

（4）油性添加剂　油性添加剂是用来改善油品在边界摩擦时的润滑性能，保持最小的磨损和低的摩擦因数。这类添加剂都是极性分子，定向地吸附在金属摩擦表面，形成牢固的油膜。这类油品在承受较高的压力时油膜不易破坏，加强了边界润滑的效果。

油性添加剂一般在边界润滑时起作用，但不能起极压润滑作用。常用的油性添加剂有硫化鲸鱼油、硫化油酸、硫化棉籽油等。例如，导轨油中加入 2%~10% 的硫化鲸鱼油，主轴油中加入 2% 硫化鲸鱼油，液压油及汽轮机油中加入硫化油酸 0.02%~0.2% 都能促进摩擦副在边界摩擦状态下的润滑效果。

（5）极压添加剂　极压添加剂主要是含硫、磷、氯的有机极性化合物，这类化合物在常温时不起润滑作用，在高压、高温下能与金属表面形成比较牢固的化合物膜。它比金属的熔点低，当金属面因摩擦而温度升高时，这层化合物膜就熔化了，生成光滑的表面，能减少摩擦和磨损。

常用的极压添加剂有氯化石蜡、亚磷酸二正丁酯、二硫化苄、硫化烯烃等，一般在温度为 200℃ 以上时才能起作用。

二硫化钼也是一种极压添加剂，把它加入润滑脂中使用效果很好，一般加入量为 3%~5%。

（6）防锈添加剂　防锈添加剂的作用原理与油性添加剂的原理相同，它能在金属表面生成吸附膜，隔绝氧气与金属的接触，从而达到防锈的目的。

目前使用的防锈添加剂种类很多，如金属皂脂肪族胺、磺酸盐、羟酸盐和硝酸盐等。最常用的是石油磺酸钡，添加量为 1% 左右。

（7）抗泡剂　抗泡剂的作用是降低泡沫表面张力和泡沫吸附膜的稳定性，缩短泡沫存在的时间，但不能预防润滑油的生泡倾向。

常用的抗泡剂是二甲基硅油。由于二甲基硅油的黏度大，加入量又很微小，使用时需先用煤油进行稀释（煤油与二甲基硅油的比例为 9∶1），然后倒入润滑油中进行充分搅拌。一般加入量为 0.0005%~0.001%。

2.4　固体润滑材料

2.4.1　概述

固体润滑剂就是加在摩擦副间用以降低摩擦和磨损的固体状态的物质。固体润滑剂包括金属材料、无机非金属材料和有机材料等。通常可分为固体粉末润滑材料、粘结或喷涂固体润滑膜和自润滑复合材料三大类。

随着工业技术的发展，固体润滑材料得到了迅速发展。固体润滑材料的适应范围比较广，在原子能工业、宇航和国防工业、电子工业、化学工业、机械工业、交通运输、食品工业、纺织印染等工业部门都已经得到了应用。我国是从 20 世纪 60 年代开始在冶金机械设备中应用固体润滑技术的。

1. 固体润滑剂的优点

1）免除了油脂的污染及滴漏。

2）取消了供油脂所用的润滑油站及油路系统，节省了投资，降低了维修费用。

3）适应比较广泛的温度范围。它可用于特殊的工况条件（如在具有放射性条件下能抗辐射、耐高真空、耐蚀）以及不适宜使用润滑油脂的场合。

4）增强了耐蚀能力，这对于潮湿气候的地区具有重要意义。

2. 固体润滑材料的缺点

1）固体润滑膜的寿命较短，保膜时不仅增加工作量，有时还要停车检查。

2）其导入性不好，不易补充到摩擦表面。

3. 对固体润滑剂的要求

理想的固体润滑剂应满足以下性能要求：

1）较低的摩擦因数。在滑动方向要有低的剪切强度，而在受载方向则要有高的屈服强度。同时还要具有防止摩擦表面凸峰穿透的能力（即材料的物理性能是各向异性的）。

2）附着力要强。要求附着力要大于滑动时的剪切力，以免固体润滑剂（或膜）从底材上或金属表面被挤刷（或撕离）掉。

3）固体润滑剂粒子间要有足够的内聚力，以建立足够厚的润滑膜，防止摩擦表面的凸峰穿透并能储存润滑剂。

4）润滑剂粒子的尺寸在低剪切强度方向应最大，这样才能保证粒子在滑动表面间能很好地定向。

5）在较宽的温度范围内，能保持性能稳定而不起化学反应。

实际上，要完全满足上述要求是不容易的。不同的固体润滑剂，具有不同的特殊性能，一般情况只能满足或达到上述要求的某一项或几项。因此，要根据摩擦副的不同工况，选用相宜的固体润滑剂。

2.4.2　固体润滑剂的种类

固体润滑剂的种类很多，但是理想而又优良的并不多。目前专用的较多，通用的较少。常见的固体润滑剂有：石墨及其化合物、金属的硫化物（二硫化钼 MoS_2、二硫化钨 WS_2）、金属的氧化物（四氧化三铁 Fe_3O_4、氧化铝 Al_2O_3、氧化铅 PbO）、金属的卤化物（氯化铁 $FeCl_3$、氯化镉 $CdCl_2$、碘化镉 CdI_2、碘化铅 PbI_2、碘化汞 HgI_2）、金属的硒化物（二硒化铌 $NbSe_2$、二硒化钨 WSe_2）、软金属（铅 Pb、锡 Sn、铟 In、锌 Zn、银 Ag）、塑料（聚四氟乙烯、聚苯、聚乙烯、尼龙-6 等）、滑石、云母、玻璃粉、氮化硼等。下面介绍几种常用的固体润滑剂。

（1）石墨　石墨是碳的同素异形体，外观呈黑色，有脂肪质滑腻感，分子结构为六方晶系的层状结晶，成鳞片状，层内的原子结合较强，层间的结合较弱，所以容易滑移；熔点为 3527℃，耐热性在大气中是 454℃，对金属及橡胶均不起反应，在高温 538℃下具有良好的润滑性能。石墨的劈开面，在常温下具有吸附气体的能力，这种气体吸附层，促进了石的润滑性。

（2）氟化石墨　新发展的氟化石墨的摩擦因数在 $27\sim344℃$ 的温度范围内比石墨低；耐磨寿命比 MoS_2、石墨长；作为塑料基自润滑材料的固体润滑剂填入组分，用氟化石墨也比用石墨或 MoS_2 的效果更好，耐磨寿命更长。几种润滑膜的摩擦因数对比见表2-5。

表2-5　几种润滑膜的摩擦因数对比

温度/℃	石墨擦涂膜	氟化石墨擦涂膜	润滑脂膜	润滑脂+2%石墨	润滑脂+2%氟化石墨
27	0.19	0.12	0.14	0.15	0.13
93	0.19	0.13	0.12	0.17	0.13
215	0.11	0.11	黏—滑,测不出来	黏—滑,测不出来	0.13
260	0.48	0.11	黏—滑,测不出来	黏—滑,测不出来	0.12
320	0.53	0.10			0.15
344		0.11			0.08

（3）二硫化钼（MoS_2）　二硫化钼外观呈黑灰略带蓝色，有滑腻感，分子结构为六方晶系的层状结晶构造，容易劈开成鳞片状，这种劈开是由于硫原子与硫原子相互结合面的滑移所产生的，其滑移层的厚度，也就是每层 MoS_2 分子层的厚度为 $6.25Å$。每两层 MoS_2 分子层之间距为 $12.30Å$，因此可知，在 $0.1\mu m$ 厚的一层膜中就有约54层53个滑移面。其熔点为 $1185℃$，在大气中，在 $349℃$ 以下可长期使用；在 $399℃$ 开始氧化，仍可短期使用；$423℃$ 为快速氧化温度，氧化产物为三氧化钼 MoO_3 和二氧化硫 SO_2，这时润滑剂已失去润滑作用。二硫化钼在 $1098℃$ 真空中，在 $1427℃$ 氩气中仍能起润滑作用，在 $-184℃$ 低温或更低时也可起润滑作用。二硫化钼能被浓硝酸、浓硫酸，沸腾浓盐酸、纯氧、氟、氯侵蚀，在其他的酸、碱、药品、溶剂、水、石油、合成润滑剂中不溶解，对周围的气体也是稳定的。一般条件下，它与金属表面不产生化学反应，也不侵蚀橡胶材料。MoS_2 中的硫原子与金属表面的附着、结合能力是相当强的，并能生成一层牢固的膜，这层膜应小于 $2.5\mu m$，能够承受 $2800MPa$ 以上的接触压力，能耐 $40m/s$ 的摩擦速度。当接触压力高达 $3200MPa$ 时，不会使金属接触表面发生粘着，摩擦因数根据使用条件不同，一般为 $0.03\sim0.15$。

（4）聚四氟乙烯（PTFE）　聚四氟乙烯是一种工程塑料，也是全氟化乙烯的聚合物，它本身具有自润滑性，被誉为"塑料之王"，耐温性能（可达 $250℃$）和自润滑性在目前一般塑料中是最好的一种。因此，它可以代替金属制成某些机械零件或密封材料，也可以用各种金属或金属的氧化物或硫化物等作为填料掺入到聚四氟乙烯中用以改善其力学性能、导热率和线膨胀系数等指标。例如，它与铜粉、石墨、二硫化钼混合制成的活塞环，用在空气压缩机上，可以不需另外再加入润滑剂，实现了无油润滑，经过试运转，情况良好，可以连续运行 $8000h$。

目前已大量地采用聚四氟乙烯来作密封材料，它对于难燃液压油磷酸酯有良好的耐蚀性能。

（5）浇注尼龙-6　浇注尼龙-6又称MC尼龙-6，它是一种很普通的工程塑料，具有一定的自润滑性。它是由聚内酰胺的单体，在催化剂的作用下经聚合而成的，可以浇注成多种机械零件。它具有良好的抗拉强度和冲击韧度，但耐热性较差，一般只能在低于 $100℃$ 以下使用。例如，大型轧钢厂的1200矫正机的大铜套，采用尼龙套后效果极佳；某厂钢板轧机的主联轴器的半圆瓦，采用尼龙瓦后效果也良好。

（6）氮化硼（BN）　氮化硼是新型润滑材料之一，问世以来受到各国普遍重视。它近似于石墨的结晶和性质，因而有"白石墨"之称，在许多方面比石墨有更特殊的优越性，如石墨是导电体，而氮化硼是良好的绝缘体，这作为润滑材料来讲是很重要的。石墨在大气中只能用于温度在500℃以下的地方，而氮化硼则可用在900℃左右的高温。石墨易与许多金属反应而生成碳化物，而氮化硼在一般温度条件下不与任何金属反应。总之，氮化硼不仅具有石墨的一些优点，而且在高温时还具有石墨所无法比拟的优越性能，如良好的可加工性、耐蚀性，热传导性、润滑性及电绝缘性等。

高温时氮化硼仍可保持良好的润滑性能，因此，氮化硼被认为是唯一耐高温的润滑材料。

氮化硼的结晶与石墨相似，是属于六方晶系层状组织结构，但每层之间的硼与氮是交错地重叠着，呈白色薄片状，其结晶层间的结合力比层内的结合力弱得多，所以层与层之间容易滑移，故反映出良好的润滑性。

（7）自润滑复合材料　自润滑复合材料与粘结固体润滑膜不同，它是两种或多种材料经过一定的工艺合成的整体材料。它具有一定的机械强度，又具有减摩、耐磨和自润滑作用。用这种自润滑复合材料加工制成的机械零件，代替原来需要加入润滑剂的金属机械零件，这样在运行中就不需要再加入任何润滑剂，实现了自润滑或无油润滑。

常见的自润滑复合材料有金属基、石墨基和塑料基三大类。

1）金属基自润滑复合材料至少是含有一种以金属或合金为骨架的连续相和以润滑剂为分散相的材料。研究和发展这种材料的目的就是把金属材料与润滑材料结合起来，以便发挥这两种材料的优点。金属基自润滑复合材料品种很多，性能各有不相同，常见的有银基、铜基、镍基和铁基等。

2）石墨基自润滑复合材料有很多缺点，如：强度较低，显脆性，导热性低，干燥气氛及高真空中不能使用。

3）塑料基自润滑复合材料我国正在研制阶段，这里就不作详述。

（8）其他固体润滑剂

1）玻璃粉：玻璃粉在450～2200℃温度范围内都具有润滑性能。作为高温润滑剂，在1200～2000℃挤压难熔金属时，特别受到重视。玻璃粉的润滑原理与MoS_2、石墨不同，它不是由于低剪切阻力的层状结构的内部滑移起润滑作用，而是由于玻璃粉剂在高温下熔融软化，且牢固地固着在金属表面，呈现良好的流体润滑性。此外玻璃在较大的温度范围内化学性能稳定，不与锻压或拉拔时的模具和坯料起化学反应，不与钢管穿孔机的顶杆顶头和管坯料起化学反应，并且隔热性良好，因此，用来作为热锻压的模具、热轧金属的穿孔机芯棒顶头、热拉拔模具等的润滑剂得到广泛的应用。

由于玻璃粉的成分不同，其耐热程度也不同。以磷酸盐为基的玻璃粉，超过400℃就熔融，并且紧固在金属表面，可均匀延展；氧化铝/氧化硼基的玻璃粉，则在480～610℃范围内显示良好的润滑性；硅酸盐基的玻璃粉一般应用在1100℃以上的高温润滑。

玻璃润滑剂的使用方法有两种：一种是把玻璃润滑剂附着在坯料上，可以在坯料上涂以玻璃悬浮液、在熔融玻璃浴中加热、喷涂熔融玻璃或绕上玻璃纤维。为了确保模具和坯料间的润滑，在锻压或拉拔前，仍然还要对模具润滑；另一种方法是将玻璃润滑剂填入到模具上，或在模具的表面喷涂上水玻璃、玻璃悬浮液等。当在锻压或热拔、热轧金属时，还应考虑金属坯料的高温氧化问题。

2）碘：碘用来润滑不锈钢具有良好的效果。

3）氧化铅（PbO）：为了解决高温轴承润滑的问题，采用 PbO 为基料并与某些固体润滑剂按一定比例调配、按一定工艺条件制成氧化铅基膜，可以满足高温轴承的润滑问题。

任务3 稀油润滑系统的组成与应用

3.1 润滑方式与润滑装置

在工程习惯上，通常称润滑油润滑为稀油润滑，和润滑脂的干油润滑相对应。

（1）按润滑剂供应方式分 按润滑剂供应方式分为分散或单独式润滑和集中润滑。

1）分散或单独式润滑即每一部位的润滑都有单独的润滑装置。例如，电动机主轴的两端支承轴承各自单独润滑，常用油杯、油孔等润滑装置。

2）集中式润滑即各润滑部件共用一个润滑装置。例如，机器的减速箱中变速齿轮、轴承等采用集中润滑。

（2）按润滑剂的供给系统分 按润滑剂的供给系统分为不循环润滑和循环润滑两种。

1）不循环润滑。供应到摩擦面的润滑剂，只润滑一次，不回收。如车床的大小刀架和滑轨等润滑处。这种方法用于简单、分散、低速、轻载、需油量小而油箱安装有困难的机器润滑部件。

2）循环润滑。供应到摩擦面的润滑剂，在润滑后，又返回油池，经过过滤冷却后，继续多次使用。这种方法用于高速、重载、机件集中、需油量大的设备，如减速箱等。

（3）按供给时间分 按供给时间可分为间歇润滑和连续润滑两种。

1）间歇润滑。隔一定时间，向摩擦副供给润滑剂一次。一般用于负荷小、速度低或对润滑要求不高的机器部件，如车床大小刀架和滑轨等。

2）连续润滑。在机器的整个运转过程中，对摩擦副连续不断地供油润滑。用于大负荷、速度高、有散热要求的机器部件，如高速运行的齿轮箱和各种轴承等。

（4）按压力要求分 按压力要求分为无压润滑和压力润滑两种。

1）无压润滑。靠油液自身的重力流到润滑点，或用油槽、毛毡的毛细作用，将润滑油输到润滑点。这种方法简单、经济、方便，但供应的油量少，而且费时，不太可靠。

2）压力润滑。用油泵将具有一定压力的油液送至摩擦面进行润滑，或靠轴承自身特点形成油膜进行润滑的方式。这种方法润滑效果好，可靠性高，但结构复杂，不太经济。用于大型高速、重载设备，如矿山提升机的主轴与轴承润滑。

各种机器、机构摩擦部件的润滑，都是依靠专门的润滑装置来完成的，凡实现润滑材料的进给、分配和引向润滑点的机械和装置都称为润滑装置。

对润滑装置的要求如下：

1）润滑质量要好，可靠性高。

2）耗油量要少，以提高机器运行的经济性。

3）要保证润滑各项作用充分发挥。

4）润滑装置简单实用，维护工作量少。

5）要尽量采用标准化、通用化润滑装置。

油液的润滑方法、润滑装置、润滑原理及适用范围见表2-6。

表 2-6 油液的润滑方法、润滑装置、润滑原理及适用范围

润滑方法		润滑装置	润滑原理	适用范围
分散润滑				
间歇无压润滑		带喇叭口的油孔、压配式压注油杯、旋套式注油杯	利用簧底油壶或其他油壶将油注入孔中,油沿着摩擦表面流散,形成暂时性油膜	多用于轻负荷或低速、间歇工作的摩擦副,如开式齿轮、链条、钢丝绳以及一些简易机械设备
间歇压力润滑		直通式压注油杯、接头式压注油杯	利用油枪加油	多用于载荷小、速度低、间歇工作的摩擦副,如金属加工机床、汽车、拖拉机、农业机器等
连续无压润滑	油绳、油垫润滑	带油心弹簧盖油杯、毛毡制的油垫	利用油绳、油垫的毛细管产生的虹吸作用向摩擦副供油	多用于低速、轻负荷的轴套和一般机械
	滴油润滑	针阀式注油杯	利用油的自重一滴一滴地流到摩擦副上,滴落速度随油位改变	多用在数量不多而又容易靠近的摩擦副上,如机床导轨、齿轮、链条等部位的润滑
	油环、油链、油轮润滑	套在轴颈上的油环、油链、固定在轴颈上的油轮	油环套在轴颈上做自由转,油轮则固定在轴颈上。这些润滑装置随轴转动,将油从油池带入摩擦副的间隙中形成自动润滑	一般适用于轴颈连续旋转和旋转速度不低于50r/min的水平轴,如润滑齿轮和蜗杆减速器、高速传动轴的轴承、传动装置的轴承、电动机的轴承和其他一些机械的轴承
	油池润滑	油池	油池润滑即飞溅润滑,由装在密封机壳中的零件的旋转运动实现	主要用来润滑减速器内的齿轮装置,齿轮圆周速度不应超过 12m/s
连续压力润滑	强制润滑	柱塞式油泵	靠装在机壳中的柱塞式油泵的往复运动实现供油	用于要求油压在 1000/cm² 以下,润滑油需要量不大而支承载荷相当大的摩擦副
		叶片式油泵	叶片式油泵可装在机壳中,也可与被润滑的机械分开,靠转子和叶片转动来实现供油	主要用于要求油压在 0.3MPa 以下,润滑油需要量不太多的摩擦副、变速器等
		齿轮泵	齿轮泵可装在机壳中,也可与被润滑的机械分开,靠齿轮旋转供油	主要用于要求油压在 1MPa 以下,润滑油需要量多少不等的摩擦副
	喷射润滑	喷嘴	采用液压泵直接加压实现喷射	主要用于圆周速度大于 12m/s,用飞溅润滑效率较低的闭式齿轮
	油雾润滑	油雾发生器、凝缩嘴	以压缩空气为能源,借油雾发生器将润滑油形成油雾,随压缩空气经管道送至凝缩嘴,凝缩成较大的油滴后,再送入摩擦副实现润滑	适用于高速度的滚动轴承、滑动轴承、齿轮、蜗轮、链轮及滑动导轨等各种摩擦副

（续）

润滑方法	润滑装置	润滑原理	适用范围
集中润滑			
连续压力润滑	稀油润滑站	润滑站由油箱、油泵、过滤器、冷却器、阀等元件组成，用管子输送定量的液压油到各润滑点	主要用于金属切削机床、轧钢机等设备的大量润滑点或某些不易靠近的或靠近有危险的润滑点

3.2　常用单体润滑装置

1.油环

油环用于滑动轴承润滑。油环套在旋转的轴颈上随轴而转动，将盛在轴承储油槽内的润滑油带到轴颈顶部后，进入轴承间隙，然后从轴承中流出，又流回储油槽。

按带动油环的方法，油环润滑装置可分为自由式和固定式；按油环的结构形式，油环润滑装置可分为整体式和可分式。

（1）自由式　油环自由地悬挂在轴上，靠摩擦力带动而旋转，如图2-7所示。

（2）固定式　油环固定在轴上，随轴一起转动。通常也称为油轮润滑，如图2-8所示。

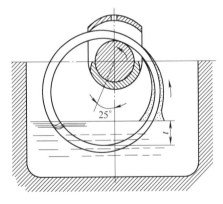

图2-7　油环润滑

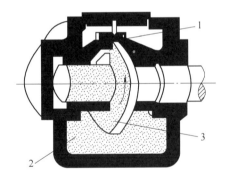

图2-8　油轮润滑
1—刮油器　2—油池　3—油轮

当轴转速较低，油液黏度较大，使用自由式油环不易带起油液，此时可以采用油链润滑，如图2-9所示。

油环润滑的优点是油环润滑装置制造简单，工作可靠，不必经常观察使用情况，油液是循环使用的，所以耗油量小，而且轴颈一开始转动就能自动给油。固定式即油轮润滑，其优点是在低转速和使用高黏度润滑油的情况下给油可靠。

油环润滑的缺点是：这种润滑方式只能用来润滑轴颈直径为10mm以上的水平放置的滑动轴承，机械做摆动运动时不能采用。由于冷凝作用，轴承的储油槽可能会积聚潮气或冷凝水混入油中，对润滑不利。可分式油环，如图2-10所示，在工作时有分开的危险，在油环两个半环的结合处有可能发生跳动，这种情况会使润滑装置受到损伤。

油轮润滑的缺点是：轴承的轴向尺寸大，轴瓦被油轮分隔为两部分。

油链润滑的缺点是：由于油链在轴颈上的接触角大，所以不得不削去一部分下轴瓦；因为链条可能与轴发生撞击，所以对轴有磨损；当轴的转速高时，因链条对油的搅动，油会起泡沫。

油环的截面形状有各种形状，如图 2-11 所示。

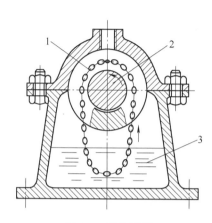

图 2-9 油链润滑

1—油链 2—旋转油泵 3—油池

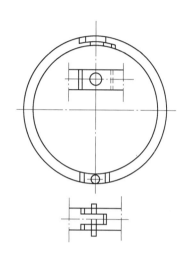

图 2-10 可分式油环

油环内表面开有纵向环形沟槽。矩形截面油环的带油效果最好，其中以矩形截面光滑油环用得最广泛。由于半圆形和梯形截面的油环，在储油槽中与油的接触面比较小，所以可在高转速下使用。圆形截面的油环带油量最小。当采用高黏度润滑油时，则应在环圈的内表面设置轴向沟槽的油环，以增大轴与油环的摩擦力，便于多带油液。

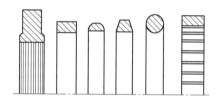

图 2-11 油环的截面形状

在滑动轴承圆周速度为 0.5~32m/s 的范围内，使用自由式油环较好。当轴承长度与直径之比大于 1.5 时，最好分段装两个油环，以保证良好的润滑。

2. 油杯

不同结构、不同部位、不同工作特点的润滑点，应采用相适应的油杯进行润滑，这是一种简便易行、效果良好的方法。如图 2-12 所示，a 图为直通式压注油杯，b 图为接头式压注杯，c 图为旋盖式油杯，d 图为压配式压注杯，e 图为旋套式注油杯，f 图为弹簧盖油杯，g 图为针阀式油杯。图 2-12a、b、c、d、e 五种油杯一般用于低速、轻载和间歇工作的机械或润滑点；图 2-12a、b 两种油杯主要用于干油润滑；图 2-12f、g 两种油杯一次可注入较多的润滑油，可以在一段时间内维持连续供油，可以用于转速稍高、负载稍大的机械。

3. 油枪

油枪主要功用是压注稀油或干油到油杯或润滑部位。我国油枪有两种标准结构，一种为压杆式油枪，如图 2-13 所示。另一种为供油量 100cm³ 的手推式油枪，如图 2-14 所示。油枪的注油嘴有两种形式，一种是 A 型，用来压注干油，另一种是 B 型，用来压注稀油。压杆式油枪的技术性能见表 2-7。

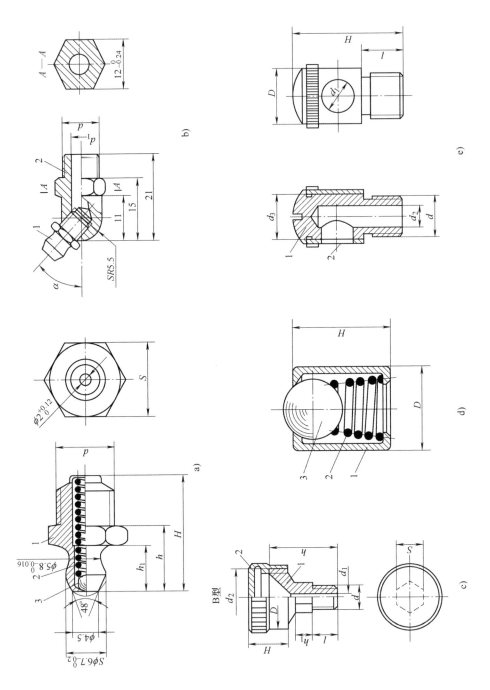

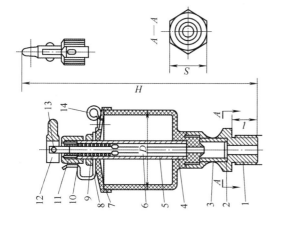

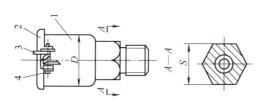

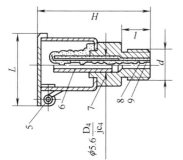

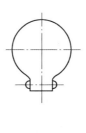

图 2-12　油杯

a）直通式压注油杯　1—杯体　2—弹簧　3—球阀
b）接头式压注油杯　1—油杯　2—接头
c）旋盖式油杯　1—杯体　2—杯盖
d）压配式压注油杯　1—杯体　2—弹簧　3—球阀
e）旋套式注油杯　1—杯体　2—旋套
f）弹簧盖油杯　1—杯体　2—盖　3—弹簧　4—铰接销钉　5—铰链销座　6—油芯管　7—接头　8—油芯　9—纱钩
g）针阀式油杯　1—接头　2—垫圈　3—透视管　4—杯体　5—中心管　6—针阀　7—盖　8—爪形叉　9—扁螺母　10—调节螺母　11—弹簧　12—开关头　13—铆钉　14—油孔盖

63

表 2-7 压杆式油枪的技术性能（JB/T 7942.1—1995）

压杆式油杆	容 积 /cm³	压 力 /MPa	出油量 /cm³	出油筒直径 $D_{平均}$ /mm	长度 L /mm
A 型真空式 B 型弹簧式	100	16	0.6	35	255
	200	16	0.7	42	310
	400	16	0.8	53	385

注：表中尺寸符号如图 2-13 所示。

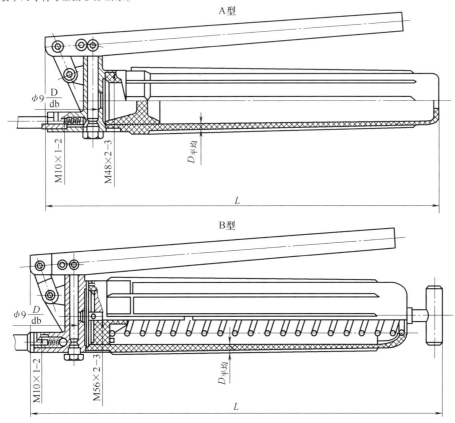

图 2-13　压杆式油枪

a—A 型　b—B 型

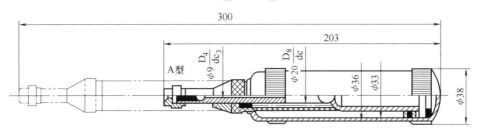

图 2-14　手推式油枪

3.3　稀油集中润滑系统

3.3.1　概述

随着机械化、自动化程度的不断提高，润滑技术由简单到复杂不断更新发展，形成了目前集中润滑系统。集中润滑系统具有明显的优点：可保证数量众多、分布较广的润滑点及时得到润滑，同时将摩擦副产生的摩擦热带走；油的流动和循环将摩擦表面的金属磨粒等机械杂质带走并冲洗干净；能达到润滑良好、减轻摩擦、降低磨损和减少易损件的消耗、减少功率消耗、延长设备使用寿命的目的。但是集中润滑系统的维护管理比较复杂，调整也比较困难。每一环节出现问题都可能造成整个润滑系统的失灵，甚至停产。所以还要在今后的生产实践中不断加以改进。

在整个润滑系统中，安装了各种润滑设备及装置、各种控制装置和仪表，以调节和控制润滑系统中的流量、压力、温度、杂质滤清等，使设备润滑更为合理。为了使整个系统的工作安全可靠，应有以下的自动控制和信号装置。

（1）主机起动控制　在主机起动前必须先开动润滑油泵，向主机供油，当油压正常后才能起动主机。如果润滑油泵开动后，油压波动很大或油压上不去，则说明润滑系统不正常。这时，即使按下操作按钮，主机也不能转动，这是必要的安全保护措施。控制联锁的方法很多，一般常采用在压油管路上安装油压继电器控制主机操作的电气回路。

（2）自动起动油泵　在润滑系统中，如果系统油压下降到低于工作压力（0.05MPa），这时备用油泵起动，并在起动的同时发出警示信号，红灯亮、电笛鸣，值班人员应根据警示信号立即进行检查，并采取措施消除故障。待系统油压正常后，备用泵即停止工作。

（3）强迫停止主机运行　当备用油泵起动后，如果系统油压仍继续下降（低于工作压力）（0.08~1.2MPa），则油泵自动停止运行并发出信号，强迫主机也停止运行，同时发出事故报警信号。

（4）高压信号　当系统的工作压力超过正常的工作压力0.05MPa时，就要发出高压信号，值班人员应立即检查并消除故障。

起动备用油泵、强迫主机停转等，常采用电接触压力计及压力继电器来进行控制。

（5）油箱的油位控制　油箱的油位控制常采用带舌簧管浮子式液位控制器。当油箱油位面不断地下降，降到最低允许油位时，液位控制器触点闭合，发出低液位警示信号，同时强迫油泵和主机停止运行。当油箱油位面不断升高（可能是水或其他介质进入油箱内），达到最高油液位面时，则发出高液位警示信号，工作人员应立即检查，采取措施，消除故障。

（6）油箱加热控制　在寒冷地区或冬季作业时，应加热油箱中的润滑油，润滑油温度一般维持在40℃左右，以保持油液的流动性，否则整个系统的控制会因温度低，油液的黏度增加而发生困难。为控制加热温度应装有自动调节温度的装置。

（7）系统自动测温装置　系统中有关部位的温度在运行中都要进行定时测量，以便掌握运行情况。如油箱、排油管、进/出冷却器的油温和水温，都要随时测量。为此，系统应采用温度自动测量装置。常用的测量装置是热敏元件和电桥温度计，只需扭动操作盘上的转换开关，就可测出各部位的温度。

（8）过滤器自动起动　当油液流进过滤器的压差大于0.05~0.06MPa时，过滤器被阻塞。应自动起动过滤器，以清除圆盘式过滤器内滤筒周围的杂质。通常用点接触差式压力计来控制，当压差减小（或恢复到允许压差范围）后，就切断电源自动停止滤筒清刮。

稀油集中润滑系统根据不同的供油制度，分为灌注式和自动循环式。灌注式是润滑油通过油泵把油送到摩擦部件的油池（槽），一次灌至足够量，油泵即停止工作；当灌注的润滑油消耗到需要添补、更新时，则再起动油泵供给或人工灌注，例如，油环润滑、密封式减速器的齿轮润滑等。自动循环式是油泵以一定压力向摩擦副压送润滑油，润滑后，油液沿回油管回到润滑站的油箱内，这样润滑油不断循环使用。

由于润滑系统采用的动力装置（即油泵装置）形式不同，目前各厂实际使用的有回转活塞油泵、齿轮油泵、螺杆油泵、叶片油泵等装置供油的稀油集中润滑站。

根据组成稀油站各元件布置形式的不同，润滑系统基本上分为两种形式：

1）整体式结构。各润滑元件都统一安装在油箱顶上，其特点是体积小，安装布置比较紧凑，适用于分散的单机润滑。在出厂前已整体装配并包装好，用户提货后，不用再一件件组装，只要直接固紧在地脚螺栓上，接好管路，清洗后即可使用。但这种油站能力较小，一般在125L/min以下。因为各元件组装较紧凑，所以在检修、拆卸时稍有不便。

2）分散布置形式。根据设计要求，油站各组成元件分别布置在地下油库的地基基础上。其优点是检查、维修方便，供油能力较大，一般250L/min以上供油量的油站都采用这种分散布置形式。

耗油量不大的单体设备润滑系统，通常安装在该设备旁或附近的地坑中；重要的润滑系统，如主电动机轴承的集中润滑系统、轧钢设备主机及其机组用的集中润滑系统，则安装在车间地平面以下的地下油库内。也有将数个润滑系统的油站，集中放在一个较大的地下油库内，以便于统一管理和检查维护。

3.3.2 齿轮油泵供油的循环润滑系统

钢铁企业的许多机组、机械制造业的某些金属切削机床，普遍采用齿轮泵供油的循环润滑系统。目前这套系统已经逐步标准化、系列化。

图2-15所示是带齿轮泵的、供油能力较小（16～125L/min）、整体组装式的标准稀油站系统图。如果稀油站和所润滑的机组供油管路和回油管路相连接，就组成了稀油集中循环润滑系统。图2-16所示是这种稀油站的外形图。

这类带齿轮油泵的稀油润滑站，其供油能力不同，规格也不同。各种规格的稀油站工作原理都是相同的，由齿轮泵把润滑油从油箱吸出，经单向阀、双筒网式过滤器及冷却器（或板式换热器）送到机械设备的各润滑点（如果不带板式换热器，则经过滤器后，就直接送往润滑点）。油泵的公称压力为0.6MPa，稀油站的公称压力为0.4MPa（出口压力）。当稀油站的公称压力超过0.4MPa时，安全阀自动开启，多余的润滑油经安全阀流回油箱。

润滑油为汽轮机油、32～68号轴承油、工业齿轮油等，一般50℃时的运动黏度为20～350mm²/s。

正常工作时，一台齿轮泵工作，一台备用。有时由于某种原因（如各机组设备都在最大能力下运转）耗油量增加，一台油泵供油不足，系统压力就下降。当下降到一定值时，通过压力调节器（整体式稀油站）或电接触压力计（分散式稀油站）自动开启备用油泵，与工作油泵一起工作，直到系统压力恢复正常，备用油泵就自动停止。

双筒网式过滤器的两个过滤筒，其中一个工作，一个备用。在过滤器的进出口处接有差式压力计，当过滤器前后的压力差超过0.05MPa时，则由操纵工换向、更换清洗过滤筒。

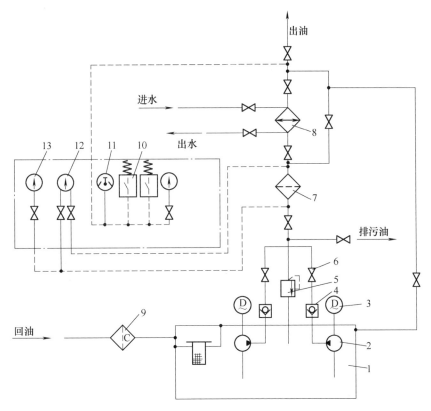

图 2-15　XYZ-16～XYZ-125 型稀油站系统图

1—油箱　2—齿轮泵　3—电动机　4—单向阀　5—安全法　6—截止阀
7—网式过滤器　8—板式冷却器　9—磁性过滤器　10—压力调节器
11—接触式温度计　12—差式压力计　13—压力计

冷却器的进出口装有差式压力计，用来检查与控制在进冷却器前与出冷却器后的冷却水的压差变化。如果冷却水中的杂质阻塞了冷却器，压力差将增大（直接反映在压差表上），降低了冷却效果，这时必须检修，清洗冷却器。根据对油温的不同要求，可以用调整冷却水流量方法来控制油温。当不使用冷却器时，可以关闭冷却器前、后两端油和水的进、出口阀门，并打开旁路阀门。这时，润滑油可以不经过冷却器，而直接输向各润滑部位。

在油箱回油口处装有回油磁过滤器。它用于对润滑之后返回油中夹杂的细小铁末进行磁性过滤，以保持油液的清洁。

综上所述，XYZ 型稀油站有如下特点：

1）设有备用油泵，一台工作，一台备用。在正常情况下，一台油泵运行。遇有意外情况时，备用油泵投入工作，可对主机连续不断地输送润滑油。

2）过滤器放在冷却器之前。油液通过过滤器的能力与油液的黏度有关，黏度大，通过能力差，反之通过能力好。温度高，则油液黏度下降，通过能力好，过滤效果也较佳。

3）采用双筒网式过滤器。一个筒工作，一个筒备用；轮换使用，换向不需停车，清洗方便，不影响过滤工作；结构紧凑，接管简单，不设旁路。

4）采用板式换热器。结构简单，体积小，效率比列管式冷却器提高一倍左右。

5）回油口设有磁过滤器。可将回油中的细小铁末吸附过滤，保证油液的清洁。

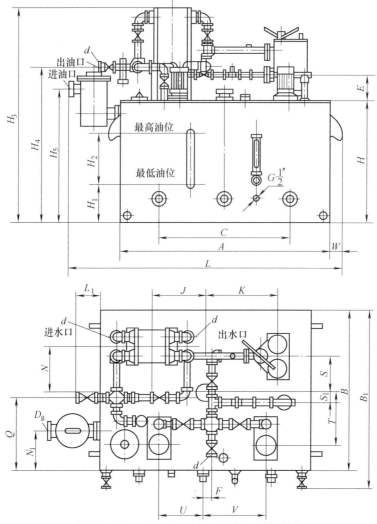

图 2-16 XYZ-16~XYZ-125 型稀油站外形图

6）设有站内回油管路。为保持润滑油液清洁，可以进行站内循环过滤；当所润滑的机组需要停车检修时，则可借站内回油管路，把系统压油管道中的油液引回油箱。

7）配有仪表盘和电控箱。所有显示仪表均装在仪表盘上，两只普通压力表用来直接观察油泵及油站出口油压；两个压力调节器（或电接点压力表）实现油压自控；两个差式压力表分别测量双筒网式过滤器的油压降及冷却器的油压降；一个电接点温度计用来观察和控制油温。

3.4 油雾润滑和油气润滑

3.4.1 油雾润滑

1. 概述

油雾润滑是近来发展起来的一种新型高效的润滑方式。油雾润滑装置以压缩空气为动力，使油液雾化，产生干燥油雾，即产生一种像烟雾一样的、粒度在 $2\mu m$ 以下的干燥油雾，然后经管道输送到润滑部位。在进入润滑点以前，通过凝缩嘴元件，使油雾变成大的、湿润的油粒子，再进入摩擦表面进行润滑。适用于封闭的齿轮、蜗轮、链条、滑板、导轨以及各种轴承的润滑。目前，在冶金行业中，油雾润滑装置大多用于大型、高速、重载的滚动轴承等的润滑，如偏八辊冷轧机的支承辊轴承。

油雾润滑的优点是：

1）油雾能弥散到所有需要润滑的部位，可以获得良好而均匀的润滑效果。

2）压缩空气质量热容小、流速高，很容易带走摩擦产生的热量，对摩擦副的散热效果好，因而可以提高高速滚动轴承的极限转速，延长其使用寿命。

3）大幅度降低润滑油的消耗。

4）由于油雾具有一定压力，对摩擦副能起到良好的密封作用，避免了外界杂质、水分的侵入。

5）较稀油集中润滑系统结构简单，动力消耗低，维护管理方便，易于实现自动控制。

油雾润滑的主要缺点是：

1）在排出的压缩空气中，含有少量的浮悬油粒，污染环境，对操作人员健康不利。所以需增设抽风排雾装置。

2）不宜用在电动机轴承上。因为油雾侵入电动机绕组将会降低绝缘性能，缩短电动机使用寿命。

3）油雾的输送距离不宜太长，一般在30m以内较为可靠，最长不得超过80m。

4）必须具备一套压缩空气系统。

由于油雾润滑的上述缺点，在一定程度上限制了它的使用范围。但它的独特优点，则是其他润滑方式所无法比拟的。所以在金属压力加工设备上将会获得越来越广泛的应用。

我国试制成功的油雾润滑装置已形成系列。图2-17所示为WHZ-12、WHZ-40型油雾润滑装置的外形图。

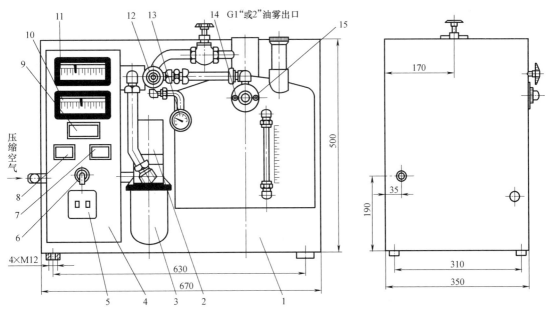

图2-17 WHZ-12、WHZ-40型油雾润滑装置（打开前箱盖板）

1—油雾发生器 2—电磁阀 3—分水滤气器 4—电气仪表盘 5—主令开关
6—操纵开关 7、9—红灯 8—绿灯 10—温度指示调节仪 11—膜合式微压计
12—减压阀 13—空气压力表 14—油量调节针阀 15—油雾压力调节针阀

2. 油雾润滑系统的组成及工作原理

如图2-18所示，一个完整的油雾润滑系统应包括：分水滤气器1、电磁阀2、调压阀3、油雾发生器4、油雾输送管道5、凝缩嘴6以及控制检测仪表等。分水滤气器用来过滤压缩空气中的机械杂质和分离其中的水分，以得到纯净、干燥的气源；调压阀用来控制和稳定压缩空气的压力，使供给油雾发生器的空气压力不受压缩空气网路上压力波动的影响。为了保证油雾润滑系统的正常工作，在储油器内还设有油温自动控制器、液位信号装置、电加热器和油雾压力继电器等。

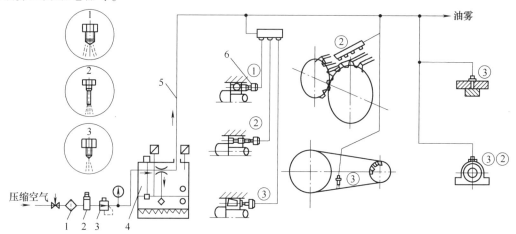

图2-18 油雾润滑系统的组成及工作原理

1—分水滤气器 2—电磁阀 3—调压阀 4—油雾发生器 5—油雾输送管道 6—凝缩嘴

需要特别指出的是，由油雾发生器送往摩擦副的干燥油雾，尚不能产生润滑所需的油膜。因此，在润滑点前端必须安装相应的凝缩嘴。凝缩嘴的工作原理是当油雾通过凝缩嘴的细长小孔时，一方面由于油雾的密度突然增大，使油雾趋于饱和状态；另一方面高速通过的油雾与孔壁发生强烈的摩擦，破坏了油雾粒子的表面张力，油雾结合成较大的油粒而投向摩擦表面，形成润湿的油膜。凝缩嘴中有一个或几个具有一定直径和长度的小孔，因供油能力不同而有不同规格。

3.4.2 油气润滑

油气润滑与油雾润滑相似，都是以压缩空气为动力将稀油输送到润滑点。与油雾润滑不同的是它利用压缩空气把油直接压送到润滑点，不需要凝缩，凡是能流动的液体都可以输送，不受黏度的限制。空气输送的压力较高，在0.3MPa左右，适用于润滑滚动轴承，尤其是重负荷的轧机轧辊轴承。

油气润滑的优点：

1) 不产生油雾，不污染周围环境。

2) 计量精确。油和空气可分别精确计量，按照不同的需要输送到每一个润滑点，因而非常经济。

3) 与油的黏度无关。凡是能流动的油都可以输送，不存在高黏度油雾化困难的问题。

4) 可以监控。系统的工作状况很容易实现电子监控。

5) 特别适用于滚动轴承，尤其是重负荷的轧机辊颈轴承，气冷效果好，可降低轴承的运行温度，从而延长轴承的使用寿命。

6）耗油量微小。

任务4　干油润滑系统与固体润滑

4.1　干油润滑概述

在工程习惯上，通常称润滑脂润滑为干油润滑。干油润滑密封简单，不易泄漏和流失，在稀油容易泄漏和不宜采用稀油润滑的地方，特别具有优越性。金属压力加工机械设备的许多摩擦副中都采用了干油润滑，例如，轧钢厂轧机轴承座与机架窗口的平面摩擦副；矫直机矫直辊轴承、剪切机组的某些摩擦副；辊道组的轴承；各种冶金起重机上的某些润滑点等。按润滑方式，干油润滑可分为分散润滑和集中润滑。分散润滑主要是利用油杯进行人工加脂，本节重点讲述干油集中润滑系统。

干油集中润滑系统就是以润滑脂作为摩擦副的润滑介质，通过干油站向润滑点供送润滑脂的一整套设备。其分类方法不尽相同，目前一般的分类方法是：

（1）根据往润滑点供脂的管线数量分

1）单管线（单线）供脂的干油集中润滑系统。

2）双管线（双线）供脂的干油集中润滑系统。

（2）根据供脂的驱动方式分

1）手动干油集中润滑系统。

2）自动干油集中润滑系统。由于动力源不同，又可分为：电动与风动两类。

（3）根据双线供脂管路布置形式分

1）流出式（端流）干油集中润滑系统。

2）环式（回路）干油集中润滑系统。

（4）根据单线供脂时（单线给油界）压脂到润滑点的动作顺序分

1）单线顺序式。

2）单线非顺序式。

3）单线循环式。

润滑脂的润滑方法、润滑装置、润滑原理及主要适用范围见表2-8。

表2-8　润滑脂的润滑方法、润滑装置、润滑原理及主要适用范围

润滑方法	润滑装置	润滑原理	适用范围
分散润滑			
间歇无压润滑	没有润滑装置	靠人工将润滑脂涂到摩擦表面上	用在低速粗糙机器上
连续无压润滑	设备的机壳	将适量的润滑脂填充在机壳中实现润滑	用于转速不超过3000r/min、温度不超过115℃的滚动轴承，圆周速度在4.5m/s以下的摩擦副、重载荷的齿轮传动和蜗杆传动、链、钢丝绳等

（续）

润滑方法	润滑装置	润滑原理	适用范围
分散润滑			
间歇压力润滑	旋盖式油杯、压注式油杯(直通式与接头式)	旋盖式油杯是靠旋紧杯盖而造成的压力将润滑脂压到摩擦副上,压注式油杯是利用专门的带配帽的油(脂)枪将油脂压入摩擦副	旋盖式油杯一般适用于圆周速度在4.5m/s以下的各种摩擦副;压注式油杯用于速度不大和负荷小的摩擦部件以及当部件的构造要求采用小尺寸的润滑装置时用
集中润滑			
间歇压力润滑	安装在同一块板上的压注油杯	用油枪将油脂压入摩擦副	布置在不便加油部位上的各种摩擦副
压力润滑	手动干油站	利用储油器中的活塞将润滑脂压入油泵中。当摇动手柄时,油泵的柱塞即挤压润滑脂到给油器,并输送到润滑点	用于单独设备的轴承及其他摩擦副供送润滑脂
连续压力润滑	电动干油站	柱塞泵通过电动机、减速器带动,将润滑脂从储油器中吸出,经换向阀顺着给油主管向各给油器压送。给油器在压力作用下开始动作,向各润滑点供送润滑脂	润滑各种轧机的轴承及其他摩擦元件,也可以用于高炉、铸钢、破碎、烧结、起重机、电铲以及其他重型机械设备
	风动干油站	用压缩空气作为能源驱动风泵,将润滑脂从储油器中吸出,经电磁换向阀,沿给油主管向各给油器压送润滑脂。给油器在具有压力的润滑脂的挤压作用下动作,向各润滑点供送润滑脂	用途与电动干油站一样;尤其在大型企业如冶金工厂、具有压缩空气管道设施的厂矿或电源不方便的地方等可考虑使用
	多点干油泵	由传动机构(电动机、齿轮、蜗轮蜗杆)带动凸轮,通过凸轮偏心距的变化使柱塞进行径向往复运动,不停顿地定量输送润滑脂到润滑点(可以不用给油器等其他润滑元件)	用于重型机械和锻压设备的单机润滑,直接向设备的轴承座及各种摩擦副自动供送润滑脂

4.2 干油集中润滑系统

4.2.1 手动干油集中润滑系统

1. 手动干油集中润滑系统的工作过程

手动干油集中润滑系统如图 2-19 所示,由手动干油站、干油过滤器、给油器、输油脂主管和支管等组成。从干油站用手动压出的润滑脂经过过滤器过滤后,经主管输至给油器,由给油器依次供给各摩擦副。手动干油集中润滑系统,适用于润滑点数量较少、不需经常加油或较分散的润滑点处，也常用于不需经常加油的单台设备的润滑。

当人工摇动手柄时，手动干油站 1 内的干油，经干油过滤器 2，沿输脂主管 I 送到双线给油器 3，各给油器在压力油脂的作用下，根据预先调整好的量，把润滑脂经输油支管分别送到各润滑点。继续摇动手柄，所有给油器供脂动作完毕，此时润滑脂在输脂主管 I 内受到挤压，压力就要升高，当压力计压力达到一定值时（一般为 7MPa），说明润滑系统供送润滑脂的所有给油器都已工作完毕，可以保证润滑脂定量地送到各润滑点，然后停止手柄的摇动，并放回到原来位置上。在压送油脂的过程中，压力润滑脂是建立在输脂主管 I 内。而输脂主管 II 则经过换向阀内的通路和储油器连通，也就是说输脂主管 II 内的压力已卸除，输脂主管 II 内的润滑脂可沿管 II 往回挤到储油筒。最后，干油站的换向阀 6 从左边移向右边换向。换向后，输脂主管 I 经换向阀的通路和储油筒相连，这时原来输脂主管 I 内的高压就消除了。经过一定时间后（即摩擦副的加脂周期），人工继续摇动干油站的手柄，第二次向摩擦副供给润滑脂，此时，因换向阀 6 已经换向，所以压送出的润滑脂这次又由输脂主管 II 输送，经各给油器仍按定量供到各摩擦副（润滑点）。在这个过程中，输脂主管 I（因与储油筒相通）内没有压力，在输脂主管 I 内的多余的润滑脂则被挤回到储油筒。当输脂主管 II 中的压力升高到一定数值（在压力计中可以读出，一般为 7MPa）时，

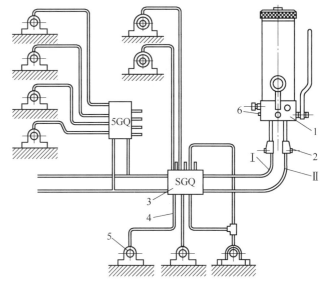

图 2-19 手动干油集中润滑系统
1—手动干油站 2—干油过滤器 3—双线给油器
4—输油脂支管 5—轴承副 6—换向阀
I、II—输脂主管

说明所有给油器已按定量供脂到各润滑点了，于是停止摇动手柄，进行换向（即把换向阀 6 从右端移到左端极限位置），这就是手动干油集中润滑系统的整个供脂工作过程。

2. 手动干油集中润滑装置

（1）手动干油站 手动干油站是一种单机集中润滑供脂装置。图 2-20 所示为 SGZ-8 型手动干油站外形。

如图 2-21 所示，储油器中的润滑脂由注油阀 4 注入，在活塞 8 中的压力作用下迫使储油器中的润滑脂充满柱塞油泵的油缸空腔。手摇动压油手柄，压油手柄轴上的齿轮 1 随手柄转动，通过齿轮和齿条传动带动压油柱塞 2 左右往复运动。油缸中的润滑脂在柱塞 2 压力推动下，顶开单向阀 3，经换向阀的通道进入主油管 II（图 2-21 中换向阀在右极端位置），当给油器已依次向各润滑点供脂完毕，油管中油压上升，达到某一额定值（一般为 7MPa）时，说明全部给油器均工作完毕，停止压油。下一次给油时，先将手动换向阀压到左极端位置，使换向阀换向，则主油管 I 与压油回路相通，而主油管 II 与储油器相通，主油管 II 泄压，主油管 I 供油。摇动手柄重复上述过程。

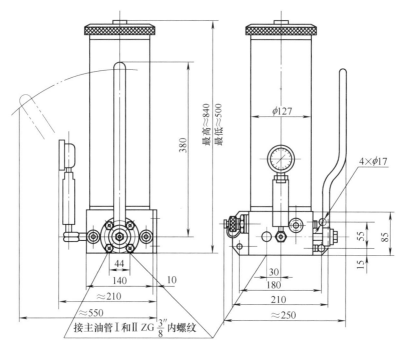

图 2-20 SGZ-8 型手动干油站外形图

（2）给油器 给油器是干油集中润滑系统的一个重要元件，它的作用是保证每个需要润滑的摩擦副得到定量的供脂。给油器按供送油脂的管线数分为单线供脂和双线供脂；按供脂时给油器的动作顺序分为循序式和非顺序式。目前应用最多的是双线非顺序式给油器，其工作原理如图 2-22 所示。当输脂主管压送来的润滑脂经过下面的输脂管通路 11 至油腔 10 时，润滑脂将推动配油柱塞 8 向上移动，直到上端极限位置，即经过通路 2 流入油腔 1 中，同时推动压油柱塞 3 上移到上部极限位置。当压油柱塞向上移动时，就将油腔上部的润滑脂（由上一次工作循环时压进来的）经过通路 4 和 9 送至润滑点。这是一个工作循环。于是从输脂主管送进来的压力润滑脂经输脂管通路 11 送到下一组给油器的柱塞腔，如图 2-22a 所示。当润滑系统输送润滑脂换向后，即由另一条输脂主管经过输脂管通路 7 压入润滑脂，推动配油柱塞 8 向下移动到下面极限位置，同时将压油柱塞下油腔 1 内的润滑脂（由上一次工作循环送入的）经过通路 2 和 9 压至润滑点，如图 2-22b 所示。这时，又完成一个工作循环。指示杆 5 和压油柱塞 3 相连接。指示杆用以指示出压油柱塞压送润滑脂的动作情况。润滑系统的所有给油器的指示杆

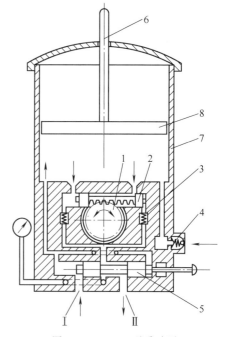

图 2-21 SGZ-8 型手动干
油站工作原理图

1—齿轮 2—柱塞 3—单向阀 4—注油阀
5—换向阀 6—油位指示杆 7—储油器 8—活塞
Ⅰ、Ⅱ—主油管

动作完毕后，都应在同一位置上（即所有的指示杆都伸出来或缩进去）。倘若其中有某个给
油器的指示杆，在输脂管换向之后还没有动作，则说明这个给油器未能供送润滑脂到润滑点，应及时检查并排除故障。给油器在供脂范围内，用调节螺钉6微调压油柱塞行程的大小，以得到合适的供油脂。

4.2.2　自动干油集中润滑系统

自动干油集中润滑系统是由自动干油润滑站、两条输脂主管、通到各润滑点的输脂支管、连接主管与支管的给油器、有关的电气装置、控制测量仪表等组成。

自动干油集中润滑系统，按供脂管路布置分为流出式（端流）与环式（回路）两种。根据润滑的机组布置特点、运转工艺要求、润滑点分布及数量等不同的具体情况，可分别选择相适应的润滑系统，以满足不同机组工作时对润滑

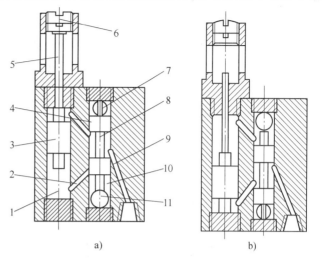

图 2-22　SJQ 型双线单点给油器的构造及工作原理
1—油腔　2、4—通路　3—压油柱塞　5—指示杆
6—调节螺钉　7、11—输脂管通路　8—配油柱塞
9—至润滑点通路　10—油腔

的要求。

1. 流出式自动干油集中润滑系统

流出式自动干油集中润滑系统，适用于润滑点较多和润滑点分布区域范围较大的润滑，尤其表面呈长条形（如轧钢设备中的辊道组）的机器，如图 2-23 所示。

图 2-23 中，电动干油站 1 供送的压力润滑脂经电磁换向阀 2，通过干油过滤器 3 沿输脂主管 Ⅰ 经给油器 4 从输脂支管 5 送到润滑点（轴承副）6。当所有给油器工作完毕后，输脂主管 Ⅰ 内的压力迅速提高，这时装在输脂主管末端的压力操纵阀在润滑脂液压力的作用下，克服了弹簧弹力，使滑阀移动，推动极限开关接通电信号，使电磁换向阀换向，转换输脂通路，由原来的输脂主管 Ⅰ 供脂改变为输脂主管 Ⅱ 供脂。与此同时，操作盘上的磁力启动器的电路断开，电动干油站的电动机停止工作，干油柱塞泵停止往系统内供脂。按照加脂周期，经过预先规定的间隔时间后，在电气仪表盘上的电力气动控制器使电动机起动，油站的柱塞泵即按照电磁换向阀已经换向的通路向输脂主管 Ⅱ 压送润滑脂。当润滑脂沿输脂主管 Ⅱ 输送时，另一条输脂主管 Ⅰ 中的润滑脂的压力卸荷，多余的润滑脂经过电磁换向阀返回到储油筒内。电磁换向阀的作用是使油站输送的压力润滑脂由一条输脂主管自动转换到另一条输脂主管。

2. 环式自动干油集中润滑系统

环式自动干油集中润滑系统，如图 2-24 所示，它由带有液压换向阀的电动干油站、输脂主管及给油器等组成。它属于双线供脂。这种环式布置的干油集中润滑系统，一般多用在机器比较密集、润滑点数量较多的地方。其工作原理是以一定的间隔时间（按润滑周期而定），由电动机 6 经减速器 5 带动柱塞泵 7，将润滑脂由储油筒 1 吸出，并压送到液压换向阀 2，从液压换向阀 2 出来经干油过滤器，压入输脂主管 Ⅰ 或 Ⅱ 内，压力润滑脂由输脂主管

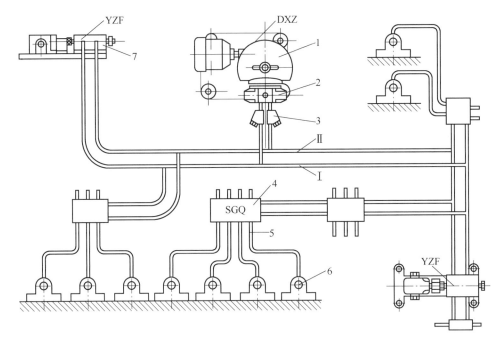

图 2-23　流出式干油集中润滑系统

1—电动干油站　2—电磁换向阀　3—干油过滤器　4—给油器

5—输脂支管　6—轴承副　7—压力操纵阀

Ⅰ、Ⅱ—输脂主管

Ⅰ压入给油器，使给油器 3 在压力润滑脂作用下开始工作，向各润滑点供给定量的润滑脂。当系统中所有给油器都工作完毕时，油站的油泵仍继续往输脂主管Ⅰ内供脂，输脂主管Ⅰ的

润滑脂不断地得到补充，只进不出，相互挤压，使管内油脂压力逐渐增高，整个系统的输脂路线形成一个闭合的回路。在油脂压力作用下，推动液压换向阀换向，也就是使润滑脂的输送由原来输脂主管Ⅰ转换为输脂主管Ⅱ。在换向的同时，液压换向阀的滑阀伸出端与极限开关电气联锁，切断电动机 6 的电源，泵停止工作。在液压换向阀未换向之前，在输脂主管Ⅰ的输脂过程中，另一条输脂主管Ⅱ则经过液压换向阀 2 的通路与油站储油筒 1 连通，使输脂主管Ⅱ的压力卸荷。换向后，具有一定压力的输脂主管Ⅰ，经过液压换向阀 2 内的通路与油站储油筒连通，则输脂主管Ⅰ的压力卸荷。

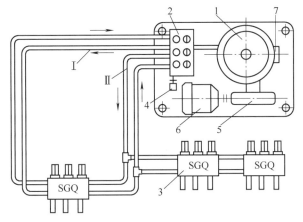

图 2-24　环式干油集中润滑系统

1—储油筒　2—液压换向阀　3—给油器　4—极限开关

5—减速器　6—电动机　7—柱塞泵

Ⅰ、Ⅱ—输脂主管

当按润滑周期调节好的时间继电器起动时，接通油站电动机电源，带动柱塞泵工作，使

润滑脂从换向以后的通路送入输脂主管Ⅱ，经给油器3，从输脂支管送到润滑点。在供脂过程中，因输脂主管Ⅰ沿液压换向阀的通路与储油筒相通，所以压力卸荷。当系统中所有给油器都工作完毕时，输脂主管Ⅱ中的压力增高，在压力作用下，又推动液压换向阀换向，在换向的同时，因液压换向阀的滑阀伸出端与极限开关电气联锁，则切断电动机电源，干油站停止供脂。油站时间继电器定期起动，这就是环式自动干油集中润滑系统的工作原理。

4.3　干油喷射润滑

干油喷射润滑和油雾润滑一样，也是依靠压缩空气为动力的一种润滑方式。由于干油黏度很大，不能利用文氏管效应形成雾状，而是靠单独的泵（干油站）来输送油脂。油脂在喷嘴与压缩空气汇合，并被吹散成颗粒状的油雾，随同压缩空气直接喷射到摩擦副进行润滑。它的显著特点是润滑剂能够超越一定的空间，定向、定量而均匀地投到摩擦表面，不仅使用方便，工作可靠，用油节省，而且在恶劣的工作环境下，也能获得较好的润滑效果，这种润滑方法简称喷射润滑。干油喷射装置特别适用于冶金、矿山、水泥、化工、造纸等行业的大型开式齿轮以及钢丝绳、链条的润滑。

4.4　固体润滑

1. 概述

固体润滑也是一种新兴的润滑技术，在不能或不便使用油脂润滑的机械或部位，例如，在真空中，在有腐蚀等特殊气氛中，在超高温、超低温、强辐射、强电磁场中，在要求永久润滑的地方，在极压条件下等，均可考虑使用固体润滑。固体润滑材料的适应范围较广，可以部分代替润滑油脂。固体润滑的应用进展很快，其工作原理及固体润滑剂，在前文已做了阐述。下面着重讲述其使用方法。

2. 固体润滑剂的使用方法

（1）直接使用粉末　把固体润滑剂粉末直接涂敷在摩擦表面上，或将粉末盛于密闭容器（如减速机壳体内、汽车后桥齿轮包）内，靠搅动使粉末飞扬撒在容器内各零件的摩擦表面上，从而形成固体润滑膜，以达到良好的润滑。还可用气流将粉末送入摩擦副（如轴承），既可散热冷却，又有良好的润滑效果。上述方法均应注意用量适度、散布均匀，否则达不到预期效果。

（2）添加在润滑油脂中　把固体润滑剂的细微颗粒设法均匀地分散在油脂中，可以提高润滑效果。

（3）将固体润滑剂制成糊状或油膏状　将固体润滑剂制成糊状或油膏状，如用二硫化钼油膏定期涂抹到一些圆柱齿轮减速机，可以起到良好的润滑效果。

（4）利用固体润滑剂制成自润滑零件　以粉末冶金的办法，把固体润滑剂与零件材料混合压制成形，经过烧结处理制成零件。或将固体润滑剂作为填充剂渗入到塑料、金属及合金等中制成复合材料，用以代替金属零件。

（5）粘接固体润滑膜　近年来，利用粘结剂（可以是有机的，也可以是无机的）将固体润滑剂粘接在摩擦副表面的技术有了很大发展。常用的有机粘结剂包括酚醛、环氧树脂、硅树脂等，可以用涂敷、刷抹、喷涂等方法来粘接固体润滑剂。待干涸后形成一层牢固的润滑膜。新型的树脂（如聚酰亚胺、聚苯骈噻唑、聚苯骈咪唑等）也已成功地用在固体润滑膜上。无机粘结剂包括：硅酸钠、硅酸钾、硼酸酐、硼砂、磷酸钠、磷酸钾等，它们可以单独或混合使用。粘结剂应同时对摩擦的金属表面和干膜中的各种组分（如固体润滑剂）都具有较强的粘接性。一般情况下，加了粘结剂以后，摩擦因数总比未加的大一些，这是因为膜层内的剪切阻力比未加粘结剂时的大。因此，每一种粘结剂，它与固体润滑剂之间都有一个最佳的配比。

（6）直接将固体润滑剂涂敷在零件表面上　随着固体润滑剂的广泛使用，固体润滑剂的使用方法也有了很大发展，除了上面介绍的几种方法，还可将固体润滑剂直接涂敷在零件表面（不用粘结剂），其涂敷的方法很多，主要有：振动涂膜法；物理溅射法；离子涂膜法；将固体润滑剂的粉末分散在挥发性的溶剂中，或者制成气溶胶，刷抹或喷涂在零件表面上，待溶剂挥发后即留下一层固体润滑膜。

任务5　典型零部件的润滑

5.1　润滑材料的选用原则

金属压力加工的各种机械设备都具有一定的工作特性、摩擦表面的结构形状和环境条件等，在选择润滑材料时，必须适应这些特性和条件，才能保证机械设备处于良好的润滑状态。在机械设备的运转过程中，正确选择润滑材料，是有效组织润滑工作的重要环节。

润滑材料选择的一般原则

（1）负荷大小　各种润滑材料都具有一定的承载能力，负荷较小时，可以选取黏度较小的润滑油；负荷越大，润滑油的黏度也应该越大。另外，重负荷时还应该考虑润滑油的极压性能。如果在重负荷下润滑油膜不易形成，则选用锥入度较小的润滑脂。

（2）运动速度　机构转动或滑动的速度较高时，应选用黏度较小的润滑油或锥入度较大的润滑脂；机构转动或滑动的速度较低时，应选用黏度较大的润滑油或锥入度较小的润滑脂。

（3）运动状态　当承受冲击负荷、交变负荷、振动、往复、间歇运动时，不利于油膜的形成，应选用黏度较大的润滑油。有时也可以选用润滑脂或固体润滑材料。

（4）工作温度　工作温度较高时，应选用黏度较大、闪点较高、油性和氧化安定性较好的润滑油或滴点较高的润滑脂；工作温度较低时，则应选用黏度较小和凝点较低的润滑油或锥入度较大的润滑脂；当温度的变化较大时，应选用黏温性能较好的润滑油。

（5）摩擦部件的间隙、加工精度和润滑装置的特点　摩擦部件的间隙越小，选用润滑油的黏度应越低；摩擦表面的精度越高，润滑油的黏度应越低；循环润滑系统要求采用精制、杂质少并具有良好氧化安定性的润滑油；在飞溅和油雾润滑中多选用有抗氧化添加剂的润滑油；在干油集中润滑系统中，要求采用机械稳定性和压送性较好的润滑脂；对垂直润滑面、导轨、丝杠、开式齿轮、钢丝绳等不易密封的表面，应采用黏度较大的润滑油或润滑脂，以减少流失，保证润滑。

（6）环境条件　在潮湿环境下，应采用抗乳化和防锈性能良好的润滑油，或采用抗水性较好的润滑脂；在尘土较多和密封困难时，多采用润滑脂润滑；有腐蚀气体时，应选用非皂基润滑脂；环境温度很高时，则要考虑选择耐高温的润滑脂。

总之，由于润滑油内摩擦较小，形成油膜均匀，兼有冷却和冲洗作用，清洗、换油和补充加油都比较方便，所以除了部分滚动轴承、由于机器的结构特点和特殊工作条件要求必须采用润滑脂外，一般多采用润滑油。在稀油循环润滑系统和干油集中润滑系统中，应根据主要机构的需要来选择润滑材料的品种，以保证机器或机组最主要的性能。

各种机械的润滑点很多，加以综合归纳，主要是滑动轴承、滚动轴承、齿轮和蜗杆传动装置等典型摩擦副的润滑。此外还有各种机构和装置的润滑，下面分别叙述其对润滑的要求和润滑材料品种的选择。

5.2　滚动轴承的润滑

滚动轴承是使用十分广泛的一种重要的支承部件，属于高副接触。由于滚动轴承中的滚动体与外滚道间的接触面积十分狭小，接触区内的压力很高，因而对油膜的抗压强度要求很高。在滚动轴承的损坏形式中，多数是由于润滑不良而引起的轴承发热、异常的噪声、滚道烧伤及保持架损坏等。因此，必须十分注意选择滚动轴承的润滑方式和润滑剂。

1. 滚动轴承润滑的方式及选择

（1）滚动轴承润滑方式　滚动轴承润滑方式有：灌注式润滑、集中加脂润滑、油雾润滑、油气润滑等。灌注式润滑又分：稀油润滑、脂润滑、空壳润滑等。

（2）润滑方式的选择　选择滚动轴承的润滑方式与轴承的类型、尺寸和运转条件（如轴承的载荷、转速及工作温度等）有关。一般滚动轴承的润滑即可以用润滑油也可以用润滑脂（在某些特殊情况下也可采用固体润滑剂）。从润滑的作用来看，润滑油具有很多优点，在高速下使用效果非常好。但从使用的角度出发，润滑脂具有使用方便、不易泄漏、有阻止外来杂质进入摩擦副的作用等优点。目前，在滚动轴承中有80%是采用润滑脂来润滑的。而且，随着润滑脂和轴承的改进，特别是一批高性能的合成润滑脂及其他新品种润滑脂的问世，滚动轴承使用润滑脂润滑的比例还在上升。近年来，油雾润滑、油气润滑等新颖的润滑方式的发展，使得润滑又有了新的前景。

一般来说，润滑点分散、运行速度较低时，应用灌注式润滑；润滑点很多、加脂周期短、难于用手工加脂的部位，应采用集中加脂润滑；滚动轴承高速、重载时，宜选用油雾或油气润滑。表2-9对润滑油和润滑脂用于滚动轴承润滑的性能作了比较。

表2-9　润滑油与润滑脂使用性能的比较

特　　性	润　滑　油	润　滑　脂
转速	各种转速都适用	只适用于低中转速
润滑性能	良好	良好
密封	要求严格	简单
冷却性能	良好	差
更换	容易	比较麻烦

2. 滚动轴承用润滑油、脂的选择

滚动轴承用润滑油，不但要求有合适的黏度，而且要有良好的氧化安定性和热氧化安定性，不含机械杂质和水分；滚动轴承用润滑脂的选择主要是确定锥入度、稠化剂和添加剂的类型。选择滚动轴承用润滑油或润滑脂的一般原则可参考表2-10。滚动轴承润滑油、脂具体油品的选择，前文已述。

表 2-10　选择滚动轴承润滑油、脂的一般原则

影响选择的因素	润滑油	润滑脂
温度	当油池温度超过 90℃ 或轴承温度超过 200℃ 时,可采用特殊的润滑油	当温度超过 120℃ 时,要用特殊润滑脂 当温度升高 200～220℃ 时,再滑的时间间隔要缩短
速度因数[1](dn 值)	dn 值较高	dn 值较低
载荷	各种载荷直到最大	低到中等
轴承类型	各种轴承	不用于不对称的球面滚子止推轴承
壳体设计	需要较复杂的密封和供油装置	较简单
长时间不维修	不可以用	可用。根据操作条件,特别要考虑温度
集中供给(同时供给其他零部件)	可用	不可用,不能有效地传热,也不能作为液压介质
最低的转矩损失	为了获得最低功率损失,应采用有洗泵或油雾装置的循环系统	
污染条件	可用,但要采用有过滤装置的循环系统	可用。正确设计,可防止污染物的侵入

[1]　dn 值 = 轴承内径(mm)×转速(r/min),对于大轴承(直径大于 65mm)用 nd_m 值(d_m = 内外径的平均值)。适用于不同类型滚动轴承的脂润滑和油润滑的 dn 值界限可以参考相关资料。

3. 滚动轴承润滑材料的选择

根据滚动轴承的工作条件，可以采用润滑油或润滑脂进行润滑，可以比较两者所具有的优缺点加以选择。润滑油在高速和高温下具有良好的稳定性（在长期运转中保持其润滑性能），摩擦因数小，使用条件方便（全部更换润滑油时可以不拆卸部件），具有一定的冷却能力，能够循环供油进行润滑；缺点是必须采用复杂的密封装置，需经常加油，增设输油装置。润滑脂能够可靠地填充于滚动体间的间隙，不需要特殊的密封装置，工作的持续时间较长，一般在较长的周期内不需要更换和添加润滑脂；缺点是内摩擦较高，不宜用于高速条件，更换润滑脂时必须拆卸部件。所以在选择滚动轴承的润滑材料时，采用润滑油润滑有较好的润滑效果，但是对一般长期低速（小于 4m/s）工作、经常停止工作和环境条件恶劣的滚动轴承，多采用润滑脂润滑。

可以根据负荷、工作温度和速度因数（轴承转速和内径的乘积）而按黏度选择滚动轴承用的润滑油，见表2-11。根据工作温度、速度因数和环境条件可按表2-12选择滚动轴承用润滑脂。

表 2-11 滚动轴承用润滑油种类、牌号的选择

轴承工作温度/℃	速度系数 dn 值/mm·r·min^{-1}	工作条件			
		普通载荷（3MPa）		重载荷或冲击载荷（3~20MPa）	
		适用黏度（40℃）/mm²·s^{-1}	选用油名称、牌号	适用黏度（40℃）/mm²·s^{-1}	选用油名称、牌号
-30~0		15~32	L-DRA15、L-DRA22、L-DRA32 冷冻机油	15~16	L-DRA22、L-DRA32、L-DRA46 冷冻机油
0~60	15000 以下	32~70	L-AN32、L-AN46、L-AN68 全损耗系统用油 L-TSA32、L-TSA46 汽轮机油	70~162	L-AN68、L-AN100、L-AN150 全损耗系统用油 L-TSA68、L-TSA100 汽轮机油
	15000~75000	32~50	L-AN32、L-AN46 全损耗系统用油 L-TSA32 汽轮机油	42~90	L-AN46、L-AN68、L-AN100 全损耗系统用油 L-TSA46、L-TSA68 汽轮机油
	75000~150000	15~32	L-AN15、L-AN32 全损耗系统用油 L-TSA32 汽轮机油	32~42	L-AN32 全损耗系统用油 L-TSA32 汽轮机油
	150000~300000	9~12	N5、N7 主轴轴承油	15~32	N5 主轴轴承油 L-AN15 全损耗系统用油
60~100	15000 以下	110~162	L-AN150 全损耗系统用油 30 汽油机油	172~240 15~24（100℃）	40 号汽油机油 680 号气缸油 L-DAA150 压缩机油
	15000~75000	70~100	L-AN68、L-AN100 全损耗系统用油 20 号汽油机油	110~162	L-AN150 全损耗系统用油 30 号汽油机油
	75000~150000	50~90	L-AN46、L-AN68、L-AN100 全损耗系统用油 L-TSA46、L-TSA68 汽轮机油 20 号汽油机油	70~120	L-AN68、L-AN100 全损耗系统用油 L-TSA68、L-TSA100 号汽轮机油
	150000~300000	32~70	L-AN32、L-AN46、L-AN68 全损耗系统用油 L-TSA32、L-TSA46 汽轮机油	50~90	L-AN46、L-AN68、L-AN100 全损耗系统用油 20 号汽油机油 L-TSA46、L-TSA68 号汽轮机油
100~150		13~16（100℃）	40 号柴油机油 40 号汽油机油	15~25（100℃）	40 号、50 号汽油机油 24 号气缸油
0~60 60~100	滚针轴承	50~70	L-AN46、L-AN68 全损耗系统用油 L-TSA46 汽轮机油	70~90	L-AN68、L-AN100 全损耗系统用油 L-TSA68 汽轮机油 20 号汽油机油
		70~90	L-AN86、L-AN100 全损耗系统用油 L-TSA68 汽轮机油 20 号汽油机油	110~162	L-AN150 全损耗系统油 30 号汽油机油

表 2-12　滚动轴承润滑脂的选择

轴承工作温度/℃	速度因数/(mm·r/min)	干燥环境	潮湿环境
0~40	≤80000	2号、3号钠基润滑脂 2号、3号钙基润滑脂	2号、3号钙基润滑脂
	>80000	1号、2号钠基润滑脂 1号、2号钙基润滑脂	1号、2号钙基润滑脂
40~80	≤80000	3号钠基润滑脂	3号锂基润滑脂、钡基润滑脂
	>80000	2号钠基润滑脂	2号合成复合铝基润滑脂
>80,<0	—	锂基润滑脂 合成锂基润滑脂	锂基润滑脂 合成锂基润滑脂

注：1. 滚动轴承在正常工作条件下（温度不超过50℃、有良好密封装置、环境没有灰尘和水），3~6个月换油一次，在繁重工作条件下（温度超过50℃、环境有尘土和水），要求定期添油，1~3个月换油一次。

　　2. 滚动轴承转速在1500r/min以内时，用正常填充量，装入润滑脂占轴承壳体容积2/3；转速超过1500r/min时，用小填充量，占轴承壳体容积1/3~1/2。

5.3　滑动轴承润滑材料的选择

滑动轴承的润滑关系到轴承的工作条件（速度、负荷、工作温度）、轴承的结构和周围环境情况等许多因素。当滑动轴承采用稀油润滑时，如果轴承设计正确，处于液体摩擦的条件下，轴承磨损很微小。但是轴承在实际工作过程中，不可避免地要产生起动、制动，高速转动中产生的大量摩擦热量，使油温上升、黏度下降，同时使轴受热膨胀，引起间隙变小而造成油膜的破裂。润滑油中由于污染而存在的机械杂质等也会使轴承产生磨损。因此在选择滑动轴承的润滑油品种时，要考虑上述因素，合理选择润滑油。

一般滑动轴承对润滑油的质量指标要求如下：

1）酸值≤0.2mg KOH/g。

2）机械杂质≤0.007。

3）凝点≤-10℃。

4）闪点≥170℃。

5）不允许含有水溶性酸、碱及水分。

具体选择时，可参考手册来选择。

选择润滑油的关键是确定润滑油的黏度。

（1）计算法确定润滑材料和润滑方式　一般采用系数法来确定，系数用 K 来表示，其值可用经验公式计算：

$$K = v\sqrt{10P_{m}v}$$

式中　v——轴颈圆周线速度，单位为 m/s；

　　　P_{m}——单个轴承的平均压强，单位为 MPa。

$$P_{m} = \frac{W}{dL} \times 10^{-6}$$

式中　W——单个轴颈所承受载荷，单位为 N；

　　　d——轴颈直径，单位为 m；

　　　L——轴承长度（宽度），单位为 m。

算出 K 值后，可按表2-13确定润滑剂类型及润滑方式。

表 2-13　滑动轴承用润滑剂类型及润滑方式

K 值	润滑剂	润滑方式
≤6	润滑脂	油杯润滑
6~50	润滑油	针阀、油杯润滑
50~100	润滑油	油杯或飞溅润滑,需用水或循环油冷却
>100	润滑油	压力润滑

（2）润滑油黏度的选用

1）滑动轴承选用润滑油时，可根据轴径和转速查图 2-25 确定适用黏度区域。

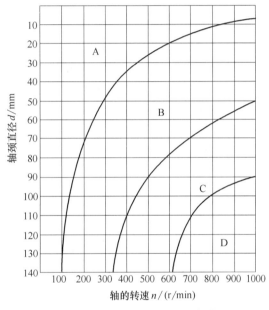

图 2-25　滑动轴承用润滑油黏度范围

2）依据轴颈单位负荷与黏度区域查表 2-14 确定运动黏度。

3）依据表 2-14 中的技术参数，确定相应的牌号。

表 2-14　不同压强下的黏度区域牌号查用表

轴颈平均压强/($\times10^6$/MPa)	不同区域可选用的黏度（40℃）/（mm^2/s）			
	A	B	C	D
0~0.5	27~38	24~30	15~23	14~19
0.5~6.5	82~94	68~84	46~60	24~38
6.5~15	115~155	86~101	65~85	46~75

例如，某主轴转速 380r/min，直径 140mm，两端轴承承受总载荷 130000N，滑动轴承长度为 120mm，试确定润滑剂类型及牌号。

解：计算圆周线速度

$$v = \frac{\pi dn}{60} = \frac{\pi \times 0.14 \times 380}{60} \text{m/s} = 2.783\text{m/s}$$

计算单个轴承的平均压强

$$P = \frac{W}{dL} = \frac{130000}{2 \times 0.14 \times 0.12} \times 10^{-6} \text{MPa} = 3.87 \text{MPa}$$

计算系数 K

$$K = v\sqrt{10 P_m v} = 2.783\sqrt{10 \times 3.87 \times 2.783} = 28.89$$

查表 2-13 得知，应选择润滑油。

查图 2-25 得知，该润滑油在 C 区。

再结合表 2-14，得知润滑油的牌号在 46~60 号的范围。

例如，某主轴转速为 9.8r/min，直径为 240mm，两端轴承承受总载荷 150000N，滑动轴承长度为 360mm，试确定润滑剂类型及牌号。

解：计算圆周线速度

$$v = \frac{\pi dn}{60} = \frac{\pi \times 0.24 \times 9.8}{60} \text{m/s} = 0.123 \text{m/s}$$

计算单个轴承的平均压强

$$P = \frac{W}{dL} = \frac{150000}{2 \times 0.24 \times 0.36} \times 10^{-6} \text{MPa} = 8.7 \text{MPa}$$

得到 $K \le 6$

查表 2-13 得知，应选择润滑脂。

具体选哪种类型的润滑脂，要依据设备的使用条件而定。

（3）确定供油量　润滑油选定后，还要进行供油量的计算。供油量由结构参数和工作条件来确定。油量不足，会使轴承中润滑油产生热能，容易引起变质，降低润滑效果。油量太多，则对散热不利，且造成浪费。

对于高速机械，供油量 $Q = (0.06 \sim 0.15)dL$。

对于低速机械，供油量 $Q = (0.003 \sim 0.006)dL$。

（4）经验法确定润滑油的牌号　在现场，选用滑动轴承润滑油时，一般根据实践经验进行选择。表 2-15～表 2-17 列出了在不同速度、不同载荷、工作温度及润滑方式选用滑动轴承润滑油的黏度和品种。

表 2-15　轻、中载荷时滑动轴承润滑油的选择

轴承轴颈的线速度/（m/s）	工作条件：温度 10~60℃，轻、中载荷（轴颈压力<3MPa）		
	润滑方式	适用黏度 40℃/（mm²/s）	适用润滑油的品种与牌号
>9	强制、油浴	5~27	L-AN5、L-AN10、L-AN15 全损耗系统用油
9~5	强制、油杯、油枪、滴油	15~50	L-AN15、L-AN32 全损耗系统用油或 L-TSA46 汽轮机油
5~2.5	强制、油浴、油环、滴油	32~60	L-AN32、L-AN46 全损耗系统用油或 L-TSA46 汽轮机油
2.5~1.0	强制、油浴、油环、滴油、手浇	42~70	L-AN46、L-AN68 全损耗系统用油或 L-TSA46 汽轮机油或 20 号汽油机油

（续）

轴承轴颈的线速度/（m/s）	工作条件：温度 10~60℃，轻、中载荷（轴颈压力<3MPa）		
	润滑方式	适用黏度 40℃/（mm²/s）	适用润滑油的品种与牌号
1.0~0.3	强制、油浴、油环、滴油、手浇	42~80	L-AN46、L-AN68 全损耗系统用油或 L-TSA46 汽轮机油或 20 号汽轮机油
0.3~0.1	循环、油浴、油环、滴油、手浇	70~150	L-AN68、L-AN100、L-AN150 全损耗系统用油或 30 号汽油机油
<0.1	循环、油浴、油环、油链、滴油、手浇	80~150	L-AN100、L-AN150 全损耗系统用油或 30 号、40 号汽油机油

表 2-16　中、重负荷时滑动轴承润滑油的选择

轴承轴颈的线速度/（m/s）	工作条件：温度 10~60℃，中、重载荷（轴颈压力 3~7.5MPa）		
	润滑方式	适用黏度 40℃/（mm²/s）	适用润滑油的品种与牌号
2.0~1.2	循环、油浴、油环、滴油	68~100	L-AN68、L-AN100 全损耗系统用油或 20 号汽轮机油
1.2~0.6	循环、油浴、油环、滴油	68~110	L-AN68、L-AN100 全损耗系统用油或 20 号、36 号汽轮机油
0.6~0.3	循环、油浴、油环、滴油、手浇	68~150	L-AN100、L-AN150 全损耗系统用油或 30 号汽轮机油或 N100 压缩机油
0.3~0.1	循环、油浴、油环、油链、滴油、手浇	100~220	L-AN100、L-A150 全损耗系统用油或 40 号汽轮机油
<0.1	循环、油浴、油环、油链、滴油、手浇	100~220	L-AN150 全损耗系统用油或 40 号汽轮机油

表 2-17　重、特重负荷时滑动轴承润滑油的选择

轴承轴颈的线速度/（m/s）	工作条件：温度 20~80℃，中、重载荷（轴颈压力 7.5~30MPa）		
	润滑方式	适用黏度 40℃/（mm²/s）	适用润滑油的品种与牌号
1.2~0.6	循环、油浴	100~150	30 号、40 号汽油机油或 L-AN100、L-AN150 全损耗系统用油
	滴油、手浇	100~180	40 号汽油机油或 N100、N150 压缩机油
0.6~0.3	循环、油浴	100~220	40 号汽油机油或 N150 压缩机油
	滴油、手浇	150~400	N150 压缩机油或 150~460CKD 齿轮油
0.3~0.1	循环、油浴	100~150	N100、N150 压缩机油
	滴油、手浇	150~460	150~460CKD 齿轮油
<0.1	循环、油浴	150~460	150~460CKD 齿轮油
	滴油、手浇	460~680	460~680CKD 齿轮油

滑动轴承一般采用润滑油润滑，当工作条件困难（负荷高、速度低、环境温度高、潮湿、多尘）以及结构特点不宜使用润滑油时，才采用润滑脂润滑。

滑动轴承也可用润滑脂来润滑，在选择润滑脂时应考虑下列几点：

1）轴承载荷大、转速低时，应选择锥入度小的润滑脂，反之要选择锥入度大的。高速轴承选用锥入度小些、机械安定性好的润滑脂。特别注意的是润滑脂的基础油的黏度要低一些。

2）选择的润滑脂的滴点一般高于工作温度20~30℃，在高温连续运转的情况下，注意不要超过润滑脂的允许使用温度范围。

3）滑动轴承在水淋或潮湿环境里工作时，应选择抗水性能好的钙基、铝基或锂基润滑脂。

4）选用具有较好黏附性的润滑脂。

表2-18列出了在不同负荷、速度、工作温度和环境条件下，选用滑动轴承润滑脂的品种。

表2-18　滑动轴承润滑脂的选择

单位载荷 /MPa	轴的圆周速度 /（m/s）	最高工作温度/℃	选用的润滑脂	备注
≤1.0	≤1.0	75	3号钙基润滑脂	1.在潮湿、环境温度在75~120℃的条件下，应考虑用钙钠基润滑脂
1~6.5	0.5~5	55	2号钙基润滑脂	
≥6.5	≤0.5	75	3号钙基润滑脂	2.在水淋、潮湿和工作温度75℃以下，可用铝基润滑脂
1~6.5	0.5~5	120	1号、2号钠基润滑脂	3.工作温度在110~120℃时，也可用锂基或钡基润滑脂
≥6.5	≤0.5	110	2号钙钠基润滑脂	4.干油集中润滑系统给脂时，应选用锥入度较大的润滑脂
1~6.5	≤1.0	50~100	2号锂基润滑脂	5.压延机润滑脂冬夏规格可通用
≥5	约0.5	60	2号压延机润滑脂	

5.4　齿轮和蜗杆传动润滑材料的选择

金属压力加工设备中，齿轮传动的类型多、数量大，润滑材料的消耗量很大。金属压力加工设备齿轮传动装置的工作特点是传动功率大、冲击性载荷大、工作速度低、环境恶劣（高温、多尘、潮湿等），因此，要求润滑油具有良好的抗磨性能、氧化安定性、抗乳化性、防泡沫性和缓蚀性等。在选择齿轮传动用润滑油时，应充分考虑载荷、速度、润滑方式等因素。如轻负荷时可选用非极压型齿轮润滑油，中等负荷和一般冲击时可选用中等极压型齿轮润滑油，而重负荷和强烈冲击时（如轧钢机齿轮座）则应考虑选用全极压齿轮油；齿轮速度高时选用低黏度的润滑油，速度低时选用高黏度的润滑油；循环润滑时选用流动性好的润滑油，油浴润滑可选用流动性较差润滑油等。然后再根据载荷、速度和温度等的具体数值按黏度选择润滑油的品种和规格。闭式齿轮传动润滑油的选择见表2-19。

表2-19　闭式齿轮传动润滑油的选择

小齿轮转速/（r/min）	功率/kW	黏度等级（40℃）	
		减速比1∶10以下（1级减速）	减速比1∶10以上（2级减速）
2000~5000	<3.75	32~46	46~68
	3.75~15	46~68	68~100
	>15	68~100	100~150

（续）

小齿轮转速/(r/min)	功率/kW	黏度等级（40℃）	
		减速比 1∶10 以下（1 级减速）	减速比 1∶10 以上（2 级减速）
1000～2000	<7.5	46～68	68～100
	7.5～37.5	100～150	100～150
	>37.5	150～220	150～220
300～1000	<15	46～150	68～150
	15～57	100～220	100～220
	>57	150～320	220～460
<300	<22.5	150～220	220～320
	22.5～75	220～320	320～460
	>75	320～460	460～680

　　开式齿轮润滑应选用易于黏附的高黏度润滑油或采用润滑脂，见表 2-20。

　　开式齿轮油标准为 SH 0363—1992，设 68、100、150、220、320 五个黏度等级（按 100℃时的运动黏度）。人工加固体润滑脂是由人工定期采用涂抹润滑方式由开式齿轮罩壳加油口加脂。很多企业加注沥青油脂，现有的企业改加二硫化钼润滑脂。低速低负荷的开式齿轮也可用经过过滤的旧油，负荷较大的可选用 9 号二硫化钼油膏，也可用 60% 的过滤油加 40% 的石油沥青混合制成的齿轮油脂润滑。加注沥青油脂时需要油品升温，此外，沥青油脂易吸附污染物、杂质，长期使用会污染工作环境，油脂易干枯，需经常补脂，齿轮表面会出现残留斑点。大型开式齿轮和支承滑道由于边界润滑性不好，齿面啮合部易出现干磨痕迹，从而造成齿轮报废。加注二硫化钼润滑脂易出现在重负荷齿轮表面油脂被挤出润滑工作面，从而造成齿轮干磨引发的齿轮报废。

表 2-20　开式齿轮润滑油、润滑脂的选择

润滑方式	齿轮承载负荷		
	轻	中	重
滴油	68 号开式齿轮油	68 号开式齿轮油	100 号开式齿轮油
人工涂刷	68 号、100 号开式齿轮油	68 号、100 号开式齿轮油	68 号、100 号开式齿轮油
喷射	1 号压延机脂	1 号极压锂基脂	1 号极压锂基脂，9 号二硫化钼油膏，沥青油脂

　　根据蜗杆传动的特点可知，普通蜗轮的啮合滑动面上不能形成动压油膜，因此应根据传递的功率和速度，选择具有适当抗磨性能的高黏度润滑油或润滑脂。

　　蜗轮蜗杆油产品标准为 SH 0094—1991，分一级品和合格品两个质量等级。蜗轮蜗杆油目前分普通蜗轮蜗杆油 CKE（油脂型）和重负荷蜗轮蜗杆油 CKE/P（极压型）两种，并按 40℃运动黏度分为 220、320、460、680 和 1000 五个黏度等级（牌号）。

　　低速低功率的蜗轮，应选用气缸油、齿轮油或润滑脂，如 680 号、1000 号气缸油，460 号、680 号 CKE 蜗轮蜗杆油，也可以选用润滑脂。

　　中速中功率的蜗轮，应选用蜗轮蜗杆油，如 460 号、680 号 CKE 蜗轮蜗杆油。

　　高速高功率的蜗轮，应选用蜗轮蜗杆油，如 460 号、680 号 CKE/P 蜗轮蜗杆油。

思 考 题

一、填空题

1. 润滑材料的分类，可根据润滑剂的物质形态分为_____、_____、_____、_____；根据润滑膜在摩擦表面的分布状态分为_____、_____。

2. 边界润滑状态时，摩擦界面上存在的一层厚度为_____左右的薄膜，称为边界膜。按边界膜的形成结构形式不同，分为_____、_____两大类。

3. 工程上常用_____作为润滑油黏度的标志；我国相对黏度采用的是_____。

4. 极压添加剂主要是含_____、_____、_____的有机极性化合物。

5. 在工程习惯上，通常称润滑油润滑为_____，称润滑脂润滑为_____。

二、简答题

1. 润滑的作用有哪些？

2. 润滑是如何分类的？

3. 实现流体动压润滑必须具备的条件有哪些？

4. 说明流体静压润滑原理。

5. 说明边界润滑原理，改善边界润滑的措施有哪些？

6. 说明固体润滑原理。

7. 说明自润滑原理。

8. 润滑油的物理化学性能及主要质量指标有哪些？

9. 润滑脂的质量指标有哪些？

10. 常用的油品添加剂有哪些？

11. 说明稀油集中润滑系统的工作原理。

12. 说明油雾润滑的原理。

13. 油气润滑的优点有哪些？

14. 干油润滑系统组成元件有哪些？

15. 固体润滑剂的使用方法有哪些？

16. 润滑材料有哪些选择原则？

17. 说明滚动轴承的润滑方式和润滑材料的选择方法。

18. 说明滑动轴承的润滑方式和润滑材料的选择方法。

19. 说明齿轮传动润滑材料的选择方法。

Chapter 3

学习项目三

机械维护与修理制度

任务1 设备维修管理方式

1.1 现代化设备维修管理的重要性

机械维修是指机械维护和机械修理两类工作。机械维护是保持设备技术状态的日常性技术活动，机械修理是恢复设备技术状态的技术活动。

现代化工业企业是运用机器和机器体系进行生产的，机器设备是现代化企业生产的基本手段和必须依赖的物质技术基础，也是决定企业效能的重要因素之一。在现代化生产中，主要的生产活动已由最初依靠人为主的生产发展演变成依靠设备为主的生产，即由人操纵机器设备来完成的。因此，搞好设备维修管理，正确地使用设备，精心保养维护设备，使设备处于良好的技术状态，才能保证生产正常进行，使企业取得最佳的经济效益。在现代化生产条件下，由于机器设备直接完成了产品的生产过程，因此，机器设备在生产活动中的地位越来越重要。产品的产量、质量、成本、消耗等，在很大程度上受着设备技术状况的影响，因此，搞好设备维修管理也是改善企业经营成果的重要环节。

对于一个现代化企业来讲，要达到好的产品质量，谋求生产稳定，就必须提高设备的可靠性，确保设备稳定运转。为此，企业在日常的生产活动中必须重视设备维修管理，而维修管理好设备的目的就是为了生产，通过采用现代化设备维修管理方式，强化设备维修管理，使之最大限度地减少突发故障时间及其损失，最大限度地减少修理时间和费用，使设备最有效地被生产利用，设备维修管理的目标就是要充分满足这些要求。

现代化设备具有大型化、高速化、连续化、精密化、自动化的特点。这些特点会给企业带来较高的经济效益，但同时也会带来停机损失大、维修难度高、维修成本高等一系列难题。

为此，摆在设备管理部门的课题是：

1）减少故障停机时间，提高设备有效作业率。

2）通过有效的维修管理和设备的改善，保持设备精度、性能。

3）在维修中合理地使用人力、物力和资金，降低维修成本。

4）不断提高维修技能和水平，使维修人员具有对设备异常的快速反应能力。

5）采用先进的设备维修管理方式，选定能预测故障、排除隐患的有预见性、计划性的维修管理制度。

其中，采用先进的设备维修管理方式尤为重要。由此可见，随着设备现代化的推进，设备维修管理在现代化工业企业生产活动中占有极为重要的地位。

1.2 设备预防维修管理方式

为管好设备，首先应确定一个好的设备维修管理方式，那么选择什么样的维修管理方式来适应现代化设备最合理的维护和检修，这是维修工作中的一个重要决策问题。

维修方式是指导维修作业的策略性准则，通过对应修设备进行技术和经济分析，确定最适宜的维修时间、维修制度及修理内容。设备是由各种零件组成的，每种零部件可以有几种维修方式。在研究设备维修方式时，首先以零部件为对象进行分析，选择最佳的维修方式，对不同的零部件可以采取不同的维修方式，然后加以综合。按照修理范围及工作量确定修理类别，作为制定修理计划的依据。

维修方式的选择原则是：①通过维修，消除修前存在的缺陷，保证设备达到规定的性能；②力求维修费用和设备停修对生产的经济损失两者之和为最小。根据上述原则，对几种可能采用的维修方式进行最佳选择。

在现代工业企业中，设备的类型相当多，各种设备结构的复杂程度和在生产中的重要性也不同，必须认真加以分析，分别选择适合每种设备的维修方式。企业对所有设备采用统一的维修方式是不合理的。

维修方式主要有预防维修、故障维修和改善维修三种。预防维修与故障维修的划分是以设备故障发生前或发生后采取维修措施为界限。

传统的预防维修主要有定期维修和状态维修两种。定期维修制度的基本点是：对各类设备按规定的修理周期结构及修理间隔期制定修理计划，到期按规定的修理内容进行检查和维修。状态维修是通过修前检查，按设备的实际技术状况确定修理内容和时间，制订出修理计划。这种维修方式比较切合实际，但必须做好设备技术状态的日常检查、定期检查和记录统计分析工作。

改善维修则从研究故障发生的原因出发，以消灭故障根源、提高设备性能和可靠性为目的而进行改造性修理采取的措施。根据我国设备拥有量大而构成落后的特点，应十分重视设备的"修中有改"，以此来提高工厂装备现代化水平。当前较普遍采用的方法是，在原有设备修理时，应用数控、数显、静压和动静压技术、节能技术等，来改造老设备，这样不仅可以达到时间短、收效快、针对性强的效果，还能节约购买新设备的投资。

除上述三种维修方式外，还有所谓的"无维修设计"。"无维修设计"是设备维修的理想目标，是指针对机电设备维修过程中经常遇到的故障，在新设备的设计中采取改进措施予以解决，力求使维修工作量降低到最低限度或根本不需要进行维修。

预防维修与故障（事后）维修对设备性能的影响如图3-1所示。

为提高设备维修效率，需十分重视设备维修的规律。通过对各种维修方式的实际记录进行统计与分析，可以看出预防维修的重要性，它使设备由随机故障期到耗损故障期的时间推迟，即有效寿命大大延长了。

日本钢铁工业自20世纪50年代起，随着设备的大型化、高速化，设备管理也经历了由事后维修进入预防维修阶段的转变，这一概念是1951年从美国引进的，然后又从预防维修

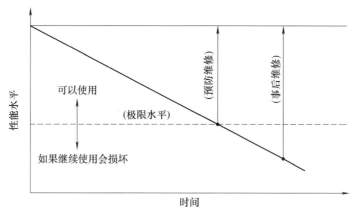

图 3-1 预防维修、故障（事后）维修分界面示意图

过渡到生产维修。

所谓生产维修是一种以发展生产、提高效益为追求目标的最佳维修方式，其基本的出发点是维修的经济性。这是一种与生产紧密结合的维修方式，根据设备在生产中的地位、作用和价值大小，可采取不同的维修手段，以使设备能够得到针对性维修。

预防维修制与生产维修制的不同点表现在维修手段上，前者只包括两种手段：预防维修和事后维修，而后者还包括改善维修和维修预防。

实行预防维修制的基本做法有以下两点：

1）设专职点检员，对设备按照规定的检查周期和方法进行预防性检查（即点检），其目的是为了取得设备状态信息。

2）根据点检员提供的设备状态信息，制订有效的维修对策，对设备有计划地进行调整、维修，以使设备事故和故障消除在发生之前，做到在主要零部件磨损程度快要达到极限之前及时予以修理（或更换），使设备始终处于最佳状态。

这里最关键的是点检，它是预防维修活动中的核心。

任务 2 设备的维护管理

2.1 设备的维护保养

通过擦拭、清扫、润滑、调整等一般方法对设备进行护理，以维持和保护设备的性能和技术状况，称为设备维护保养。设备维护保养的要求主要有四项：

1）清洁。设备，使设备内外整洁，各滑动面、丝杠、齿条、齿轮箱、油孔等处无油污，各部位不漏油、不漏气，设备周围的切屑、杂物、脏物要清扫干净。

2）整齐。工具、附件、工件（产品）要放置整齐，管道、线路要有条理。

3）润滑良好。按时加油或换油，不断油，无干摩现象，油压正常，油标明亮，油路畅通，油质符合要求，油枪、油杯、油毡清洁。

4）安全。遵守安全操作规程，不超负荷使用设备，设备的安全防护装置齐全可靠，及时消除不安全因素。

设备的维护保养内容一般包括日常维护、定期维护、定期检查和精度检查，设备润滑和冷却系统维护也是设备维护保养的一个重要内容。

设备的日常维护保养是设备维护的基础工作，必须做到制度化和规范化。对设备的定期维护保养工作要制定工作定额和物资消耗定额，并按定额进行考核，设备定期维护保养工作应纳入车间承包责任制的考核内容。设备定期检查是一种有计划的预防性检查，检查的手段除人的感官以外，还要有一定的检查工具和仪器，按定期检查卡执行，定期检查又称为定期点检。对机械设备还应进行精度检查，以确定设备实际精度的优劣程度。设备维护应按维护规程进行。设备维护规程是对设备日常维护方面的具体要求和规定，坚持执行设备维护规程，可以延长设备使用寿命，保证安全、舒适的工作环境。其主要内容应包括：

1）设备要达到整齐、清洁、坚固、润滑、防腐、安全等方面的作业内容和作业方法，使用的工器具及材料、达到的标准及注意事项。

2）日常检查维护及定期检查的部位、方法和标准。

3）检查和评定操作工人维护设备程度的内容和方法等。

2.2 设备的三级保养制

三级保养制度是我国从 20 世纪 60 年代中期开始逐步完善和发展起来的一种保养修理制，它体现了我国设备维修管理的重心由修理向保养的转变，反映了我国设备维修管理的进步和以预防为主的维修管理方针的更加明确。三级保养制内容包括：设备的日常维护保养、一级保养和二级保养。三级保养制是以操作者为主对设备进行以保养为主、保修并重的强制性维修制度。三级保养制是依靠群众、充分发挥群众的积极性，实行群管群修，专群结合，搞好设备维护保养的有效办法。

1. 设备的日常维护保养

设备的日常维护保养，一般有日保养和周保养，又称日例保和周例保。

（1）日例保 日例保由设备操作人员当班进行，认真做到班前四件事、班中五注意和班后四件事。

1）班前四件事：消化图样资料，检查交接班记录；擦拭设备，按规定润滑加油；检查手柄位置和手动运转部位是否正确、灵活，安全装置是否可靠；低速运转检查传动是否正常，润滑、冷却是否畅通。

2）班中五注意：注意设备的运转声音，温度，压力，液位、电气、液压、气压系统，仪表信号，安全保险是否正常。

3）班后四件事：关闭开关，所有手柄放到零位；清除铁屑、脏物，擦净设备导轨面和滑动面上的油污，并加油；清扫工作场地，整理附件、工具；填写交接班记录和运转台时记录，办理交接班手续。

（2）周例保 周例保由设备操作工人在每周末进行，保养时间为：一般设备 2h，精、大、稀设备 4h。

1）外观。擦净设备导轨、各传动部位及外露部分，清扫工作场地，达到内洁外净无死角、无锈蚀，周围环境整洁。

2）操纵传动。检查各部位的技术状况，紧固松动部位，调整配合间隙；检查互锁、保险装置，达到传动声音正常、安全可靠。

3）液压润滑。清洗油线、防尘毡、过滤器，油箱添加油液或更换油液。检查液压系统，达到油质清洁，油路畅通，无渗漏，无研伤。

4）电气系统。擦拭电动机、蛇皮管表面，检查绝缘、接地，达到完整、清洁、可靠。

2. 一级保养

一级保养是以操作人员为主，维修工人协助，按计划对设备局部拆卸和检查，清洗规定的部位，疏通油路、管道，更换或清洗油线、毛毡、过滤器，调整设备各部位的配合间隙，紧固设备的各个部位。一级保养所用时间为 4~8h，一保完成后应做记录并注明尚未清除的缺陷，车间机械员组织验收。一保的范围应是企业全部在用设备，对重点设备应严格执行。一保的主要目的是减少设备磨损，消除隐患，延长设备使用寿命，为完成到下次一保期间的生产任务在设备方面提供保障。

3. 二级保养

二级保养是以维修工人为主，操作者协助，按二级保养列入的设备检修计划，对设备进行部分解体检查和修理，更换或修复磨损件，清洗、换油、检查修理电气部分，使设备的技术状况全面达到规定设备完好标准的要求。二级保养所用时间为 7 天左右。二保完成后，维修工人应详细填写检修记录，由车间机械员和操作者验收，验收单交设备动力管理部门存档。二保的主要目的是使设备达到完好标准，提高和巩固设备完好率，延长大修周期。

实行"三级保养制"，必须使操作人员对设备做到"三好""四会""四项要求"，并遵守"五项纪律"。三级保养制突出了维护保养在设备管理与计划检修工作中的地位，把对操作人员"三好""四会"的要求更加具体化，提高了操作人员维护设备的知识水平和技能。三级保养制突破计划预修制的有关规定，改进了计划预修制中的一些缺点，更加切合实际。在三级保养制的推行中还学习吸收了军队管理武器的一些做法，并强调了群管群修。在我国的企业管理中，由于三级保养制的贯彻实施，有效地提高了设备的完好率，降低了设备事故率，延长了设备大修理周期，降低了设备大修理费用，取得了较好的技术经济效果。

2.3　设备的使用维护要求

2.3.1　精、大、稀设备的使用维护要求

1. 四定工作

（1）定使用人员　按定人定机制度，精、大、稀设备操作者应选择本工种中责任心强、技术水平高和实践经验丰富的人员，并尽可能保持较长时间的相对稳定。

（2）定检修人员　精、大、稀设备较多的企业，根据本企业条件，可组织精、大、稀设备专业维修或修理组，专门负责对精、大、稀设备的检查、精度调整、维护、修理。

（3）定操作规程　精、大、稀设备应分机型逐台编制操作规程，并严格执行。

（4）定备品配件　根据各种精、大、稀设备在企业生产中的作用及备件来源情况，确定储备定额，并优先解决。

2. 精密设备使用维护要求

1）必须严格按说明书规定安装设备。

2）对环境有特殊要求的设备（恒温、恒湿、防振、防尘）企业应采取相应措施，确保

设备的精度、性能。

3）设备在日常维护保养中，不许拆卸零部件，发现设备运转异常应立即停车，不允许带病运转。

4）严格执行设备说明书规定的切削规范，只允许按直接用途进行零件精加工。加工余量应尽可能小。加工铸件时，毛坯面应预先喷砂或涂漆。

5）非工作时间应加护罩，长时间停歇，应定期进行擦拭、润滑、空运转。

6）附件和专用工具应有专用柜架搁置，保持清洁，防止研伤，不得外借。

2.3.2 动力设备的使用维护要求

动力设备是企业的关键设备，在运行中有高温、高压、易燃、有毒等危险因素，是保证安全生产的要害部位，为做到安全、连续、稳定供应生产上所需要的动能，对动力设备的使用维护应有特殊要求：

1）设备操作人员必须事先培训并经过考试合格。

2）必须有完整的技术资料、安全运行技术规程和运行记录。

3）操作人员在值班期间应随时对设备进行巡回检查，不得随意离开工作岗位。

4）设备在运行过程中遇有不正常情况时，值班人员应根据操作规程紧急处理，并及时报告上级部门。

5）保证各种指示仪表和安全装置灵敏准确，定期校验。备用设备完整可靠。

6）动力设备不得带病运转，任何一处发生故障必须及时消除。

7）定期对设备进行预防性试验和季节性检查。

8）经常对值班人员进行安全教育，严格执行安全保卫制度。

2.3.3 设备的区域维护

设备的区域维护又称维修工承包机制。维修工人承担一定生产区域内的设备维修工作，与生产操作人员共同做好日常维护、巡回检查、定期维护、计划修理及故障排除等工作，并负责完成管辖区域内的设备完好率、故障停机率等考核指标。区域维修责任制是加强设备维修为生产服务、调动维修工人积极性和使生产工人主动关心设备保养和维修工作的一种良好机制。

设备专业维护主要组织形式是区域维护组。区域维护组全面负责生产区域的设备维护保养和应急修理工作，它的工作任务是：

1）负责本区域内设备的维护修理工作，确保完成设备完好率、故障停机率等指标。

2）认真执行设备定期点检和区域巡回检查制，指导和督促操作人员做好日常维护和定期维护工作。

3）在车间机械员指导下参加设备状况普查，精度检查，调整、治漏，开展故障分析和状态监测等工作。

区域维护组这种设备维护组织形式的优点是：在完成应急修理时有高度机动性，从而可使设备修理停歇时间最短，而且值班钳工在无人召请时，可以完成各项预防作业和参与计划修理。

设备维护区域划分应考虑生产设备分布、设备状况、技术复杂程度、生产需要和修理钳工的技术水平等因素。可以根据上述因素将车间设备划分成若干区域，也可以按设备类型划分区域维护组。流水生产线的设备应按线划分维护区域。

区域维护组要编制定期检查和精度检查计划，并规定出每班对设备进行常规检查的时间。为了使这些工作不影响生产，设备的计划检查要安排在工厂的非工作日进行，而每班的常规检查要安排在生产工人的午休时间进行。

2.3.4　提高设备维护水平的措施

为提高设备维护水平，维护工作应做到三化，即规范化、工艺化、制度化。

1）规范化就是使维护内容统一，哪些部位该清洗、哪些零件该调整、哪些装置该检查，要根据各企业情况按客观规律加以统一考虑和规定。

2）工艺化就是根据不同设备制订各项维护工艺规程，按规程进行维护。

3）制度化就是根据不同设备、不同工作条件，规定不同维护周期和维护时间，并严格执行。对定期维护工作，要制定工时定额和物质消耗定额，并要按定额进行考核。

设备维护工作应结合企业生产经济承包责任制进行考核。同时，企业还应发动群众开展专群结合的设备维护工作（进行自检、互检，开展设备大检查）。

任务3　点检定修制

3.1　点检定修制的主要内容

点检定修制是一套加以制度化的比较完善的科学管理方法，它的实质就是以预防维修为基础，以点检为核心的全员维修制。它是从日本新日铁引进的设备维修管理方式，这套方式的核心内容是点检和定修，统称为点检定修制。

点检定修制的主要内容有：

（1）推行全员维修制　凡参加生产过程的一切人员都要参加设备维护工作。生产操作人员负有用好、维护好设备的直接责任，要承担设备的清扫、紧固、调整、给油脂、小修理和日常点检业务，承担的具体项目和内容由生产操作人员与维修人员协商确定，两个部门要签订生产、维修分工协议。

（2）对设备进行预防性管理　通过点检人员对设备进行点检来准确掌握设备技术状况，实行有效的计划维修，维持和改善设备工作性能，预防发生事故，延长机件寿命，减少停机时间，提高设备有效作业率，保证正常生产，降低维修费用。

（3）以提高生产效益为目标，搞好计划性检修　它包括以下两方面：

1）合理精确地制订（年）修计划，统一设定定修模型（即定修周期、日期、时间和负荷人数），并由生产计划部门确认，做到在适当的时间里进行恰当的维修，不因设备检修而打乱生产计划，力求减少或避免机会损失（即因检修准备不周而造成的生产损失）和能源损失。

2）为提高检修人员的工时利用率，以有限的人力完成设备所必需的全部检修工作量，对检修工程的实施分工、工程施工计划的编制、工程项目的委托、施工前后的安全确认、施工配合等一系列工作实行标准化程序管理。

3.2　点检制

3.2.1　点检

设备在运转和生产过程中会逐渐劣化，具体表现有磨损、腐蚀、变形、断裂、熔损、烧损、绝缘老化、异常振动等，设备的这些劣化现象是必然的，其结果会导致设备性能及精度下降，进而造成生产率和产品质量的下降。

通常，设备可能发生劣化的部位包括以下七个部分：

1) 回转部分（如各类轴承、轴套等）。

2) 滑动部分（如导轨面、滑块等）。

3) 传动部分（如压下螺母、齿轮、齿条等）。

4) 荷重支承部分（如轧机牌坊、剪床刃台等）。

5) 与原材料相接触部分（如传送带、辊道等）。

6) 受介质腐蚀部分（如水、风、气各类管道、阀门等）。

7) 电气部分（如绝缘不良、烧损、短路、断线、整流不良等）。

设备发生劣化的原因多半不是偶然突发性的。实践经验证明，在准确操作、使用和按要求进行日常维护保养的条件下，设备各部位的劣化是渐变过程，而且基本上是有规律、有发展期的，完全可以通过人为的努力延缓和推迟劣化，如果我们利用各种有效手段对相应部位进行必要的预防检查，则设备的劣化过程是可以掌控的，甚至是可以预知的，只要我们在设备发生故障和劣化之前进行相应的维修，故障和劣化就可以避免。

所谓点检，简而言之就是前述的预防性检查，它的定义是：为了维持生产设备原有的性能，通过用人的五感（视、听、嗅、味、触）或简单的工具仪器，按照预先设定的周期和方法对设备上的某一规定部位进行有无异常的预防性周密检查的过程，以使设备的隐患和缺陷能够得到早期发现，早期预防，早期处理，这样的设备检查称为点检。

点检的目的是通过对设备的检查、诊断，力求早期发现不良部位，确定消除隐患和缺陷的检修日期、范围和内容，制订检修工程计划，提出备件、主材料需用计划等，这是设备管理的基础工作。为做好这项工作，点检人员事先应对每台设备的各个部位根据设备设计要求及自己的经验制订出一套维修标准，然后把点检结果和标准作一比较，就不难判定该设备应该在什么时候维修，需要进行什么样的维修，这就是点检的全部意义。

根据点检的周期和方法，一般分为日常点检、定期点检、精密点检三大类。

1. 日常点检

日常点检的内容有振动、异声、松动、温升、压力、流量、腐蚀、泄漏等可以从设备的外表进行监测的现象，主要凭感官进行检测。对于设备的重要部位，也可以使用简单的仪器，如测振仪、测温计等。日常检查主要由操作人员负责，使用检查仪器时，则需由专业人员进行操作，所以也称为在线检查。对一些可靠性要求很高的自动化设备，如流程设备、自动化生产线等，需要用精密仪器和计算机进行连续监测和预报的作业方法，称为状态监测。每种机型设备都要根据结构特点制订日常检查标准，包括检查项目、方法、判断标准等，并将检查结果填入日点检卡，做好记录。

2. 定期点检

设备定期检查的主要内容包括：检查设备的主要输出参数是否正常；测定劣化程度，查出存在的缺陷（包括故障修理和日常检查发现而尚未排除的缺陷）；提出下次预修计划的修理内容和所需备件或修改原定计划的意见；排除在检查中可以排除的缺陷。

定期检查的周期应大于1个月，一般为3个月、6个月、12个月。

一般按设备的分类组（如普通车床、镗床、外圆磨床、空气锤、液压机、桥式起重机等）制定通用定期检查标准，再针对同类组某种型号设备的特点，制定必要的补充标准，作为定期检查依据。

定期检查列入企业月份设备修理计划，由生产车间维修人员负责执行。对实行定期维护（一级保养）的设备，定期检查与定期维护应尽量结合进行。检查结果记入定期检查记录表。

3. 精密点检

金属加工设备为了保证加工件的精度，需要对设备几何精度和工作精度进行定期检测，以确定设备的实际精度，为设备调整、修理、验收和报废更新提供依据。根据前后两次的精度检查结果和间隔时间，可以计算出设备精度的劣化速度。新设备安装后的精度检验结果，不但是设备验收的依据，还可据此按产品精度要求来分析设备的精度储备量。

3.2.2　点检制

点检制是设备管理工作中的一项有关点检的基本责任制度，也是以点检为核心的设备维修管理体制的简称。该制度的建立产生了设备维修的一个新工种——点检工，其目的不是对设备进行检修，而是对设备进行管理，所以点检制也称为管理方制度。

1. 点检制的主要内容

（1）建立以点检为核心的维修管理体制　各二级厂从各个专业角度出发，把全厂设备按生产流程划分为若干个管理区段，每个区段按机、电、仪等不同专业组成点检作业区。作业区下设点检组，每个点检组由若干个点检员组成。点检员的任务繁多，为了保证高效率，每天工作时间有严格规定，一般上午按预先确定好的点检部位、路线对设备进行点检；下午开展管理业务，整理各种维修记录，绘制倾向管理曲线，制订计划以及进行其他业务联系工作，在检修时还要对工程进行管理。可见点检员的主要职能是管理，因此，他们的地位不同于一般维修人员。就其工作性质而言，在整个设备管理系统中，一切设备信息源主要来自于点检员，维修计划、资材计划都是由他们制订、落实，劣化倾向管理、精密点检都是由他们组织实施，维修方针、目标也是依靠他们去实现，故与操作人员、检修人员相比，他们属于管理方。

（2）点检作业区承担的维修管理业务　承担的维修管理业务可归纳为以下九个方面：

1）制定、修改维修标准。

2）编制、修订点检计划。

3）进行点检作业，并指导操作人员进行设备日常维护和点检作业。

4）搜集设备状态情报，进行劣化倾向管理。

5）编制检修计划，做好检修工程的管理工作。

6）制订维修所需材料计划。

7）编制维修费用计划。

8）进行事故分析处理，提出修复、预防措施。

9）做好维修记录，分析维修效果，提出改善管理、改善设备性能的建议。

（3）严格按标准进行点检作业。

2. 点检制与巡检制的主要区别

巡检制是从中国 20 世纪 60 年代大庆的管理经验中总结而出的，它是根据预先设定的检查部位和主要内容，按照一定的路线和规定的时间进行粗略的巡视检查，以消除运转中的缺陷和隐患为目的，适用于分散布置的设备。

巡检制与点检制的主要区别见表 3-1。

总之，点检制为实行预防维修解决了设备应在什么时候维修、需要什么样的维修的难题。但要确保设备及时、正确地得到维修，还需要通过建立定修制来解决这个问题。

表 3-1　巡检制与点检制的区别

巡 检 制	点 检 制
1. 只是规定值班维修人员的一种检查方法。其检查结果，仅供编制维修计划时参考	1. 是一项有关设备管理工作的基本责任制度。通过点检和诊断，掌握设备损坏的周期规律，其点检结果，作为制订维修计划的主要依据
2. 只有值班维修人员参加巡检	2. 除值班维修人员外，还必须有生产操作人员参加日常点检，专职点检人员进行定期点检，实行全员维修管理
3. 参加巡检的人员不固定，且不具有管理职能	3. 设有专职点检人员进行定期点检，并按设备分区段进行管理，即具有管理职能(如制订维修计划、掌握设备动态、分析事故、提出维修资材计划等)，并按其责任给予相应的权力。同时，做到定区段、定人、定设备
4. 按巡检路线进行粗略的检查，缺乏检查内容，也无一套完整的检查用标准、账卡和明确的检查业务流程，仅填写一般的检查记录	4. 建有一套科学的标准、账卡和制度以及点检业务流程、点检路线和点检部位、项目内容、周期、方法等，规定明确，点检记录完整，所有工作程序均已标准化
5. 无明确的判定标准，其实质是一种不定量的运行管理	5. 在点检的同时，把设备劣化倾向管理和诊断技术结合起来，对有磨损、变形、腐蚀等减损量的点，根据维修技术标准的要求，进行劣化倾向的定量化管理，以测定其劣化程度，达到预知维修的目的
6. 只是实行一级的当班检查	6. 实行三级点检：日常点检；定期点检；精密点检
7. 修检合一(值班维修人员隶属检修部门)	7. 必须建立一个合理的维修组织机构，原则上应把点检方与检修方分开

3.3　定修制

3.3.1　定修

1. 主作业线及主作业线设备

生产作业线可划分为两大类，即主作业线、普通作业线。凡停机后对全公司（或全总厂）生产计划的完成有影响的称为主作业线，其设备称为主作业线设备。如某大型钢厂的炼焦生产线称为主作业线，也就是从原料煤开始经过输送、粉碎、配煤、装入、炼焦、推焦、干熄焦、筛分直到高炉焦库为止的这一冶金焦生产的全过程，在这条生产作业线上的设备称为主作业线设备。主作业线是生产的生命线，只要主作业线上任一环节发生故障，主作业线便会停止生产，而直接影响钢铁产品的生产，因此，确保主作业线设备的正常运行是每个设备工作者的应尽职责。

但是，也有些生产作业线停机后并未影响生产计划的完成，对于这样的生产作业线称为普通作业线，其设备也称为普通作业线设备，如原料设备、运输设备及各主作业线以外的辅助设备。

2. 定（年）修、日修及检修分工

由于生产作业线设备分为主作业线设备和普通作业线设备两大类，这就引出了定（年）修、日修这一个新的概念，并为检修分工奠定了基础。

所谓定修就是在主作业线停产条件下进行的计划检修，定修是按照一定的模式有计划地进行的。定修日期是固定的，每次定修时间一般不超过 16h。从安全角度考虑，原则上，定修日不安排在星期一、六、日进行。一般定修的周期应视设备状况而定，在不同的时期也可做相应的调整。

所谓年修就是连续几天进行的定修。

所谓日修就是不需要在主作业线停产条件下进行的计划检修。即在进行日修时不影响正常的生产，它包括了对普通作业线设备的检修。

但有些重要设备（如原料码头上的卸船机）虽然不在主作业线上，当它们需连续多天进行计划检修时，主作业线生产仍会受到很大影响，所以这样的检修也应当作年修来安排和管理。

定（年）修与日修的管理程序是完全不同的。定（年）修与公司生产计划关系密切，故定（年）修计划应纳入公司生产计划，由公司设备部统一管理。日修不影响公司生产计划，可在平日进行，故日修的日期与时间由各二级厂自行安排。

通常，定（年）修主要由公司集中管理的专业检修公司来承担。

3.3.2　定修制

1. 定修制的意义、目的

定修制是一种生产设备组织计划检修的基本形式，是以设备的实际技术状况为基础而制定出来的一种检修管理制度；其目的是为了能安全、经济、优质、高效率地进行检修，防止检修时间的延长而影响生产。因此，在定修管理上必须遵循以下两项原则：

（1）要确保主要生产设备能在适当的时间里进行恰当的维修，既要防止为追求产量而拼设备，造成设备因欠修而提前磨损或发生故障，也要防止设备不按计划检修而打乱生产计划的执行。

（2）预先设定的检修负荷即各检修工种需用人数，应保证不因人力不足而削减点检的委托项目，但设定值也不宜过大，以免浪费人力。实施中一定要严加控制，以减小检修负荷的波动。

定修制就是为了实现以上两项原则而制定的检修管理制度，定修应看成是点检的继续，从某种意义上可以认为，点检制和定修制是两个有互为因果关系的维修管理制度，也是不可分割的整体。没有定修制，点检制也难以执行。点检制、定修制应该作为一个完整的制度推广，若只进行点检，不进行定修，仍沿用过去的大、中、小修，那么推行点检制就失去了现实意义。

2. 定修制的基本内容

（1）设定定修模型　为了用最少的费用来取得最大的维修效果，充分利用现有的检修力量，公司设备部门应从全局利益出发，既要照顾生产要求，又要满足设备需要，对定修实行有效的标准化管理，这个管理标准就是所谓的定修模型。它是搞好设备维修管理极为重要的方法，具体做法是统一设定各主作业线设备的定修模式，其内容包括各主作业线设备的定修周期、定修时间、施工日期、负荷人数等设定值，以及各工序定修的配合方式。定修模型中的设定值要遵循以下原则：

1）要满足公司的经营方针。

2）要保证生产工艺线上物料畅通、能源损失最少，即定修的组合要合理。

3）定修周期、时间的设定要符合主要部件的使用寿命，符合设备实际状况。

4）投入检修的人数要符合设备实际检修工作量，波动不宜过大。

5）定修组合后的检修工作量力求均衡，以有限的检修人员完成更多的工作量。某钢厂开工初期设定的定修模型见表3-2。

表 3-2 某钢厂开工初期设定的定修模型表

序号	模型代号	作业线名称	定修周期	定修时间	施工日期	负 荷 人 数				
						机	电	仪	其他	合计
1	炼钢	炼钢	10d	10~12h	周二、五	200	130	40	40	410
2	烧结	烧结	1M	18h	周五、二	315	51	29	128	523
3	炼焦	炼焦	4W	4h	周四	50	25	10	25	110
4	高炉	高炉	1M	16h	周二、五	406	60	66	158	690
5	钢管	钢管	1M	12h	周三	65	40	12	13	130
6	初轧	初轧	10d	14h	周二、五	350	90	20	130	590

由表 3-2 可看出：高炉、转炉、初轧在每个月中要遇上一次，也就是三厂联合定修。

（2）制订定修计划　定修计划是控制定修实施的一种手段，它是定修模型在计划管理实施过程中的具体化，其目的是预知定（年）修项目数、确定的日期和时间，以便于预安排生产、设备方面的工作。定修计划有跨年度的长期计划、年度计划、季度计划和月度计划。

3.4 点检、定修制在设备维修管理制度中的地位

为了统一参与现代化设备管理活动部门和人员的行为，必须制定以下设备维修管理制度：

1) 设备点检管理制度。
2) 设备定修管理制度。
3) 设备使用维护管理制度。
4) 设备检修工程管理制度。
5) 设备维修备件管理制度。
6) 设备维修技术管理制度。
7) 设备技术状态管理制度。
8) 设备事故、故障管理制度。
9) 设备维修费用管理制度。

图 3-2 展示了以上九项管理制度的相互关系。

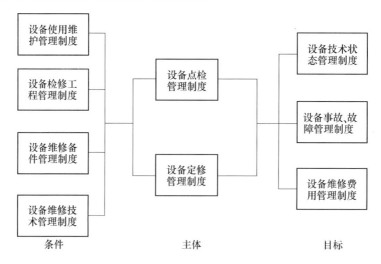

图 3-2　设备维修管理制度的构成及相互关系

在点检制和定修制中，基本体现了现代化设备维修管理和实施方式。因此，这两项制度是九项制度中的主体。

准确使用设备，搞好设备的日常维护保养，对检修工程、维修备件实行标准化管理，对维修技术力量的有效使用，都是执行点检制、定修制必须具备的条件。第3、4、5、6项制度是分别为了实现上述目标而制订的。

第7、8、9项制度分别是为了实现"保持设备良好技术状态""减少事故、故障时间和损失""减少维修费用"三项目标而制订的。

因此，可以说后七项制度是点检制和定修制的补充，它们之间有着内在的相互联系，这九项制度应看成是一个不可分割的整体。所谓点检定修制决不单指点检、定修两项制度，而是维修管理制度的统称，也是现代化设备维修管理工作的重要组成部分。

任务4　设备修理计划的编制、实施与管理

4.1　修理前的技术准备

机械设备修理前要制订技术准备文件，技术准备的及时性和正确性是保证修理质量、缩短修理时间和降低修理费用的重要因素。因此，熟悉技术文件内容和制订技术文件是每一位机械技术人员必须掌握的技能。

技术准备主要是为维修提供技术依据。其内容包括：准备现有的或需要编制的机械设备图册；确定维修工作类别和年度维修计划；整理机械设备在使用过程中的故障及其处理记录；检查维修前机械设备的技术状况；明确机械设备维修内容和方案；提出维修后要保证的各项技术性能要求；提供必备的有关技术文件等。

1. 设备修理常用的技术文件

1）修理技术任务文件。

2）修换件明细表及图样。

3）电器元件及特殊材料表（正常库存以外的品种规格）。

4）修理工艺及专用工、检、研具的图样及清单。

5）质量标准。

2. 修理前技术文件的使用

设备主修工程技术人员根据修理类别，对修理前设备的技术状况进行充分的调查后，编制上述文件，交给机修部门的计划人员或生产准备人员。机修部门的计划人员或生产准备人员应设法尽量保证在机械设备大修理前更换件（包括外购件）备齐，并按清单准备好所需的工、检、研具。

4.2　设备修理类别

修理类别是按修理工作量大小、修理内容和要求对修理工作进行划分的。由于设备维修方式和修理对象、部位、程度以及企业生产性质等的不同，设备的修理类别也不完全相同。

机械工业企业的设备预防性计划修理，按修理内容、技术要求和工作量大小可划分为大修、项修和小修三种类型。在工业企业的实际设备管理与维修工作中，小修已和二级维护保养合在一起进行；项修主要是针对性修理，很多企业通过加强维护保养和针对性修理、改善性修理等来保证设备的正常运行；但是对于动力设备、大型连续性生产设备、起重设备以及某些必须保证安全运转和经济效益显著的设备，有必要在适当的时间安排大修。各类设备所包含的工作内容和要求不同，应根据每台设备的使用和磨损情况，确定不同的修理工作类别。

4.2.1　小修

小修也称为日常维修，是指根据设备日常检查或其他状态检查中所发现的设备缺陷或劣化征兆，在故障发生之前及时进行排除的修理，属于预防修理范围，工作量不大。日常维修是车间维修组除项修和故障修理任务之外的一项极其重要的控制故障发生的日常性维修工作。

小修是对设备进行修复，更换部分磨损较快和使用期限等于或小于修理间隔期的零件，调整设备的局部机构，以保证设备能正常运转到下一次计划修理的时间。小修时，要对拆卸下的零件进行清洗，将设备外部全部擦净。小修一般在生产现场进行，由车间维修人员执行。通常情况下，可以用二级保养来代替小修。

小修主要内容包括：恢复安装水平；调整影响工艺要求的主要项目的间隙；局部恢复精度；修复或更换必要的磨损零件；刮研磨损的局部及刮平伤痕、毛刺；清洗各润滑部位，更换油液并治理漏油部位；清扫、检查、调整电气部位；做好全面检查记录，为计划修理（大修、项修）提供依据。机电设备累计运转约2500h，要进行一次二级保养，一般停修时间为24~32h。

4.2.2　项修

项修即项目修理，也称为针对性修理。项修是为了使设备处于良好的技术状态，对设备精度、性能、效率达不到工艺要求的某些项目或部件，按需要所进行的具有针对性的局部修理。修理时，一般要部分解体，修复或更换磨损零件，必要时进行局部刮研，校正坐标，使设备达到应有的精度和性能。进行项修时，只针对需检修部分进行拆卸分解、修复；更换主要零件；研制或磨削部分的导轨面；校正坐标，使修理部位及相关部位的精度、性能达到规定标准，以满足生产工艺的要求。

项修时，对设备进行部分解体，修理或更换部分主要零件与基准件的数量约为10%~30%，修理使用期限等于或小于修理间隔期的零件；同时，对床身导轨、刀架、床鞍、工作台、横梁、立柱、滑块等进行必要的刮研，但总刮研面积不超过30%~40%，其他摩擦面不刮研。项修时要求校正坐标，恢复设备规定精度、性能及功率；对其中个别难以恢复的精度项目，可以延长至下一次大修时恢复；对设备的非工作表面要打光后涂漆。项修的大部分修理项目由专职维修人员在生产车间现场进行，个别要求高的项目由机修车间承担。设备项修后，质量管理部门和设备管理部门要组织机械员、主修人员和操作者，根据项修技术任务书的规定和要求，共同检查验收。检验合格后，由项修质量检验员在检修技术任务书上签字，主修人员填写设备完工通知单，并由送修单位与承修单位办理交接手续。

项修的主要内容包括：

1）全面进行精度检查，据此确定拆卸分解需要修理或更换的零部件。

2）修理基准件，刮研或磨削需要修理的导轨面。

3）对需要修理的零部件进行清洗、修复或更换（到下次修理前能正常使用的零件不更换）。

4）清洗、疏通各润滑部位，更换油液、更换油毡油线。

5）治理漏油部位。

6）涂装或补漆。

7）按修理精度、出厂精度或项修技术任务书规定的精度标准检验，对修完的设备进行全部检查。但对项修时难以恢复的个别精度项目可适当放宽。

4.2.3 大修

大修即大修理，是指以全面恢复设备工作精度、性能为目标的一种计划修理。大修是针对长期使用的机电设备，为了恢复其原有的精度、性能和生产效率而进行的全面修理。

在设备预防性计划修理类别中，设备大修是工作量最大、修理时间较长的一类修理。在进行设备大修时，应将设备全部或大部分解体；修复基础件；更换或修复磨损件及丧失性能的零部件、电气零件；刮研或磨削、刨削全部导轨；调整修理电气系统；整机装配和调试，以达到全面清除大修前存在的缺陷，恢复规定的性能、精度、效率，使之达到出厂标准或规定的检验标准。

对设备大修，不但要达到预定的技术要求，而且要力求提高经济效益。因此，在修理前应切实掌握设备的技术状况，制订切实可行的修理方案，充分做好技术和生产准备工作；在修理中要积极采用新技术、新材料、新工艺和现代管理方法，做好技术、经济和组织管理工作，以保证修理质量、缩短停修时间、降低修理费用。

在设备大修中，要对设备使用中发现的原设计制造缺陷，如局部设计结构不合理、零件材料设计使用不当、整机维修性差、拆装困难等，可应用新技术、新材料、新工艺去针对性地改进，以期提高设备的可靠性。也就是说，通过"修中有改、改修结合"来提高设备的技术性能。

大修时需将设备全部拆卸分解，进行磨削或刮研，修理基准件，更换或修复所有磨损、腐蚀、老化等已丧失工作性能的主要部件或零件，主要更换件数量一般达到30%以上。设备大修后的技术性能，要求能恢复设备的工作能力，达到设备出厂精度。外观方面，要求全部内外打光、刮腻子、刷底漆和涂装。一般设备大修时，可拆离基础件运往机修车间修理，为避免拆卸损失，大型精密设备可不必拆卸，在现场进行大修。设备大修后，质量管理部门和设备管理部门应组织使用和承修的有关人员按照"设备修理通用技术标准"和"设备修理任务书"的质量要求检查验收。检验合格后，由大修质量检验员在大修技术任务书上签字，由主修技术人员填写设备修理完工通知单，承修单位进行安装、调试并移交生产部门，由送修单位与承修单位办理交接手续。设备大修移交生产后，应有一定的保修使用期。

大修的主要内容包括：

1）对设备的全部或大部分部件解体检查，进行全部精度检验，并做好记录。

2）全部拆卸设备的各部件，对所有零件进行清洗，做出修复或更换的鉴定。

3）编制大修理技术文件，并作好备件、材料、工具、检具、技术资料等各方面准备。

4）更换或修复磨损零部件，以恢复设备应有的精度和性能。

5）刮研或磨削全部导轨面（磨损严重的应先刨削或铣削）。

6）修理电气系统。

7）配齐安全防护装置和必要的附件。

8）整机装配，并调试达到大修质量标准。

9）翻新外观，重新涂装、电镀。

10）整机验收，按设备出厂标准进行检验。

除做好正常大修内容外，还应考虑适时、适当地进行相关技术改造，如对多发性故障部位，可改进设计来提高其可靠性；对落后的局部结构设计、不当的材料使用、落后的控制方式等，酌情进行改造；按照产品工艺要求，在不改变整机结构的情况下，局部提高个别主要部件的精度等。

对机电设备大修的总的技术要求是：全面清除修理前存在的缺陷，大修后应达到设备出厂或修理技术文件所规定的性能和精度标准。

4.3 设备修理计划的编制与实施

设备修理计划是企业生产、技术、财务计划的组成部分，一般分为年度、季度和月度计划。它同企业产品生产计划同时下达，并定期进行检查和考核。考核办法一般以年度计划为基础，以季度计划为依据，实行月检查、季考核。

4.3.1 设备修理计划的编制

正确地编制设备修理计划，可以统筹安排设备的修理及修理所需的人力、物力与财力，有利于做好修理前准备工作，缩短修理停歇时间，节约修理费用，并可与作业计划密切配合，既保证生产的顺利进行，又保证维修任务的按时完成。

设备修理计划的内容包括：确定计划期内修理的种类、劳动量、进度和设备的修理停歇时间；计算修理用材料和配件数量；编制修理费用预算等。

1. 年度修理计划的编制

机电设备年度修理计划，是企业设备维修工作的大纲，计划中包含有全年、各季和各月的设备修理任务。在年度计划中，一般只对设备的修理数量、修理类别和修理时间作大致安排；具体的内容，在季度、月度计划中作详细安排。

年度维修计划包括二级保养和项修、大修计划，高精度、大型和稀有设备修理计划，动力设备定期安全性能试验计划等，由设备管理部门负责编制。

（1）编制设备年度维修计划的基础资料

1）各种修理工作定额：即复杂系数、劳动量定额、设备修理停歇时间定额、设备修理费用定额等。

2）设备的修理间隔期、修理周期和修理周期结构。

3）设备维修记录和故障统计资料。

4）设备年度技术状况普查资料。

5）计划期内各车间的年度生产计划等。

根据这些资料和设备实际开动台时，参考历次设备修理定额实际达到情况，在上一年第三季度提出计划年度应修设备的初步计划，然后由维修部门和使用部门共同组成设备状况检查小组，根据初步计划，逐台鉴定应修设备的精度、性能和磨损情况，确定应大修、项修、小修或二级保养。最后根据检查结果和生产情况，分轻重缓急，修订初步计划，编制正式修理计划和修理用劳动力、材料、费用等计划。

（2）编制设备年度修理计划的基本原则 企业在安排设备年度修理计划时，必须通盘考虑、全面安排、综合平衡。

1）要考虑维修与生产之间的平衡。从设备维修部门来讲，应该尽量创造条件为生产服务。在维修计划的安排上，要先重点、后一般，确保关键，先把精密、大型、稀有、关键设备安排好；连续或周期性生产的设备（如热力、动力设备及单台关键设备）必须使设备检修与生产任务紧密结合；同型号设备尽可能连续修理。在一般设备中，又要先把历年失修的设备安排好，采取有效措施，尽最大可能压缩设备修理停歇时间，以利于生产。从生产部门来讲，安排生产任务一定要留有余地，不能为追求产值、产量而挤掉设备维修。在实际工作中，一个行之有效的方法就是实行"三同时"，即安排生产任务时，同时安排设备维修任务；检查考核生产任务时，同时检查考核设备维修任务；总结评比生产任务完成情况时，同时总结评比设备维修任务完成情况。把维修和生产统一起来，对生产是非常有益的。

2）要注意维修任务与维修力量的平衡。维修力量是指为维修全厂生产设备所配备的修理人员和主要的金属加工设备。维修人员一般按全厂生产设备的修理复杂系数配备，每1000个复杂系数应配备20~30人，或按企业生产人员总数的8%~15%配备维修人员。设备修理所需的主要金属加工设备，可按企业设备修理复杂系数总和进行配备，或按企业生产设备总台数的6%~8%配备。

3）要注意设备维修任务与维修需用的原材料、外购件、外协件和备件等供应之间的平衡。这是缩短修理时间、提高维修质量、保证修理周期、完成检修计划的重要环节。在实际工作中，有时会出现由于备件供应不足或不及时而影响维修任务的完成，因而影响了生产。

（3）编制年度修理计划应注意的问题

1）在安排设备修理进度时，对跨年、跨季、跨月的计划修理任务，应安排在要求完成的期限之内，要把年度计划与季度、月度计划很好地结合起来，按季、按月、分车间加以平衡，并使年度修理计划和生产计划相互衔接。一方面应根据机修车间和生产车间维修组的能力及设备的实际情况，调整进度，以达到每月修理劳动量大致平衡；另一方面，在平衡劳动量的同时，也要照顾到各车间生产设备修理台数的平衡，防止产生某一车间在某个月份检修设备过多，工时不足的现象。在进行平衡时，需编制修理用劳动力和设备能力计划，核实机修车间和生产车间维修组的人力配备和设备情况，以确保年度修理计划、备品、备件生产和日常维护任务的完成。

2）应考虑修理前技术、生产准备工作的工作量和时间进度。第四季度修理项目的工作量应适当减少，以便为下年度生产留出准备时间。

2. 季度和月度修理计划的编制

季度修理计划是年度修理计划的继续和具体化，是贯彻年度修理计划的保证，也是检查和考核维修任务完成情况的依据。季度修理计划一经正式下达，就要从各方面采取措施保证计划的执行。

设备季度修理计划是实现年度修理计划的重要环节，要做好各种技术文件与配件的供应，搞好修理前的准备工作。设备年度修理计划编出后，除一季度计划不变外，其他各季的计划，由于各种因素，如修理前生产技术准备工作的变化、设备事故造成的损坏、生产任务的变化等，可能使年度修理计划不能全部按原订进度执行，需要结合设备状况和生产任务的变化等实际情况，对年度修理计划中规定的任务按季进行适当的调整和落实。

月度修理计划是季度修理计划的具体化，是设备修理的作业计划。正确编制和认真执行月度修理计划，是保证设备处于良好状态及生产正常进行的重要条件。

月度修理计划要对季度计划中规定的下月任务提出具体安排和调整意见，由设备修理计划员汇总，并在安排好修前准备，落实好修理停歇时间的基础上编出下月修理计划。

根据季度修理计划和上月修理计划实际完成情况，由设备管理部门编制月份大修计划，车间编制本车间月份一、二级保养计划。在编制月度修理计划时，应与生产车间紧密联系，以便车间在编制月度生产作业计划时，考虑应停修的设备。同时也要考虑修前的准备工作，如技术文件是否齐备，备件、配件、外购件能否保证供应等。

3. 分设备编制修理作业进度计划

为保证各种设备，特别是精密、大型、稀有关键设备能够按质、按时完成修理任务，还必须分设备编制修理作业进度计划。

对于结构复杂的高精度、大型、关键设备的大修计划应采用网络技术编制。实践证明，网络技术对人力、物力、设备、资金等资源的合理使用，对缩短修理工期、提高经济效益都有显著的效果。

4.3.2　设备修理工作定额

设备的修理工作定额，是编制设备修理计划、组织修理业务的依据。正确制订修理工作定额，能加强修理计划的科学性和预见性，便于做好修理前的准备，使修理工作更加经济合理。在编制机电设备修理计划前，必须事先制订各种修理定额。

设备修理定额主要有：设备修理复杂系数、修理劳动量定额、修理停歇时间定额、修理周期、修理周期结构和修理间隔期等。

1. 设备修理复杂系数

设备修理复杂系数又称为修理复杂单位或修理单位。修理复杂系数是表示机器设备修理复杂程度的一个数值，据以计算修理工作量的假定单位。这种假定单位的修理工作量，是以同一类的某种机器设备的修理工作量为其代表的，它是由设备的结构特点、尺寸大小、精度等因素决定的，设备结构越复杂、尺寸越大、加工精度越高，则该设备的修理复杂系数越大。如在金属切削机床中，通常以最大工件直径为 400mm、最大工件长度为 1000mm 的 C620 车床作为标准机床，把它的修理复杂系数规定为 10；电气设备是以额定功率为 0.6kW 的保护式笼型同步电动机为标准设备，规定其修理复杂系数为 1。其他机器设备的修理复杂系数，便可根据它自身的结构、尺寸和精度等与标准设备相比较来确定。这样在规定出一个修理单位（用 "R" 表示）的劳动量定额以后，其他各种机器设备就可以根据它的修理单位来计算它的修理工作量了。同时，也可以根据修理单位来制订修理停歇时间定额和修理费用定额等。

企业的主管部门在确定了各类设备、各种机床的修理复杂系数（机械、电气分别确定复杂系数）后，应制定成企业标准，供企业设备维修工作时使用。

2. 修理劳动量定额

修理劳动量定额是指企业为完成机器设备的各种修理工作所需要的劳动时间，通常用一个修理复杂系数所需工时来表示。例如，一个修理复杂系数的机床大修工作量定额包括：钳工 40h；机械加工 20h；其他工种 4h，总计为 64h。

3. 设备修理停歇时间定额

设备修理停歇时间定额是指设备交付修理开始至修理完工验收为止所花费的时间。它是根据修理复杂系数来确定的。一般来讲，修理复杂系数越大，表示设备结构越复杂，而这些设备大多是生产中的重要、关键设备，对生产有较大的影响，因此，要求修理停歇时间尽可能短些，以利于生产。

4. 修理周期和修理间隔期

修理周期是相邻两次大修之间机器设备的工作时间。对新设备来说，是从投产到第一次大修之间的工作时间。修理周期是根据设备的结构与工艺特性、生产类型与工作性质、维护保养与修理水平、加工材料、设备零件的允许磨损量等因素综合确定的。

修理间隔期是相邻两次修理之间机器设备的工作时间。

检查间隔期是相邻两次检查之间，或相邻检查与修理之间机器设备的工作时间。

5. 修理费用定额

修理费用定额是指为完成机器设备修理所规定的费用标准，是考核修理工作的费用指标。企业应考虑修理的经济效果，不断降低修理费用定额。

4.3.3 设备修理计划的实施

各种维修活动的相互关系如图 3-3 所示。

维修活动是从以下两个方面展开的：

1）以维持设备性能为目的，把故障降低到最低限度。

2）根据维修活动中发现的问题，对设备进行改善，以提高维修效果。

从维修活动的内容来看，与前面所述的维修方式的要求是相对应的，各种维修活动的功能作用可以分为三类：

1）抑制设备性能的劣化。

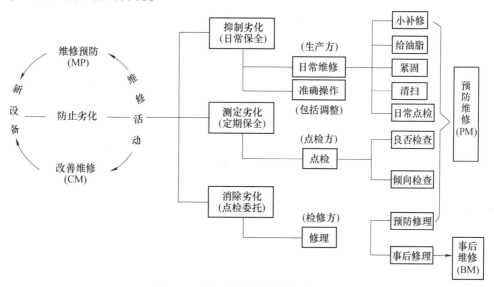

图 3-3 各种维修活动的相互关系图

2）测定设备性能的劣化程度。

3）消除设备的劣化。

这三类功能作用中，首先要做好第一类工作，即通过日常保全来延缓与推迟设备性能的劣化。但生命总有一个衰老过程，设备总是要趋于劣化的，所以到一定时期后要进行一次测定，即通过定期保全，掌握设备的劣化程度，判断离劣化极限还相差多少，这就是第二类的功能作用。经测定后，如果设备已达到需要修复的程度，再进行更换或修复，这就是第三类的功能作用，即通过修理来消除设备的劣化。

通常，直接参与维修活动的主要有三方面的人员，三方维修业务分工如下：

第一类的功能作用主要由生产人员完成，其中一部分生产人员难以完成的，则可由跟班的抢修人员（或值班维修工）完成。

第二类的功能作用基本上由点检人员完成，有一些点检人员无法完成的项目，则可委托检修人员完成；

第三类的功能作用主要由检修人员完成。

设备修理计划一经确定，就应严格执行，保证实现，争取缩短修理停歇时间。对设备修理计划的执行情况，必须进行检查，通过检查既要保证计划进度，又要保证修理质量。设备修理完工后，必须经过有关部门共同验收，按照规定的质量标准，逐项检查和鉴定完工后设备的精度、性能，只有全部达到修理质量标准，才能保证生产正常地进行。

为了缩短修理停歇时间，保证计划的实现，根据不同的情况，应该采用先进的修理组织方法。该组织方法主要有下列三种：

1）部件修理法。以设备的部件作为修理对象，修理时拆换整个部件。部件解体、配件装配和制造等工作放在部件拆换之后去完成，这样可以大大缩短修理停歇时间。部件修理法要求有一定数量的部件储备，要占用一些流动资金。这种方法比较适用于拥有大量同类型设备的企业。

部件修理法对机器设备的设计制造提出了新的要求。为便于修理，应把设备的部件设计成为"标准结构件"，还可以将若干分散的零件，组成一个小总成，使之成为整体部件，修理时拆换部件即可。

2）分部修理法。某些机器设备生产负荷重，很难安排充裕的时间大修，可以采用分部修理法。分部修理法的特点是，设备的各个部件，不在同一时间修理，而是把设备的各个独立部分，有计划、按顺序分别安排进行修理，每次只修理其中一部分。分部修理法的优点是，可以利用节假日或非生产时间进行修理，以增加机器设备的生产时间，提高设备的利用率。分部修理法适用于构造上具有独立部件的设备以及修理时间比较长的设备，如组合机床、特重运输设备等。

3）同步修理法。是指在生产过程中，把工艺上相互联系的几台设备安排在同一时间内进行修理，实现修理同步化，以减少分散修理的停机时间。同步修理法常用于流水生产线设备，联动设备中的主机、辅机以及配套设备。

随着生产专业化与协作的发展，设备维修也应按专业化原则进行组织。可以成立地区性的专业化设备维修厂和精密设备维修站，按照合同为地区各企业维修设备服务。由于专业化设备维修厂是将原来分散在各厂的维修力量集中起来，实行维修专业化，因此，可以在维修工作中采用先进的修理组织方法，可以采用先进技术和设备，从而提高设备维修效率，保证维修质量，降低维修成本。

4.4　设备维修技术资料的管理

设备维修技术资料的积累和管理可以反映一个企业设备管理工作的水平，不仅为本企业管好、用好、修好、改好、造好设备服务，还可促进设备制造厂的产品更新换代，对提高我国工业产品设计、制造水平具有重要的作用。下面简单介绍维修技术资料管理的相关内容。

1. 资料来源

设备维修技术资料主要来源于购置设备时随机提供的技术资料，设备使用过程中向制造厂、有关单位和科技书店等购置的资料，自行设计、测绘和编制的资料等。

2. 管理内容

维修技术资料的管理主要内容如下：

1）规格标准包括有关的国际标准、国家标准、部颁标准以及有关法令、规定等。

2）图样资料包括企业内机械、动力设备的说明书、部分设备制造图、维修装配图、备件图册以及有关技术资料。

3）动力站房设备布置图及动力管线网图。

4）工艺资料包括修理工艺、零件修复工艺、关键件制造工艺和专用工量夹具图样等。

5）修理质量标准和设备试验规程。

6）一般技术资料包括设备说明书、研究报告书、试验数据、计算书、成本分析、索赔报告书、一般技术资料、专利资料和有关文献等。

7）样本和图书包括国内外样本、图书、刊物、照片和幻灯片等。

3. 管理程序

设备维修技术资料的管理程序，应从收集、整理、评价、分类、编号、复制（描绘）、保管、检索和资料供应的全过程来考虑。由于文件资料种类繁多，管理工作量很大，为了编列和查询方便，需建立资料的编码检索系统，并应用计算机来进行管理，使工作既省力又迅速。

4. 图样管理

图样管理除采用适当的分类代码方式外，还需注意收集、测绘、审核、描图和保管等环节。

1）搜集各单位需要外购的资料以及本企业自行设计的设备图样，统一由设备处（科）和规划处负责管理。新设备进厂开箱后，搜集随机带来的图样资料，由设备处（科）资料室负责编号、复制和供应。若是进口设备，还需组织翻译工作。

2）测绘有些设备，特别是进口设备时，其图样资料往往是在设备修理时进行测绘的，并通过修理实践，再经过整理、核对、复制、存档，以备日后制造、维修和备件生产时使用。

3）审核设备开箱时随机带来的图样资料、外购图样和测绘图样，应有审校手续。发现图样与实物有不符合之处，必须做好记录，并在图样上做修改。

4）描图。收集、测绘并经审核后的图样，以及使用后破损的底图，须进行描绘和复印。

5）保管。所有入库的蓝图、底图必须经过整理、清点、编号和装订，登账后上架（底图不得折叠，存放在特制的底图柜内）。图样资料借阅应按规定的借阅手续办理。图样应存放在设有严密防灾措施的安全场所。

近年来，许多单位的资料室都把图样资料拍摄成高清电子文件进行存档。这种方法既节省存放面积，又便于整理保管，还便于很多人同时阅读。

思 考 题

一、填空题

1. 现代化设备具有_____、_____、_____、_____、_____的特点。

2. 维修方式是_____；主要分为_____、_____、_____三种。

3. 预防维修与故障维修的划分是以_____为界限。预防维修主要有_____和_____两种。_____是预防维修活动中的核心。

4. 设备的日常维护保养，一般分为_____和_____。

5. 日例保由_____当班进行，认真做到_____。周例保由_____在每周末进行

6. 一级保养是以_____为主，_____协助；二级保养是以_____为主，_____参加来完成。

7. 精、大、稀设备的使用维护四定工作分别是_____、_____、_____、_____。

8. 为提高设备维护水平应使维护工作基本做到三化，即_____、_____、_____。

9. 所谓点检，简而言之就是_____；所谓定修就是_____。

10. 小修也称为_____，是指根据设备日常检查或其他状态检查中所发现的设备缺陷或劣化征兆，在故障发生之前及时进行排除的修理。

11. 项修即项目修理，也称为_____。

12. 大修是指_____。

13. 设备修理定额主要有_____、_____、_____、_____、_____等。

14. _____是表示机器设备修理复杂程度的一个数值，据以计算修理工作量的假定单位。

二、简答题

1. 简述设备维修管理的重要意义。

2. 维修方式的选择原则是什么？三种主要维修方式的区别是什么？

3. 说明"无维修设计"的思想。

4. 生产维修的含义是什么？

5. 设备维护保养的要求主要有哪四项？

6. 设备三级保养制度的主要内容有哪些？

7. 动力设备的使用维护要求是什么？

8. 说明点检定修制的含义及主要内容。

9. 说明点检的分类及工作内容。

10. 点检制与巡检制的主要区别有哪些？

11. 说明定修制的意义、目的、基本内容。

12. 设备修理类别有哪些？有何区别？

13. 设备修理计划的内容有哪些方面？

14. 说明正确制订修理工作定额的意义。

Chapter 4

学习项目四

机械的拆卸与装配

任务1 了解机械拆卸与装配的基础知识

1.1 概述

一台机械是由许多零件组成的，这些零件在机械大修时，总要经过拆卸才能对其损坏了的零部件进行修理，最后又必须经过装配，才能使机械恢复原样。因拆装工序复杂、要求严格，所以拆装在机械修理中的工作量占有较大的比例。要注意的是：拆卸方法不当，会损坏机械；装配方法不正确，会影响机械的正常工作。例如，发动机气缸盖螺钉，如果不按规定的顺序均匀地拧紧，就会引起气缸体和气缸盖变形，从而破坏气门的密封性，并使活塞环与气缸壁接触不良，加速磨损，并由此而引起漏气、润滑油消耗增加、功率下降。所以，能否正确地执行拆装工艺，不仅影响修理的生产率，而且对所修机械的质量、修理成本、将来的工作寿命都有重大影响。

1.1.1 装配的概念

根据规定的技术要求，将若干个零件组合成部件或将若干个零件和部件组合成产品的过程，称为装配。前者称为部件装配，后者则称为总装配。

机械装配是机器制造和修理的重要环节。机械装配工作的质量对于机械的正常运转、设计性能指标的实现以及机械设备的使用寿命等都有很大影响。装配质量差会使载荷分布不均匀，产生附加载荷，加速机械磨损甚至发生事故损坏等。对机械修理而言，装配工作的质量对机械的效能、修理工期、使用的劳力和成本等都有非常大的影响。因此，机械装配是一项非常重要而又十分细致的工作。

1.1.2 装配中的共性问题

机器的性能和精度是在机械零件加工合格的基础上，通过良好的装配工艺实现的。机器装配的质量和效率在很大程度上取决于零件加工的质量。机械装配又对机器的性能有直接的影响，如果装配不正确，即使零件加工的质量很高，机器也达不到设计的使用要求。不同的机器其机械装配的要求与注意事项各不相同，但机械装配需注意的共性问题通常有以下几个方面。

1. 装配精度

装配质量直接与机械的安装和修复质量相联系，因此必须提高装配质量，保证装配精度。装配精度包括配合精度和尺寸链精度。欲获得所需要的装配精度，必须采取相应的方法。

（1）配合精度　在机械装配过程中，大部分工作是保证零部件之间的正常配合。为了保证配合精度，装配时要严格按公差要求进行装配。目前常采用的保证配合精度的装配方法有以下几种：

1）互换装配法。在装配时，各配合零件不经修配、选择和调整即可达到装配精度的方法。在成批生产中，还可应用选配法和分组装配法，一般称为不完全互换或有限互换装配法，既保证装配质量又可降低制造成本。互换装配法不但效率高，质量也容易得到保证。

2）修配装配法。在装配时，修去指定零件上预留修配量以达到装配精度的方法。在成批生产中，用修配法装配的部位已越来越少，随着工艺技术的发展，大部分机械装配采用互换法、选配法、配磨法等，实现了有一定节拍的生产，但仍有一些部位，由于尺寸链环较多，精度要求较高，还要用修配法达到装配要求。对于设备修理来说，由于提供给装配的零件与机器制造时的零件情况有了很大的不同，大部分是旧件和修复件，有些更换的新件也需要一定的修配才能达到配合或尺寸链要求。因此，修理装配中广泛应用修配法。以一个零件为基准加工与其相配的另一工件的装配方法应用也较广泛。如以修整以后的轴颈为基准刮研与其配合的孔，达到配合要求；按修整后键槽或新的键槽配新键。修配法虽然使装配工作复杂化并增加了装配时间，但在加工零件时不需要采用精密机床，节省了机械加工的时间，所以，在单件、小批量生产中广为应用。

3）调整装配法。在装配时，用改变产品中可调整零件的相对位置或选用合适的调整件以达到装配精度的方法。调整法比修配法方便，也能达到较高的装配精度，在大批量生产或单件生产中都可采用。调整装配法又可分为固定装配法和可动调整法。

①固定装配法是利用具有固定尺寸的垫圈调整件，来保证装配精度的一种装配方法。由于采用的调整件尺寸是一定的，故称为固定调整法。其优点是不用对零件进行修配。该方法适用于要求有一定间隙的装配。

②可动调整法是通过变动零件的几何位置而获得所需装配精度的方法。其特点是在没有提高加工精度的情况下，达到装配要求。在零件磨损、变形、修理后，仍可进行调移，因而此法比较经济。

由于调整法和修配法均比较经济，即其组成环可按经济加工精度来加工，最终通过调整法和修配法装配来达到装配精度，所以在产品设计中经常会被采用，以使产品在使用和维修中，通过调整来恢复精度，从而使设备具有较长的使用寿命。

（2）尺寸链精度　机械装配过程中，有时虽然各配合件的配合精度满足了要求，但是累积误差所造成的尺寸链误差可能超出设计范围，影响机器的使用性能。因此，装配后必须进行检验，当不符合设计要求时，需重新进行选配或更换某些零部件。

图4-1所示为内燃机曲柄连杆机构装配尺寸，其中：

A——曲轴座孔中心至缸体上平面的距离；

B——曲轴的回转半径；

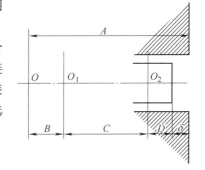

图4-1　内燃机曲柄连杆机构装配尺寸

C——连杆大小头中心孔之间的距离；

D——活塞销孔中心至活塞顶平面之间的距离；

δ——活塞位于上止点时其顶平面至缸体上平面之间的距离。

A、B、C、D、δ五个尺寸构成了装配尺寸链，其中，δ是装配过程中最后形成的环，是尺寸链的封闭环，δ对柴油机的压缩比有很大影响。当A为最大，B、C、D为最小时，δ最大。反之，当A为最小，B、C、D为最大时，δ最小。δ值可能超出设计要求范围，因此，必须在装配后进行检验，使δ符合规定。

在修理中，由于零件在使用中会产生磨损、变形，失效零件要修复和更换新件，使原来的尺寸链精度产生变化。为恢复尺寸链精度，一是充分利用原来调整件，通过调整来达到；二是更换原来的调整件，改变其相应尺寸来达到；三是原来没有调整件，在修理中添加一个适当的调整件等。

2. 重视装配过程的密封性

在机械使用中，由于密封失效，常常出现"三漏"（漏油、漏水、漏气）现象。这种现象轻则造成能量损失，以致降低或丧失工作能力，造成环境污染，重则可能造成严重事故。因此，在装配工作中，对密封性必须给予足够重视。要恰当地选用密封材料，严格按照正确的工艺过程合理装配，要有合理的装配紧度，并且压紧要均匀。

1.2 机械零件的拆卸

拆卸工作是设备维修中的一个重要环节。若在拆卸过程中存在考虑不周全、方法不恰当、工具不合理等问题，都可能造成零部件损坏，无法修复，进而造成不必要的浪费，甚至使整台设备精度降低，工作性能受到严重影响。

1.2.1 机械零件拆卸的一般规则和要求

由于机械设备的构造各有其特点，零部件在重量、结构、精度等各方面有极大差异，为准确判断零件故障性质，必须对零件进行拆卸，经清洗后再次检查与分析。在设备修理工作中，拆装和清洗工作占整个修理工作量的30%～40%，因此，掌握拆卸的操作技术、一般原则、注意事项以及清洗的常用方法是高效率、高质量地完成检修工作的有力保障。

1. 拆卸前的准备工作

1）拆卸场地的选择与清理。拆卸前应选择好工作地点，不要选在有风沙、尘土和泥土的地方，工作场地应避免闲杂人员频繁出入，以防造成意外的混乱。

2）备齐拆卸设备、工具及保护措施。事前准备好拆卸设备及工具，如压力机、顶拔器、扳手和锤子等；预先拆下电器元件，以免受潮损坏；对于易氧化、锈蚀的零件要及时采取相应的保护保养措施。

3）拆前放油。尽可能在拆卸前将机械设备中的润滑油趁热放出，这样有利于拆卸工作的顺利进行。

4）了解机械设备的结构。为避免拆卸工作中的盲目性，确保修理工作的正常进行，在拆卸前，应详细了解机械设备各方面的状况，熟悉设备各个部分的构造。

2. 拆卸的一般原则

为了防止零件的损坏、提高工效和为下一段工作创造良好条件，拆卸时应遵守下列规则和要求。

1）根据机械设备的结构特点，选择合理的拆卸顺序。机械设备的拆卸顺序，一般是先由整体拆成总成，由总成拆成部件，由部件拆成零件，或由副件到主机，由外部到内部。在拆卸比较复杂的部件时，必须熟读装配图，并详细分析部件的结构以及零件的装配顺序关系，标出拆卸顺序号。严禁混乱拆卸。

2）拆卸合理。在机械设备的修理拆卸中，应坚持能不拆的就不拆、该拆的必须拆的原则。若零部件可不需拆卸就符合要求，就不拆，这样既减少拆卸工作量，又能延长零部件的使用寿命。例如对于过盈配合的零部件，拆装次数过多会使过盈量消失而导致装配不紧固；对于较精密的间隙配合件，拆后再装，很难恢复已磨合的配合关系，从而加速零件的磨损。

3）正确使用拆卸工具和设备。在清楚拆卸机械设备零部件的步骤后，合理选择和正确使用相应工具是很重要的。拆卸时，应尽量采用专用的或选用合适的工具和设备，避免乱敲乱打，以防零件损伤或变形。例如，拆卸轴套、滚动轴承、齿轮和带轮等应该使用锤子、退卸器、顶拔器或压力机；拆卸螺栓或螺母应采用尺寸相符的呆扳手。

3. 拆卸时的注意事项

在机械设备修理中，拆卸时还应考虑到修理后的装配工作。因此，应注意以下事项：

1）做好记号。机械设备中有许多配合的组件和零件，因为经过选配或质量平衡等原因，装配的位置和方向均不允许改变。因此，在拆卸时，按顺序号依次拆卸，如果原记号已错乱或有不清晰的，则应按原样重新标记，以便安装时对号入位，避免发生错乱。

2）分类存放零件。对拆卸下来的零件存放应遵循如下原则：同一总成或同一部件的零件，尽量放在一起；根据零件的大小与精密度，分别存放；不应互换的零件要分组存放；怕脏、怕碰的精密部件应单独拆卸与存放；怕油的橡胶件不应与带油的零件一起存放；易丢失的零件，如垫圈、螺母要用铁丝串在一起或放在专门的容器里；各种螺栓应装上螺母存放。

3）保护拆卸零件的加工表面。在拆卸的过程中，一定不要损伤拆下零件的加工表面，否则将给修复工作带来麻烦，并会因此而引起漏气、漏油和漏水等故障，导致机器的技术性能降低。

1.2.2　常用的拆卸方法

对于设备的拆卸工作，应根据设备零部件的结构特点，采用不同的拆卸方法。常用的拆卸方法有击卸法、拉拔法、顶压法、温差法和破坏法。

（1）击卸法　击卸法是利用锤子或其他重物在敲击或撞击零件时产生的冲击能量把零件拆下。用锤子敲击拆卸时应注意下列事项：

1）要根据拆卸件尺寸及重量、配合牢固程度，选用重量适当的锤子，且锤击时要用力适当。

2）为了防止损坏零件表面，必须垫好软衬垫，或者使用软材料制作的锤子或冲棒（如铜锤、胶木棒等）打击。对精密、重要的部件拆卸时，还必须制作专用工具加以保护，如图4-2所示。

3）应选择合适的锤击点，以避免拆卸件变形或破坏。如对于带有轮辐的带轮、齿轮、链轮，应锤击轮与轴配合处的端面，不能敲击外缘或轮辐，锤击点要均匀分布。

4）由于严重锈蚀而使配合面难以拆卸时，可加煤油浸润锈蚀面，当略有松动时，再拆卸。

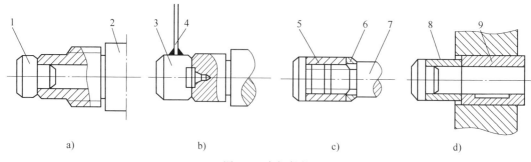

图 4-2　击卸保护

a) 保护主轴的垫铁　b) 保护中心孔的垫铁　c) 保护轴螺纹的垫套　d) 保护轴套的垫套

1、3—垫铁　2—主轴　4—铁条　5—螺母　6、8—垫套　7—轴　9—轴套

（2）拉拔法　拉拔法是利用拔销器、顶拔器等专门工具或自制顶拔工具进行拆卸的方法。它是一种静力或冲击力不大的拆卸方法。这种方法一般不会损坏零件，适于拆卸精度比较高的零件。很多设备轴上的零件的拆卸就是采用此方法，如图4-3所示。

（3）顶压法　顶压法是利用螺旋C型夹头、机械式压力机、液压压力机或千斤顶等工具和设备进行拆卸的方法。顶压法适用于形状简单的过盈配合件的拆卸。当不便使用上述工具进行拆卸时，可采用工艺孔，借助螺钉进行拆卸，如图4-4所示。

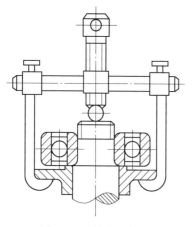

图 4-3　顶拔滚动轴承

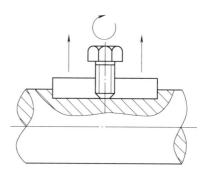

图 4-4　顶压法拆卸

（4）温差法　拆卸尺寸较大、配合过盈量较大或无法用击卸、顶压等方法拆卸时，可用温差法拆卸。温差法是利用材料热胀冷缩的性能，加热包容件，使配合件在温差条件下失去过盈量，实现拆卸。

（5）破坏法　若必须拆卸焊接、铆接等固定连接件，或轴与套互相咬死，或为保存主件而破坏副件时，可采用车、锯、錾、钻、割等方法进行破坏性拆卸。

1.2.3　典型连接件的拆卸

1. 螺纹连接件

螺纹连接应用广泛，它具有结构简单、便于调节和多次拆卸装配等优点。虽然它拆卸较容易，但有时也会因重视不够或工具选用不当、拆卸方法不正确等而造成损坏，应特别引起注意。

（1）一般拆卸方法　首先要认清螺纹旋向，然后选用合适的工具，尽量使用扳手或螺钉旋具、双头螺栓专用扳手等。拆卸时用力要均匀，只有受力大的特殊螺纹才允许用加长杆。

（2）特殊情况的拆卸方法

1）断头螺钉的拆卸。机械设备中的螺钉头有时会被拧断，断头螺钉在机体表面以下时，可在断头端的中心钻孔，攻反向螺纹，拧入反向螺钉将其旋出，如图 4-5a 所示；可在螺钉上钻孔，打入多角淬火钢钎，

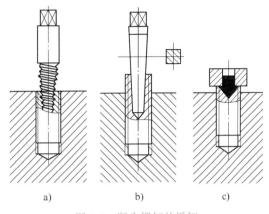

图 4-5　断头螺钉的拆卸

再把螺钉旋出，如图 4-5b 所示。断头螺钉在机体表面以上时，可在断头上锯出沟槽，用一字形螺钉旋具将螺钉旋出；或用工具在断头上加工出扁头或方头，用扳手将螺钉旋出；或在断头上加焊弯杆将螺钉旋出；也可在断头上加焊螺母将螺钉旋出，如图 4-5c 所示；当螺钉较粗时，可用扁錾沿圆周剔出。

2）打滑内六角螺钉的拆卸。当内六角磨圆后出现打滑现象时，可用一个孔径比螺钉头外径稍小一点的六方螺母，放在内六角螺钉头上，将螺母和螺钉焊接成一体，用扳手拧螺母即可将螺钉旋出，如图 4-6 所示。

3）锈蚀螺纹的拆卸。螺纹锈蚀后，可将螺钉向拧紧方向拧动一下，再旋松，如此反复，逐步将螺钉旋出；可用锤子敲击螺钉头、螺母及四周，振松锈层后即可将螺钉旋出；可在螺纹边缘处浇注煤油或柴油，浸泡 20min 左右，待锈层软化后逐步将螺钉旋出。若上述方法均不可行，而零件又允许的情况下，可快速加热包容件，使其膨胀，软化锈层也能将螺钉旋出；还可采用錾、锯、钻等方法破坏螺纹件。

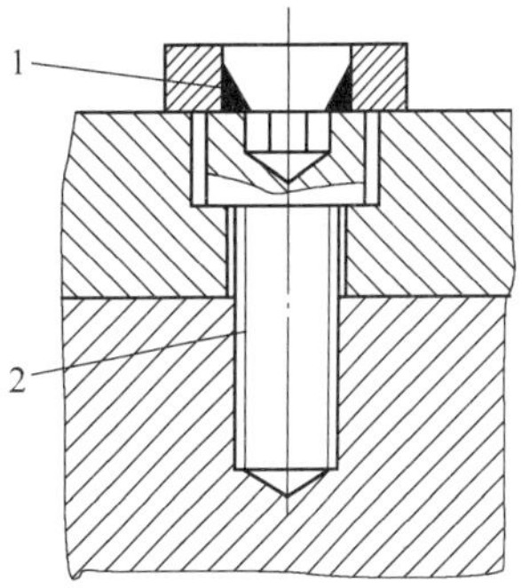

4）成组螺纹连接件的拆卸。成组螺纹的拆卸顺序一般为：先四周后中间，对角线方向轮换；先将其拧松少许或半周，然后再按顺序拧下，以免应力集中到最后的螺钉或螺栓上，损坏

图 4-6　打滑内六角螺钉的拆卸
1—螺母　2—螺钉

零件或使结合件变形，造成难以拆卸的困难。注意先拆难以拆卸部位的螺纹件。悬臂部件以及容易倒、扭、掉、落的连接部件的连接螺钉、螺栓组，应采取垫稳或起重措施，按先易后难的顺序，留下最上部一个或两个螺纹件最后吊离时拆下，以免造成事故或损伤零部件。对在外部不易观察到的螺纹件、被腻子和油漆覆盖的螺纹件，容易被疏忽，应仔细检查，否则容易损坏零件。

2. 过盈连接件

拆卸过盈件，应按零件配合尺寸和过盈量大小，选择合适的拆卸工具和方法，视松紧程度由松至紧，依次用木锤、铜棒、手锤或大锤、拉器、机械式压力机、液压压力机、水压机等进行拆卸。在过盈量过大或需要保护配合面的情况下，可加热包容件或冷却被包容件后再迅速压出。

无论使用何种方法拆卸，都要检查有无定位销、螺钉等附加固定或定位装置，若有必须先拆下。施力部位要正确，受力要均匀且方向要正确。

3. 滚动轴承的拆卸

拆卸滚动轴承时，除应按过盈连接件的拆卸要点进行外，还应注意尽量不用滚动体传递力；拆卸轴末端的轴承时，可用小于轴承内径的软金属棒（如铜棒）、木棒抵住轴端，在轴承下面放置垫铁，再用手锤敲击。

4. 不可拆连接的拆卸

焊接件的拆卸可用锯割、扁錾切割，用小钻头钻一排孔后再錾或锯，以及气割等。铆接件的拆卸可錾掉、锯掉、气割铆钉头，或用钻头钻掉铆钉等。

1.3 零件的清洗

零件清洗是指采取一定技术措施除去零件表面呈机械附着状态的污染物的工艺过程。根据不同零件和不同的需要，零件清洗包括清除油污、水垢、积炭、锈层、旧漆层等。

清洗的目的，一方面是清除零件上的油垢，对零件进行检验分类，了解各零件的磨损和损坏情况，同时也给下一步的修理工作提供依据。因此，零件的清洗工作直接影响到机械的修理质量和修理成本。

1.3.1 零件清洗的基本原则

零件的清洗方法是决定其清洗质量和效率高低的重要因素，而清洗材料和清洗设备又是决定清洗方法的重要内容，因此必须予以足够重视。一般说来，零件的清洗必须掌握以下几项基本原则：

1）保证满足对零件清洗程度的要求。机械修理中，各种不同的机件，对清洁的要求是不一样的。例如，配合零件的清洁程度高于非配合零件；动配合零件的清洁程度高于静配合零件；精密配合零件的清洁程度高于非精密配合零件。因此，清洗时必须根据不同的要求，采用不同的清洗剂和清洗方法，从而保证达到所要求的清洁质量。

2）防止零件在清洗过程中的腐蚀。零件清洗过后，需停放一段时间，应考虑清洗液的防腐能力或考虑其他防锈措施。

3）确保安全操作，防止引起火灾或毒害人体及造成对环境的污染。

4）讲究经济效益。在保证上述条件的前提下，应从提高工效、降低原材料成本等方面全面考虑其经济性。

1.3.2 拆卸前的清洗

拆卸前的清洗主要是指拆卸前对机械设备的外部清洗，其目的是除去机械设备外部积存的大量尘土、油污、泥沙等脏物，以避免将尘土、油泥等脏物带入厂房内部。外部清洗一般采用自来水冲洗，即用软管将自来水接到清洗部位，用水流冲洗油污，并用刮刀、刷子配合进行清理；高压水冲刷，即采用 1~10MPa 压力的高压水流进行冲刷；对于密度较大的厚层污物，可加入适量的化学清洗剂并提高喷射压力和水的温度进行清洗。

1.3.3 拆卸后的清洗

1. 清除油污

油污主要是油料与灰尘、铁屑等物质的混合物。凡是和各种油料接触的零件在拆卸后都要进行清除油污的工作。油料可分为两类：一类是可皂化的油，就是能与强碱起作用生成肥皂的油，如动物油、植物油以及高分子有机酸盐；还有一类是不可皂化的油，它不能与强碱起作用，如各种矿物油、润滑油、凡士林和石蜡等，它们都不溶于水，但可溶于有机溶剂。

（1）清洗液　常用的清洗液有有机溶剂、碱性溶液、化学清洗液等。

1）有机溶剂。有机溶剂能很好地溶解零件表面上的各种油污，从而达到清洗的作用。常见的有机溶剂有煤油、轻柴油、汽油、丙酮、酒精、二氯乙烯等。汽油清洗油污的特点是除油效果好，无需特殊装备，但易燃，特别需要注意安全；煤油、柴油清洗油污的特点是相对安全，但挥发性、去污能力和干燥速度较低；酒精、丙酮等有机溶剂清洗油污的特点是去污能力高，挥发性好，但成本高，一般用于在粘补、电镀、喷镀等加工前清洗零件。

有机溶剂的优点是方便、简洁，对金属无损伤，特别适用清洗精密的配合件和非铁金属或其他非金属件，不需加热和其他特殊的清洗装置。但是这种清洗方法成本太高，容易点燃，只适用于小规模的和分散的维修工作。

2）碱性溶液。碱性溶液是碱或碱性盐的水溶液。碱性溶液和零件表面上的可皂化油可起化学反应，生成易溶于水的肥皂和不易附着在零件表面上的甘油，然后用热水冲洗，很容易除油。若添加合成洗涤剂配合使用，除油效果会更佳。对于油垢不易去除掉的情况，应在清洗液中加入乳化剂，使油垢乳化后与零件表面分开。常用的乳化剂有肥皂、水玻璃（硅酸钠）、骨胶、树胶等。用组合碱溶液清洗时，一般将溶液加热到80℃以上，除油后用热水冲洗，去掉表面残留溶液，防止零件被腐蚀。碱性溶液应用最广。

清洗不同材料的零件应采用不同的清洗溶液。碱性溶液对于各类金属有不同程度的腐蚀作用，尤其是对铝的腐蚀较强。

3）化学清洗液。这是一种化学合成水基金属清洗剂，以表面活性剂为主。由于其表面活性物质降低了界面张力，而产生了湿润、渗透、乳化、分散等多种作用，具有很强的去污能力。它还具有无毒、无腐蚀、不燃烧、不爆炸、无公害、有一定防锈能力、成本较低等优点，目前已逐步替代了其他清洗液。

（2）清洗方法

1）擦洗。将零件放入装有柴油、煤油或其他清洗液的容器中，用棉纱擦洗或毛刷刷洗。这种方法设备简单、操作简便，但效率低，适用于单件、小批的中小型零件。一般情况下不宜采用汽油擦洗，因其有溶脂性，会损害人的身体，且易造成火灾。

2）煮洗。将配制好的溶液和被清洗的零件一起放入用钢板焊制的清洗池中，在池的下部设有加温用的炉灶，对零件进行煮洗，煮洗时间可根据油污程度而定。

3）喷洗。将具有一定压力和温度的清洗液喷射到零件表面，以清除油污。此方法清洗效果好，生产效率高，但设备复杂，适用于零件形状不太复杂、表面有严重油垢的情况。

4）振动清洗。它是将被清洗的零部件放在振动清洗机的清洗篮或清洗架上，浸没在清洗液中，通过清洗机产生振动来模拟人工漂刷动作，并与清洗液的化学作用相配合，以达到去除油污的目的。

5）超声波清洗。它是将被清洗零件放在超声波清洗缸的清洗液中，由超声波"空化作用"形成的高压冲动波，使零件表面的油膜、污垢迅速剥离，与此同时，超声波使清洗溶液产生振荡、搅拌、发热并使油污乳化，以达到去污的目的。

2. 除锈

金属表面与空气中氧、水分以及酸类物质接触而生成的氧化物（如 FeO、Fe_3O_4、Fe_2O_3 等）通常称为铁锈。除锈的主要方法有机械法、化学酸洗法和电化学酸蚀法。

（1）机械法　机械法是利用机械摩擦、切削等作用清除零件表面锈层。常用的方法有人工除锈法和机械除锈法。除锈方法的选择，往往取决于锈蚀程度以及锈蚀部件在设备中所占的地位和锈蚀的部位。

1）人工除锈法。人工除锈一般使用钢丝刷、刮刀、砂布等手工工具进行，但容易在工件表面留下伤痕，所以只适用于不重要的表面除锈。由于人工除锈效率很低，所以只适用于单件小批维修。

2）机械除锈法。

①抛光法。用细钢丝轮、钢丝轮或布轮等，在抛光机上将零件的锈迹抛除。

②磨削法。用电动砂轮机或磨床将锈蚀层去除。

③喷射法。借喷射装置高速喷射的弹丸的碰撞、锤击与摩擦作用，将零件的锈迹去除。它不仅除锈快，还可为涂漆、喷涂、电镀等工艺做好准备。经喷砂后的零件表面干净，并有一定的表面粗糙度，能提高覆盖层与零件的结合力。按工作方式，喷射装置可以分为干式和湿式，还可以分为高压喷射式与真空引射式。弹丸可分别选用不同粒度的砂石、钢珠、植物果壳和塑料颗粒等。

（2）化学酸洗法　化学酸洗法是一种利用化学反应把金属表面的锈蚀产物去除掉的方法。其原理是利用酸与金属的化学反应，以及化学反应中生成的氢对锈层的机械作用而使锈层脱落。常用的酸溶液包括盐酸、硫酸、磷酸等。其中盐酸的除锈能力最强；磷酸不仅能除锈，而且可在零件表面形成一层防锈的保护膜，但磷酸的成本较高。由于金属的不同，使用的去除锈蚀产物的化学药品也不同。选择除锈的化学药品和其使用操作条件主要根据金属的种类、化学组成、表面状况和零件尺寸精度及表面质量等确定。化学酸洗法设备简单，操作方便，成本低，效率高，不会引起零件变形或刮伤；但若操作失误，会造成零件轻度损坏（如表面质量恶化、腐蚀、氢脆）。

（3）电化学酸蚀法　电化学酸蚀法是将零件放在电解液中通以直流电，通过化学反应以达到除锈的目的。这种方法比化学酸洗法快，能更好地保存基体金属，酸的消耗量少。电化学酸蚀法一般分为两类：一类是把被除锈的零件作为阳极；另一类是把被除锈的零件作为阴极。阳极除锈是由于通电后，金属溶解以及在阳极的氧气对锈层的撕裂作用而使锈层分离。阴极除锈是由于通电后，在阴极上产生的氢气使氧化铁还原和氢对锈层的撕裂作用而使锈蚀物从零件表面脱落。上述两类方法，前者主要缺点是当电流密度过高时，易腐蚀过度，破坏零件表面，故适用于外形简单的零件。而后者虽无过蚀问题，但氢易浸入金属中，产生"氢脆"，降低零件塑性。因此，需根据锈蚀零件的具体情况确定合适的除锈方法。

此外，在生产中，还可用由多种材料配制的除锈液，把除油、除锈和钝化三者合一进行处理。除锌、镁外，大部分金属制件不论大小均可采用，且喷洗、刷洗、浸洗等方法都能使用。

3. 清除水垢

机械设备的冷却系统长期使用硬水或含杂质较多的水，就会在冷却器及管道内壁上沉积一层黄白色的水垢，它的主要成分是碳酸盐、硫酸盐，有的还含有二氧化硅等。水垢使管道截面缩小，热导率降低，严重影响冷却效果，从而影响冷却系统的正常工作，必须定期清除。

水垢的清除方法有机械法和化学法。机械法是用竹片、金属片或刮刀刮除表层水垢，但是此法清除工作效率低。化学法是清除水垢常用的方法，清除水垢的化学清洗液应根据水垢成分与零件材料来选用，常见的有以下几种：

（1）酸盐清除水垢　将3%～5%的磷酸三钠溶液注入冷却系统并保持10～12h后，使水垢转化成易溶于水的盐类，而后用水冲掉。之后再用清水冲洗干净，以去除残留酸盐，防止腐蚀。

（2）碱溶液清除水垢　对铝制零件可用硅酸钠15g、液态肥皂2g、水1L的比例配成溶液；对于钢制零件，可用浓度大一些的碱溶液，用10%～15%的苛性钠溶液；对非铁金属零件浓度应低些，用2%～3%的苛性钠溶液。

（3）酸洗液清除水垢　酸洗液常用的是磷酸、盐酸或铬酸等。用2.5%盐酸溶液清洗，主要使之生成易溶于水的盐类（如 $CaCl_2$、$MgCl_2$ 等）。将盐酸溶液加入冷却系统中，然后起动发动机以全速运转1h后，放出溶液，再以超过冷却系统容量三倍的清水冲洗干净。用磷酸时，取比重为1.71的磷酸100mL、铬酐50g、水900mL，加热至30℃，浸泡30～60min，洗后再用0.3%的重铬酸盐清洗，去除残留磷酸，防止腐蚀。

清除铝合金零件水垢，可用5%的硝酸溶液，或10%～15%的醋酸溶液。

4. 清除积炭

积炭是燃料和润滑油在高温和氧化作用下，使未燃烧部分形成树脂状胶质粘在零件表面上，经长期的积累而存在的硬质炭状复杂混合物。其主要成分有易挥发的油、羟基酸等，不易挥发的沥青质、油焦质、炭青质和灰分等。这些物质的存在随着发动机工作时间的延长，工作温度越高，易挥发的物质含量就越低，相应的不易挥发物质含量越高，积炭就越硬，与金属的粘附越牢固。

在机械维修过程中，常遇到清除积炭的问题，如发动机中的积炭大部分积聚在气门、活塞、气缸盖上。积炭影响发动机某些零件的散热效果，恶化传热条件，影响其燃烧性，甚至会导致零件过热，形成裂纹。另外粘附在活塞环上的积炭会在气缸内形成硬质磨料，引起气缸的不正常磨损，并会污染润滑系统、堵塞油道等。这些积炭在修理中必须彻底清除。

目前，经常使用的积炭清除法有机械清除法、化学法和电化学法等。

（1）机械清除法　机械清除法包括手工清除法和流体喷砂法。

1）手工清除法。使用金属丝刷、三角刮刀等简单工具去除零件表面的部分积炭。为了提高生产率，在用金属丝刷时，可由电钻经软轴带动其转动。手工清除方法简单，规模较小的维修单位经常采用，但效率很低，容易损伤零件表面，难以除尽凹坑、沟槽部位的积炭。

2）流体喷砂法。以液体和石英砂的混合物作为喷射物，以一定的压力喷射到零件表面，使积炭在液流的冲击下脱离零件表面。这种方法工作效率较高，不损坏零件表面，清除效果较好。

（2）化学法　化学法是将零件浸入温度为80～95℃的苛性钠、碳酸钠等清洗溶液中，使油脂溶解或乳化，积炭变软，2～3h后取出，再用毛刷除去积炭，用0.1%～0.3%重铬酸钾的热的水溶液清洗，最后用压缩空气吹干。对某些不能采用机械清除法的精加工零件的表面，可采用化学法清除。

（3）电化学法 电化学法是将碱溶液作为电解液，工件接于阴极，使其在化学反应和氢气的剥离共同作用下去除积炭。这种方法有较高的效率，但要掌握好清除积炭的规范。

5. 清除漆层

零件表面的保护漆层需根据其损坏程度和保护涂层的要求进行全部或部分清除。清除后要冲洗干净，准备再涂装新漆。

清除方法一般用手工工具，如刮刀、砂纸、钢丝刷或手提式电动、风动工具进行刮、磨、刷等。有条件的也可用各种配制好的有机溶剂、碱性溶液等作退漆剂，涂刷在零件的漆层上，使之溶解软化，再借助手工工具去除漆层。使用有机溶剂退漆时，要特别注意工作地要通风，与火隔离，操作者要穿戴防护用具；工作后，将手洗净，以防中毒。使用碱性溶液时，不要让铝制零件、皮革、橡胶、毡质零件与碱性溶液接触，以免被腐蚀；操作者要配戴耐碱手套，避免皮肤与碱性溶液接触。

为完成各道清洗工序，可使用一整套具有各种用途的清洗设备，包括喷淋清洗机、浸浴清洗机、喷枪机、综合清洗机、环流清洗机、专用清洗机等。究竟应采用哪些设备，要考虑其用途和生产场所。

1.4 零件的检验

1.4.1 零件检验的目的及意义

机械维修过程中的零件检验工作包含的内容非常广泛，在很大程度上，它是制订维修工艺措施的主要依据，它决定零部件的弃取，决定装配质量，影响维修成本，是一项重要的工作。

检验工作的根本任务是保证零件的质量，而质量的标准是以合理为原则，即主要满足如下的两个条件：①具有可靠的与工作要求相适应的工作性能；②具有与其他零件相协调的使用寿命。

1.4.2 检验的原则

1）全面贯彻多快好省的原则，在保证质量的前提下，尽量缩短维修时间，节约原材料、配件和工时，提高利用率，降低成本。

2）严格掌握技术规范、修理规范，正确区分能用、需修、报废的界限，从技术条件和经济效果综合考虑，既不让不合格的零件继续使用，也不让不必维修或不应报废的零件进行修理或报废。

3）按照检验对象的要求选用检验设备，采用正确的检验方法。检验设备除了应按照检验项目的性质、范围来选用外，还应特别注意精度的要求。如果检验设备的精度低于被测对象要求的精度，则无法满足质量检验的要求。

4）努力提高检验水平，通过加强检验设备的维护和管理、不断采用先进检验设备、提高检验操作技术等方法提高检验水平，从而保证检验质量。

5）尽可能消除或减少误差，建立健全合理的规章制度。

1.4.3 检验分类

1. 修前检验

修前检验是在机械设备拆卸后进行。对已确定需要修复的零部件，可根据损坏情况及生产条件选择适当的修复工艺，并提出技术要求；对报废的零部件，要提出需补充的备件型号、规格和数量；对大型复杂的铸锻件和焊接件、高精度关键件、外购件，要做到"三不漏提"；不属备件的需要提出零件图样或测绘草图；最后制订出"修、换件明细表"。

2. 修后检验

修后检验是指零件加工或修理后检验其质量是否达到了规定的技术标准，确定其是成品、废品还是需要返修。

3. 装配检验

装配检验是指检验待装零部件质量是否合格，能否满足要求；在装配中，对每道工序或工步都要进行检验，以免产生中间工序不合格，影响装配质量；组装后，检验累积误差是否超过技术要求；总装后要进行调整，包括工件尺寸精度、几何精度及其他性能检验、试运转等，确保维修质量。

1.4.4 检验的内容

在机械设备修理中，零件一般都要进行逐个检验，其主要内容可分为以下几方面：

（1）零件的几何精度 几何精度包括尺寸、形状和表面相互位置精度。经常检验的是尺寸、圆柱度、圆度、平面度、直线度、同轴度、平行度、垂直度、跳动等项目。根据维修特点，有时不是追求单个零件的几何尺寸精度，而是要求相对配合精度。

（2）零件的表面质量 零件的表面质量包括表面粗糙度，表面有无擦伤、腐蚀、裂纹、剥落、烧损、拉毛等缺陷。

（3）零件的力学性能 除硬度、硬化层深度外，对零件制造和修复过程中形成的性能，如应力状态、平衡状况、弹性、刚度、振动等也需根据情况适当地进行检测。

（4）零件隐蔽缺陷的检验 零件的隐蔽缺陷包括制造过程中的内部夹渣、气孔、疏松、空洞、焊缝等缺陷和使用过程中产生的微观裂纹等。

1.4.5 检验方法

零件检验的方法很多，从机械设备修理工作的实际情况出发，大致可分为如下几类：

1. 感觉检验法

感觉检验法指基本不用检验设备，只凭检验人员的直观感觉来鉴别零件技术状况的一种方法。这种方法精度不高，只适于分辨缺陷明显的或精度要求不高的零件，而且要求检验人员有较丰富的经验。具体方法如下：

（1）目测 用眼睛或借助放大镜对零件进行观察和宏观检验，如倒角、圆角、裂纹、断裂、磨损、刮伤、蚀损、变形、老化等，做出可靠的判断。为了弥补视觉对某些腔体内部检验的不足，还可借助于光导纤维作为光传导的内窥镜来检测。

（2）耳听 根据敲击零件时的响声判断其技术状态。零件无缺陷时声响清脆，内部有缩孔时声响相对低沉，若内部出现裂纹，则声响嘶哑。因此，根据不同的声响，即可判断有无缺陷。利用耳听法还可以根据机械设备运转时发出的声音，判断机械及其零件的技术状况，如根据内燃机工作时发出的声音来判断各主要配合副的间隙大小和燃烧情况等。

（3）触觉 用手触摸零件的表面，可判断其工作时温度的高低和表面状况；将配合件进行相对运动（摇动、转动、滑动），可判断配合间隙的大小。

2. 测量工具和仪器检验法

这是通过各种测量工具和仪器来检验零件技术状况的一种方法，因为它通常能达到一般零件检验所需要的精度，所以在修理工作中应用最为广泛。

（1）用工具检验零件的尺寸和几何形状　用各种测量工具（如卡钳、金属直尺、游标卡尺、百分尺、千分尺或百分表、千分表、塞规、量块、齿轮规等）和仪器检验零件的尺寸、几何形状和相互位置精度。

测量一般配合间隙常用塞尺。测量零件的几何形状误差除使用上述通用量具外，主要采用配有专用支架的百分表，其中垂直度的测量使用直角尺。使用上述工具测量所得的精度与所用工具本身精度有关，一般情况下，其误差可在 0.01mm 之内。

（2）弹力、力矩的检验　用弹簧检验仪或弹簧秤对各种弹簧的弹力和刚度进行检验。在修理中，对各种弹簧的质量通常检查两个指标：①自由长度；②变形到某一给定长度时的弹力。

在修理工作中，螺纹拧紧力矩有规定的指标，检查时采用简单的扭力扳手。对重要的螺纹的锁紧，必须严格按标准力矩进行锁紧。

（3）平衡检验　用静动平衡试验机对高速运转的零件做静、动平衡检验。

（4）密封性检验　对承受内部介质压力并必须防止泄漏的零部件，需在专用设备上进行密封性检验。

（5）力学性能检验　用专用仪器和设备对零件的应力、强度、硬度、冲击韧度、断后伸长率等力学性能进行检验。

（6）金相组织检验　用金相显微镜检验金属组织、晶粒形状及尺寸、显微缺陷，分析化学成分。

3. 物理检验法

物理检验法也称无损检测，它是利用电、磁、光、声、热等作用于零部件，通过零部件的变化来测定技术状况，发现内部缺陷的，是利用仪器、工具检测相结合的方法来实现检验的，它不会使零部件受伤、分离或损坏。

1.5 机械零件的装配与调试

机械装配的工艺过程一般包括机械装配前的准备工作、装配、检验和调整。

1. 机械装配前的准备工作

1）研究和熟悉机器各零部件总成装配图和有关技术文件与技术资料。了解机器各零部件的结构特点与作用、相互连接关系及其连接方式。对于有配合要求、运动精度较高或有其他特殊技术条件的零件，应引起重视。

2）根据零部件的结构特点和技术要求确定合适的装配工艺、方法和程序。准备好必备的工具、量具、台具、夹具和材料。

3）按清单清理检测各备装零件的尺寸精度与制造或修复质量核查技术要求。凡有不合格者一律不得装入。对于螺栓、键及销等标准件稍有滑丝、损伤者应予以更换，不得勉强留用。

4）零件装配前必须进行清洗。在装配前，对于经过钻孔、铰削、镗削等机加工的零件，要将金属屑清除干净；润滑油道用高压空气或高压油吹洗干净；相对运动的配合表面要保持洁净，以免因脏物或尘粒等进入其间而加速配合件表面的磨损。

2. 装配

装配要按照工艺过程认真、细致地进行。装配的一般步骤是：先将零件装成组件，再将零件、组件装成部件，最后将零件、组件和部件总装成机器。装配应从里到外，从上到下，以不影响下道工序的原则进行。

一般来说，装配时的顺序应与拆卸顺序相反。装配要根据零部件的结构特点，采用合适的工具或设备严格按顺序装配，注意零件之间的方位、配合精度要求。

1）对于过渡配合或过盈配合零件的装配，如滚动轴承的内外圈等，必须采用相应的铜棒、铜套等专门工具和器件进行手工装配，或按技术条件借助设备进行加温加压装配。如遇有装配困难的情况，应先分析原因，排除故障，提出有效的改进方法再继续装配，千万不可敲打硬装。

2）对油封件必须使用心棒压入。对配合表面要仔细检查并擦净，如有毛刺应修整后再装入。螺栓要按规定的扭矩值分次均匀紧固，螺母紧固后，螺栓露出丝扣不少于两扣且应等高。

3）凡是摩擦表面，装配前均应涂上适量的润滑油，如轴颈、轴瓦、轴套、活塞、活塞销和缸壁等。各部件的密封垫（如纸板垫、石棉垫、钢皮垫和软木垫等）应统一按规格制作。自行制作时，应细心加工，切勿让密封垫覆盖润滑油、水和空气通道。机器中的各种密封管道和部件，装配后不得有渗漏现象。

4）过盈配合件装配时，应先涂润滑油脂，以便装配和减少配合表面的初磨损。装配时应根据零件拆下来时所做的各种安装记号进行装配，以防装配出错而影响装配进度。

5）对某些装配技术要求，如装配间隙、过盈量、灵活度及啮合印痕等，应边安装边检查，并随时进行调整，以避免装后返工。

6）在装配前，要对有平衡要求的旋转零件按要求进行静平衡或动平衡试验，合格后才能装配。这是因为某些旋转零件如带轮、飞轮、风扇叶轮等新配件或修理件可能会由于金属组织密度不匀、加工误差、本身形状不对称等原因，使零部件的重心与旋转轴线不重合，在高速旋转时，会产生很大的离心力，引起机器振动，加速零件磨损。

7）每一部件装配完毕，必须仔细地检查和清理，防止有遗漏或错装的零件；严防将工具、多余零件及杂物留存在箱壳之中（如变速箱、齿轮箱、飞轮壳等），确认无误之后，再进行手动或低速试运行，以防机器运转时引起意外事故。

3. 检验和调整

机械设备装配后需对设备进行检验和调整。检验的目的在于检查零部件的装配工艺是否正确，检查设备的装配是否符合设计图样的规定。所有检查出不符合规定的部位，都需进行调整，以保证设备达到规定的技术要求和生产能力。

机械零部件装配后的调整是机械设备修理的最后程序，也是最为关键的程序。有些设备，尤其是其中的关键零部件，不经过严格的调试，往往达不到预定的技术性能甚至不能正常运行。

机械零件的调整与调试是一项技术性、专业性及实践性很强的工作，操作人员除了应具备一定的专业知识基础外，还应注意积累生产实践经验，方可有正确判断和灵活处理问题的能力。

任务2 常用拆装工具的使用

机械拆装常用工具有扳手类、钳类、螺钉旋具、手锤、锉刀、普通台虎钳等。

2.1 扳手类

2.1.1 功用
扳手是用来拆装各种螺纹连接件的常用工具。

2.1.2 结构及使用要求
扳手按其结构形式和作用,可分为通用扳手、专用扳手和特种扳手三大类。

1. 通用扳手
通用扳手又名活扳手(见图4-7),其开口尺寸能在一定的范围内任意调整,其规格是以最大开口宽度(mm)×扳手长度(mm)来表示。因此,可用一把活扳手扳动开口尺寸允许范围内的多种规格的螺栓和螺母,使用方便。

使用活扳手时的注意事项:

1)手要握紧扳手手柄的后端,不能为了加大扳紧力矩或省力而在扳手手柄上套上一根长管来加长手柄,更不允许采用把一只扳手的开口咬合在另一只扳手的手柄上的办法来加长手柄。

2)应使扳手开口的固定部分承受主要用力,即扳手开口的活动部分位于受压方向。

图4-7 通用扳手

3)不能把扳手当作锤子,以免损坏扳手的零件。

4)扳紧力不能超出螺栓或螺母所能承受的限度。

5)扳手的开口尺寸应调整到与被扳紧部位尺寸一致,将其紧紧卡牢。

2. 专用扳手
专用扳手只能用以扳动固定规格的螺栓和螺母,按其结构特点可分为以下几种:

(1)呆扳手 又称开口扳手,分为单头和双头两种,如图4-8所示。按其开口的宽度大小分为8~10mm、12~14mm、17~19mm等规格,通常以成套装备,有8件一套、10件一套等。国外有些呆扳手采用英制单位,适用于英制螺钉拆卸。

使用时应根据螺钉或螺母的尺寸,选择相应开口尺寸的呆扳手,大拇指抵住扳头,另四指握紧扳手柄部往身边拉扳,切不可向外推扳,以免将手碰伤。为了防止扳手损坏和滑脱,应使拉力作用在开口较厚的一边,顺时针方向扳动呆扳手为正确,逆时针方向使用为错误;扳转时不准在呆扳手上任意加套管或锤击,以免损坏扳手或损伤螺栓、螺母。禁止使用开口处磨损过甚的呆扳手,以免损坏螺栓、螺母的六角;不能将呆扳手当撬棒使用。禁止用水或酸、碱液清洗扳手,应用煤油或柴油清洗后再涂上一层薄润滑脂保管。

a)   b)

图 4-8 呆扳手

a）双头呆扳手 b）单头呆扳手

（2）整体扳手 整体扳手有正方形、六角形、十二角形等几种形式，其中十二角形扳手就是通常所说的梅花扳手，如图 4-9 所示。

梅花扳手两端内孔为正六边形，按其闭口尺寸大小分有 8～10mm、12～14mm、17～19mm 等规格，通常是成套装备，有 8 件一套、10 件一套等。

使用时根据螺钉或螺母的尺寸，选择相应闭口尺寸的梅花扳手。轻力扳转时，手势

图 4-9 梅花扳手

与呆扳手相同；重力扳转时，四指与拇指应上下握紧扳手手柄，往身边扳转。扳转时，不准在花扳手上任意加套管或锤击。禁止使用内孔磨损过甚的花扳手；不能将花扳手当撬棒使用。

与呆扳手相比，由于梅花扳手扳动 30°后，即可换位再套，因此适于狭窄场合下操作，而且强度高，使用时不易滑脱，应优先选用。

为方便操作，有的扳手一头是呆扳手，另外一头是梅花扳手，被称为两用扳手。

（3）套筒扳手 套筒扳手是由一套尺寸不等的活套筒头子和弓形手柄等组成，如图4-10 所示。

套筒扳手的内孔形状与梅花扳手相同，也是正六边形，按其闭口尺寸大小也分有 8mm、10mm、12mm、14mm、17mm、19mm 等规格，通常也是成套装备，并且配有手柄、棘轮手柄、快速摇柄、接头和接杆等组件，以方便操作和提高效率。

套筒扳手适用于拆装位置狭窄或需要一定转矩的螺栓或螺母。比梅花扳手更方便、快捷，应优先考虑使用。

使用时，根据螺栓、螺母的尺寸选好套筒，套在快速摇柄的方形端头上（视需要与长接杆或短接杆配合使用），再将套筒套住螺栓、螺母，转动快速摇柄进行拆装；用棘轮手柄扳转时，不准拆装过紧的螺栓、螺母，以免损坏棘

图 4-10 套筒扳手

轮手柄；拆装时，握快速摇柄的手切勿摇晃，以免套筒滑出或损坏螺栓、螺母的六角；禁止用锤子将套筒击入变形的螺栓、螺母的六角进行拆装，以免损坏套筒；禁止使用内孔磨损严重的套筒；工具用毕，应清洗油污，妥善放置。

还有一些专用的T形套筒扳手，如图4-11所示，它更方便拆装，应更加优先考虑选用。

（4）内六角扳手　内六角扳手结构如图4-12所示，它是专门用来扳动内六角形的螺栓和螺塞的。以六角形对边尺寸S表示，有3~27mm尺寸13种。

图4-11　T形套筒扳手　　　　　　　　图4-12　内六角扳手

3. 特种扳手

特种扳手是在结构和功用上有别于前述两类扳手的一类扳手，常用的有以下两种：

（1）扭力扳手　扭力扳手又称测力扳手，手柄上带有刻度及指针，可用来测定螺栓、螺母的拧紧力矩值。通常使用的扭力扳手有指针式和预调式两种形式，如图4-13所示。一般用于有规定拧紧力矩的螺栓、螺母的拆装。

扭力扳手使用要求：拆装时用左手把住套筒，右手握紧扭力扳手手柄往身边扳转；禁止往外推，以免滑脱而损伤身体；对要求拧紧力矩较大，且工件较大、螺栓数较多的螺栓螺母时，应分次按一定顺序拧紧。拧紧螺栓、螺母时，不能用力过猛，以免损坏螺纹。禁止使用无刻度盘或刻度线不清的扭力扳手。拆装时，禁止在扭力扳手的手柄上再加套管或用锤子锤击；扭力扳手使用后应擦净油污，妥善放置；预调式扭力扳手使用前应做好调校工作，用后应将预紧力矩调到零位。

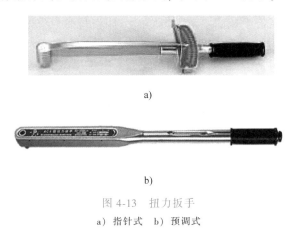

图4-13　扭力扳手
a）指针式　b）预调式

（2）风动冲击扳手　风动冲击扳手是以压缩空气为动力，用来拆卸和上紧一些较大的螺母。

2.2　手钳类

2.2.1　用途

手钳用于夹持零件或弯折薄片形、圆柱形金属件及金属丝。带刃式手钳可切断金属丝；扁嘴式手钳可装拆销、弹簧等零件；挡圈钳专门装拆弹性挡圈。

2.2.2 类型

常见的手钳有钢丝钳、鲤鱼钳、尖嘴钳和挡圈（卡簧）钳等。

1. 钢丝钳

其结构如图 4-14 所示，按其钳长分 150mm、175mm、200mm 三种规格。

钢丝钳主要用于夹持圆柱形零件，也可以代替扳手旋小螺栓、小螺母，钳口后部的刃口可剪切金属丝。

2. 鲤鱼钳

其结构如图 4-15 所示，鲤鱼钳作用与钢丝钳相同，其中部凹口粗长，便于夹持圆柱形零件。由于一片钳体上有两个互相贯通的孔，可以方便地改变

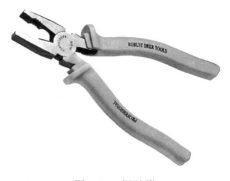

图 4-14 钢丝钳

钳口大小，以适应夹持不同大小的零件，是机电设备维修中使用较多的手钳之一。规格以钳长来表示，一般有 165mm、200mm 两种。

3. 尖嘴钳

其结构如图 4-16 所示，尖嘴钳因其头部细长而得名，能在较小的空间使用，其刃口也能剪切细小金属丝，使用时不能用力太大，否则钳口头部会变形或断裂，规格以钳长来表示。

图 4-15 鲤鱼钳

图 4-16 尖嘴钳

注意：使用上述手钳时，应注意不要用手钳代替扳手松紧 M5 以上螺纹连接件，以免损坏螺母或螺栓。

4. 挡圈钳

挡圈钳也称卡簧钳，有多种结构形式，如图 4-17 所示，用于拆装发动机中的各种挡圈

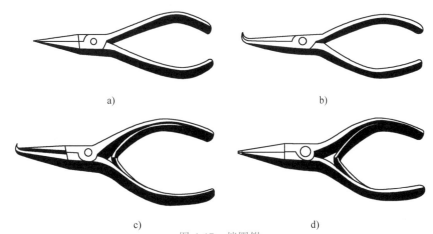

a)   b)

c)   d)

图 4-17 挡圈钳

a）直嘴孔用挡圈钳 b）弯嘴孔用挡圈钳 c）弯嘴轴用挡圈钳 d）直嘴轴用挡圈钳

（卡簧）。使用时根据挡圈（卡簧）结构形式，选择相应的挡圈钳。

2.2.3 使用要求

根据工作选择合适的手钳类型和规格；夹持工件用力得当，防止变形或表面夹毛；用挡圈钳要防止挡圈弹出伤人；手钳不能当手锤或其他工具使用。

2.3 螺钉旋具

2.3.1 功用

螺钉旋具又称螺丝刀、起子、改锥，用来拆装小螺钉，它分为一字槽和十字槽两种。

2.3.2 结构

螺钉旋具由手柄、刀体和刃口组成，如图 4-18 所示，其规格以刀体部分的长度来表示。常用的规格有 100mm、150mm、200mm 和 300mm 等几种。

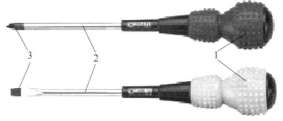

图 4-18 螺钉旋具
1—手柄 2—刀体 3—刃口

2.3.3 使用要求

根据螺钉槽选择合适的螺钉旋具类型和规格，旋具的工作部分必须与槽型、槽口相配，防止破坏槽口。施加力偶时，旋具与螺钉轴线尽可能重合；旋松螺钉时，除施加旋转力矩外，还应施加适当的轴向力，以防滑脱损坏零件。使用时手心应顶住柄端，并用手指旋转旋具手柄。如使用较长的螺钉旋具，左手应把住旋具的前端；螺钉旋具或工件上有油污时应擦净后再用；普通型旋具端部不能用手锤敲击；不能把旋具当凿子、撬杠等其他工具使用；注意安全。

2.4 锤子

2.4.1 功用

主要用来敲击物件。

2.4.2 结构

锤子有多种形式，如图 4-19 所示，一端平面略有弧形的是基本工作面，另一端是球面，用来敲击凹凸形状的工件。规格以锤头质量来表示，以 0.5~0.75kg 最为常用。

按锤头形状可分为圆头、扁头及尖头三种类型；按锤头材料可分为铁锤、木锤和橡胶锤等。

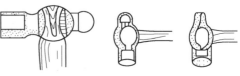

图 4-19 锤子

2.4.3 使用要求

使用锤子时，首先要仔细检查锤头和锤把是否楔塞牢固，以防止手锤脱出伤人；握锤应握住锤把后部，如图 4-20 所示；挥锤的方法有手腕挥、小臂挥和大臂挥三种。手腕挥锤只有手腕动，锤击力小，但准、快、省力；大臂挥锤是大臂和小臂一起运动，锤击力最大。禁止使用锤柄断裂或锤头松动的锤子，以免锤头脱落伤人。

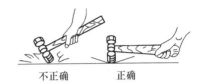

2.5　锉刀

2.5.1　用途

锉刀用于锉削或修整金属工件的表面和孔、槽。整形锉可用于修整螺纹或去除毛刺。

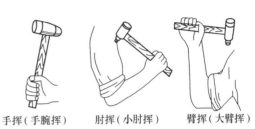

图 4-20　锤子的正确使用

2.5.2　类型

钳工锉，如图 4-21a 所示，根据截面形状可分为齐头扁锉、尖头扁锉、方锉、三角锉、半圆锉、圆锉。根据主锉纹的密度，锉纹号可分为 1~5 号，其中 1 号最粗，5 号最细。

整形锉，如图 4-21b 所示，根据截面形状可分为扁锉、圆边扁锉、方锉、三角锉、单面三角锉、圆锉。

锉纹号可分为 00、01、1~8 号共 10 等，其中 00 号最细，8 号最粗。

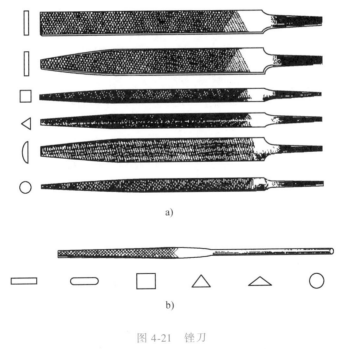

a)

b)

图 4-21　锉刀

a）钳工锉　b）整形锉

2.5.3　使用要求

根据工作需要，选择合适的锉刀类型、规格。不能用钳工锉刀锉淬火表面；不能把锉刀当手锤或撬杠使用；用锉时注意安全。

2.6 普通台虎钳

普通台虎钳又称老虎钳或台虎钳。

2.6.1 功用

台虎钳安装在工作台上，用于夹持工件，以便钳工操作。

2.6.2 结构

台虎钳如图 4-22 所示，分为固定式和转盘式两种类型，其中，转盘式的钳体可以旋转，便于调整工作位置。

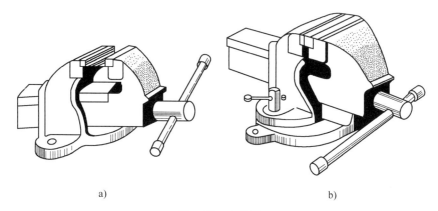

a)　　　　　　　　　　　　　　　　　　b)

图 4-22　台虎钳

a）固定式台虎钳　b）转盘式台虎钳

2.6.3 使用要求

必要时，钳口装铜片或其他软金属垫，避免夹坏工件表面；夹紧力要合适，不能用套筒或用手锤敲击，随意加大夹紧力；钳工操作时防止敲击、锯、锉钳口。

任务3　过盈配合的装配方法

3.1 概述

过盈配合的装配是将较大尺寸的被包容件（轴件）装入较小尺寸的包容件（孔件）中。

过盈配合应用十分广泛，例如，齿轮、联轴器、飞轮、带轮、链轮与轴的连接，轴承与轴承套的连接等。其主要优点为：①采用过盈配合连接非常紧固，其紧固程度远不是用键、销等零件连接所能达到的；②采用过盈配合连接可使整个组件的结构简化；③过盈配合能承受较大的轴向力、转矩及动载荷；④它是一种固定连接，因此装配时要求有正确的相互位置和紧固性，还要求装配时不损伤机件的强度和精度，装入简便、迅速。因此，过盈配合适用于受冲击载荷零件的连接以及拆卸较少的零件的连接。

由于过盈配合要求零件的材料应能承受最大过盈所引起的应力，配合的连接强度应在最小过盈时得到保证。为了保证这种连接在装配后能够正常工作，就必须保证装配时过盈量的适当。通常过盈量的选取有两种方法，即查表法和计算法。

3.2　常温下的压装配合

常温下的压装配合适用于过盈量较小的几种静配合，其操作方法简单，动作迅速，是最常用的一种方法。根据施力方式不同，压装配合分为锤击法和压入法两种。锤击法主要用于配合面要求较低、长度较短、采用过渡配合的连接件；压入法加力均匀，方向易于控制，生产效率高，主要用于过盈配合。过盈量较小时可用螺旋或杠杆式压入工具压入，过盈量较大时用压力机压入。

3.2.1　验收装配机件

机件的验收主要应注意机件的尺寸和几何形状偏差、表面粗糙度、倒角和圆角是否符合图样要求，是否去掉了毛刺等。机件的尺寸和几何形状偏差超出允许范围，可能造成装不进、机件胀裂、配合松动等后果。表面粗糙度不符合要求会影响配合质量。倒角不符合要求或不去掉毛刺，在装配过程中不易导正，可能损伤配合表面。圆角不符合要求，可能使机件安装不到预定的位置。

机件尺寸和几何形状的检查，一般用千分尺或分度值为 0.02mm 的游标卡尺，在轴颈和轴孔长度上两个或三个截面的几个方向进行测量，而其他内容靠样板和目视进行检查。

机件验收的同时，也就得到了相配合机件实际过盈的数据，它是计算压入力、选择装配方法等的主要依据。

3.2.2　计算压入力

压装时，压入力必须克服轴压入孔时的摩擦力，该摩擦力的大小与轴的直径、有效压入长度和零件表面粗糙度等因素有关。由于各种因素影响，压入力很难精确计算，所以在实际装配工作中，常采用经验公式进行压入力的计算。

$$P = \frac{a\left(\dfrac{D}{d} + 0.3\right) iL}{\dfrac{D}{d} + 6.35}$$

式中　　a——系数，当孔、轴件均为钢时，$a = 73.5\text{kN/mm}^2$；当轴件均为钢、孔件为铸铁时，
　　　　　$a = 42\text{kN/mm}^2$；

　　　　P——压入力，单位为 kN；

　　　　D——孔件内径，单位为 mm；

　　　　d——轴件外径，单位为 mm；

　　　　L——配合面的长度，单位为 mm；

　　　　i——实测过盈量，单位为 mm。

一般根据上式计算出的压入力再增加 20%～30% 选用压入机械为宜。

3.2.3　装入

过盈配合装配所用的设备，应根据计算出的压入力大小来选择。手扳压力机一般用于装配尺寸不大的零件，所需的压力为 10～15kN；机械驱动的螺旋压力机可装配压力在 50kN 以下的零件；如果所需装配压力再高些（30～150kN），可采用气压式压力机；液压式压力机

所产生的压力可达 100~1000kN，用于装配较大尺寸的零件。

零件压入时，首先应使装配表面保持清洁并涂上润滑油，以减少装入时的阻力和防止装配过程中损伤配合表面；其次应注意均匀加力并注意导正，压入速度不可过急、过猛，否则不但不能顺利装入，而且还可能损伤配合表面，压入速度一般为 2~4mm/s，不宜超过 10mm/s；另外，应使机件装到预定位置方可结束装配工作；用锤击法压入时，还要注意不要打坏机件，为此常采用软垫加以保护。装配时如果出现装入力急剧上升或超过预定数值时，应停止装配，必须在找出原因并进行处理之后方可继续装配。出现这种问题的原因常常是：检查机件尺寸和几何形状偏差时不够仔细，键槽有偏移、歪斜或键尺寸较大，以及装入时没有导正等。

3.3 热装配合

热装的基本原理是：通过加热包容件（孔件），使其直径膨胀增大到一定数值，再将与之配合的被包容件（轴件）自由地送入包容件中，孔件冷却后，轴件就被紧紧地抱住，其间产生很大的连接强度，达到压装配合的要求。热装主要用于没有压力机床时或直径大、过盈量大的零件的配合，或冷压合时零件将被损坏或较大型零件不宜使用冷压法的情况下。

3.3.1 验收装配机件

热装时，装配件的验收和测量过盈量与压入法相同。

3.3.2 确定加热温度

热装配合孔件的加热温度常用下式计算

$$t = \frac{(2 \sim 3)i}{k_a d} + t_0$$

式中　t——加热温度，单位为℃；

　　　t_0——室温（指零件最初的温度），单位为℃；

　　　i——实测过盈量，单位为 mm；

　　　k_a——孔件材料的线膨胀系数，单位为 1/℃；

　　　d——孔的名义直径，单位为 mm。

3.3.3 选择加热方法

常用的加热方法有以下几种，在具体操作中可根据实际工况选择。

1. 热浸加热法

热浸加热法常用于尺寸及过盈量较小的连接件。该方法加热均匀、方便，常用于加热轴承。其方法是将全损耗系统用油放在铁盒内加热，再将需加热的零件放入油内即可。对于忌油连接件，则可采用沸水或蒸汽加热。

2. 氧乙炔焰加热法

该多用于较小零件的加热，此加热方法简单，但易于过热，故要求具有熟练的操作技术。

3. 固体燃料加热法

该方法适用于结构比较简单、要求较低的连接件。其方法可根据零件尺寸大小，临时用砖砌一个加热炉或将零件用砖垫上，再用木柴或焦炭加热。为了防止热量散失，可在零件表面盖一个与零件外形相似的焊接罩子。此方法简单，但加热温度不易掌握，零件加热不均匀，而且炉灰飞扬，易发生火灾，故最好慎用此方法。

4. 煤气加热法

此方法操作简单，加热时无煤灰，且温度易于掌握。对大型零件只要将煤气烧嘴布置合理，也可做到加热均匀。在有煤气的地方推荐采用此法。

5. 电阻加热法

此方法是用镍-铬电阻丝绕在耐热瓷管上，放入被加热零件的孔里，对镍-铬丝通电便可加热。为了防止散热，可用石棉板做一外罩盖在零件上，这种方法只适用于精密设备或有易爆易燃物品的场所。

6. 电感应加热法

此方法是利用交变电流通过铁心（被加热零件可视为铁心）外的线圈，使铁心产生交变磁场，在铁心内与磁力线垂直方向产生感应电动势，此感应电动势以铁心为导体产生电流。这种电流在铁心内形成涡流现象，称为涡流电流，在铁心内，电能转化为热能，使铁心变热。此外，当铁心磁场不断变动时，铁心被磁化的方向也随着磁场的变化而变化，这种变化将消耗能量而变为热能，使铁心进一步加热。此方法操作简单，加热均匀，无炉灰，不会引起火灾，最适用于装有精密设备或有易爆易燃物品的场所，还适用于特大零件的加热（如大型转炉倾动机构的大齿轮与转炉耳轴就可用此方法加热进行热装）。

3.3.4　测定加热温度

在加热过程中，可采用半导体点接触测温计测温。在现场常用油类或非铁金属作为测温材料，如全损耗系统用油的闪点是 200～220℃，锡的熔点是 232℃，纯铅的熔点是 327℃。也可以用测温蜡笔及测温纸片测温。

3.3.5　最终检查措施

由于测温材料的局限性，一般很难测准所需加热温度，故现场常用样杆进行检测，如图4-23 所示。样杆尺寸按实际过盈量 3 倍制作，当样杆刚能放入孔时，则加热温度正合适。

3.3.6　装入

装入时应去掉孔表面上的灰尘、污物；必须将零件装到预定位置，并将装入件压装在轴肩上，直到机件完全冷却为止；不允许用水冷却机件，避免造成内应力，降低机件的强度。

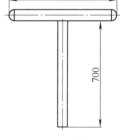

图 4-23　样杆

3.4　冷装配合

当孔件较大而压入的零件较小时，采用加热孔件既不方便又不经济，甚至无法加热，这时可采用冷装配合，即用低温冷却的方法使被压入的零件尺寸缩小，然后迅速将其装入到带孔的零件中去。

冷装配合的冷却温度可按下式计算

$$t = \frac{(2 \sim 3)i}{k_a d} - t_0$$

式中　t——冷却温度，单位为℃；

t_0——室温（指零件最初的温度），单位为℃；

i——实测过盈量，单位为 mm；

k_a——被冷却材料的线膨胀系数，单位为 1/℃；

d——被冷却的公称尺寸，单位为 mm。

常用冷却剂及冷却温度：①固体二氧化碳加酒精或丙酮，冷却温度为-75℃；②液氨，冷却温度为-120℃；③液氧，冷却温度为-180℃；④液氮，冷却温度为-190℃。

冷却前应将被冷却件的尺寸进行精确测量，并按冷却的工序及要求在常温下进行试装，其目的是为了准备好操作和检查的必要工具、量具及冷藏运输容器，检查操作工艺是否合适。此法在有制氧设备的冶金厂中应予以推广。

冷却装配要特别注意操作安全，预防冻伤操作者。

任务 4 联轴器的装配技术

联轴器用来连接不同机构中的两根轴，使它们一同旋转，一同传递转矩。联轴器可以分为刚性联轴器与弹性联轴器两大类。刚性联轴器又分为固定式和可移式两类。

联轴器的装配内容包括两方面：一是将轮毂装配到轴上，轮毂与轴的装配大多采用过盈配合，装配方法可采用压入法、冷装法、热装法，这些方法的工艺过程前文已作过叙述，本节不再赘述；二是联轴器地找正和调整，固定式刚性联轴器所连接的两根轴的旋转轴线应该保持严格的同轴度，所以联轴器在安装时，必须很精确地找正、对中，否则将使轴、轴承、轴上其他零件承受额外负荷，影响正常运转，甚至造成机器事故。弹性联轴器及可移式刚性联轴器允许两轴的旋转轴线有一定程度的偏移，这样机器的安装就要容易得多。

下面以固定式刚性联轴器为例，介绍联轴器的装配过程。

4.1 联轴器的装配方法

装配时，首先把从动机安装好，使其轴处于水平位置，然后安装主动机，找正只需要调整主动机，即在主动机的支座下面用加减垫片的方法来进行调整。

4.2 联轴器的找正、对中

刚性联轴器的安装主要是精确地找正、对中，保证两轴的同轴度。刚性联轴器的调整是安装工程中的重要环节。

4.2.1 联轴器相互间的位置关系

联轴器在垂直面内相互间的位置关系一般可能遇到四种情况：

1）两半联轴器的端面互相平行，主动轴和从动轴的轴线又同在一条水平直线上，这时两轴的端面之间存在轴向位移，如图 4-24a 所示。

2）两半联轴器的端面互相平行，两轴的轴线不同轴，这时两轴的轴线之间有径向位移，如图 4-24c 所示。

3）两半联轴器的端面互相不平行，两轴的轴线相交，其交点正好落在主动轴的半联轴器的中心点上,这时两轴的轴线之间有倾斜的角位移(倾斜角)α,如图 4-24b 所示。

4) 两半联轴器的端面互相不平行,两轴的轴线的交点又不落在主动轴半联轴器的中心点上,这时两轴的轴线之间存在综合位移,如图 4-24d 所示。

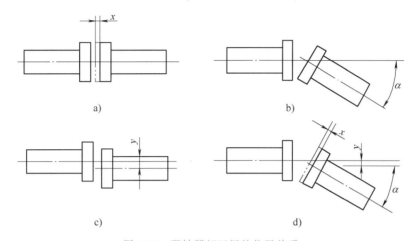

图 4-24　联轴器相互间的位置关系

a) 轴向位移　b) 角位移　c) 径向位移　d) 综合位移

4.2.2　联轴器找正时的测量方法

1) 利用直尺及塞尺测量联轴器的径向位移;利用平面规及楔形间隙规测量联轴器的角位移。这种测量方法简单,但精度不高,一般只能应用于不需要精确找正的低速机器。

2) 利用中心卡及千分表测量联轴器的径向间隙和轴向间隙。它适用于需要精确找正中心的精密机器和高速机器。

3) 利用中心卡和塞尺测量联轴器的径向间隙和轴向间隙。利用中心卡及塞尺可以同时测量联轴器的径向间隙 y 和轴向间隙 x。这种找正测量方法操作方便,精度高,应用广。

4.2.3　联轴器的初步找正

在初步找正时,两轴不必转动,以直角尺的一边紧靠在联轴器外圆表面上,按上、下、左、右的次序进行检测,直至联轴器的两外圆表面齐平为止。

联轴器两外圆表面齐平,只表示联轴器的外圆轴线同轴,并不说明所连两轴轴线同轴,如:①当联轴器的外圆与轴不同轴时,尽管两外圆表面同轴,但两轴并不同轴,如图 4-25a 所示;最大偏心为两半联轴器的外圆与轴偏心之和;最小偏心为两半联轴器的外圆与轴偏心

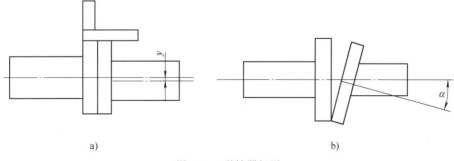

图 4-25　联轴器初平

a) 联轴器与轴不同轴　b) 联轴器与轴有交角

之差；实际上所产生的偏差常在两者之间。②当联轴器的外圆轴线与轴的轴线不平行而有一交角时，两轴的轴线也有交角，如图 4-25b 所示；最大交角为两半联轴器外圆轴线与轴的轴线交角之和；最小交角为两半联轴器外圆轴线与轴的轴线交角之差。

由于有上述误差的存在，所以联轴器在初找正后还要进行精确找正。

4.2.4 无轴向窜动时联轴器的精确找正

如图 4-26 所示，在两半联轴器相对应的两点 P、Q 上，分别固定中心卡的两边，然后以 P 点对正 Q 点，使两轴同时转动，即 P 点与 Q 点之间不许有相对的位移（轴向位移、径向位移和位移角）。首先使中心卡位于上方垂直的位置（0°），用千分表测量出径向间隙 s_1 和轴向间隙 a_1，然后将两半联轴器顺次转到 90°、180°、270° 三个位置上，分别测量出 s_2、a_2；s_3、a_3；s_4、a_4。将测得的数值记在记录图中，然后进行比较，并调整要连接的那根主动轴的位置，直至各方位的数值 a 和数值 s 都分别相等，这种情况下可以认为两轴完全同轴。

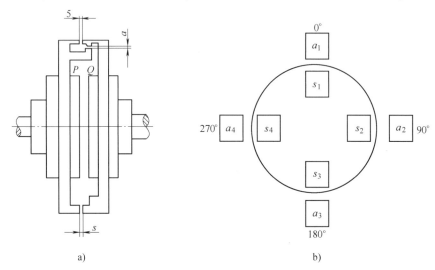

图 4-26 无轴向窜动时联轴器的精确找正

a）测量示意图　b）记录图

测量时产生误差，常常是由以下原因造成的：①中心卡在测量过程中位置发生变动；②测量时塞尺片插入各处的力不均匀；③在某次测量计算塞尺片厚度时产生错误。

测量的数据是否正确，可用以下两恒等式加以判别

$$a_1 + a_3 = a_2 + a_4$$
$$s_1 + s_3 = s_2 + s_4$$

如实测量数据代入恒等式不相等，而有较大的误差（大于 0.02mm），可以确定，所进行的测量中必然有一次或几次数据是不精确的。

4.3 联轴器装配时的调整

联轴器的径向间隙和轴向间隙测量完毕后，就可以根据偏移情况进行调整。调整时，先调整轴向间隙，使两半联轴器的轴线平行，然后再调整径向间隙，达到同轴度要求。

4.3.1 加减垫片法

在调整时，根据偏移情况，通过多次测量偏差、多次试加或试减主动端支点下面的垫片

或在水平方向移动主动端位置逐渐接近的方法达到技术要求。

4.3.2　计算法

对于精密和大型机电设备，用计算法来确定主动机底座下应加上或减去的垫片厚度。

1. 用两恒等式来判别检查测量结果的正确性：

$$a_1 + a_3 = a_2 + a_4$$

$$s_1 + s_3 = s_2 + s_4$$

两恒等式成立，则测量结果正确，否则要重新测量。

2. 判别主动轴相对于从动轴的偏移情况

1）$s_1 = s_3$，且 $a_1 = a_3$，如图 4-27a 所示，这表示两半联轴器的端面互相平行，主动轴和从动轴的轴线又同在一条水平直线上，这时两半联轴器处于正确的位置，不需调整。

2）$s_1 = s_3$，但 $a_1 \neq a_3$，如图 4-27b 所示，这表示两半联轴器的端面互相平行，两轴的轴线不同轴，这时两轴的轴线之间有径向位移，需要调整。

3）$s_1 \neq s_3$，但 $a_1 = a_3$，如图 4-27c 所示，这表示两半联轴器的端面互相不平行，两轴的轴线相交，其交点正好落在主动轴的半联轴器的轴点上，这时两轴的轴线之间有倾斜的角位移（倾斜角），需要调整。

4）$s_1 \neq s_3$，且 $a_1 \neq a_3$，如图 4-27d 所示，这表示两半联轴器的端面互相不平行，两轴的轴线的交点又不落在主动轴半联轴器的轴点上，这时两轴的轴线之间既有径向位移又有角位移，需要调整。

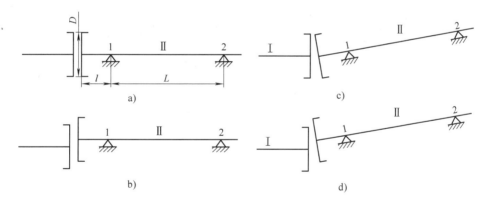

图 4-27　主动轴相对于从动轴的偏移情况

a）正确位置　b）径向位移　c）角位移　d）既有径向位移又有角位移

3. 调整步骤

下面以 $s_1 \neq s_3$，且 $a_1 \neq a_3$ 为例，说明调整步骤。

（1）先使两半联轴器平行　由图 4-28a 可知，为了要使两半联轴器平行，在主动机的支点 2 下加上厚度为 x（mm）的垫片，此处 x 的数值可以利用画有阴影线的两个相似三角形的比例关系算出。

$$x = \frac{bL}{D}$$

式中　b——在 0° 与 180° 两个位置上测得的轴向间隙的差值（$b = s_1 - s_3$），单位为 mm；

　　　D——联轴器的计算直径，单位为 mm；

L——主动机轴纵向两支点间的距离，单位为 mm。

由于支点 2 垫高了，而支点 1 底下没有加垫，因此，轴 II 将会以支点 1 为支点发生很小的转动，这时两半联轴器的端面虽然平行了，但是轴 II 上的半联轴器的中心却下降了 y（mm），如图 4-28b 所示。此处的 y 的数值同样可以利用图上画有阴影线的两个相似三角形的比例关系算出。

$$y = \frac{xl}{L} = \frac{bl}{D}$$

式中　l——支点 1 到半联轴器测量平面之间的距离，单位为 mm。

（2）再使两半联轴器同轴　由于 $a_1 > a_3$，即两半联轴器不同轴，其原有径向位移量（偏心距）为 $e = (a_1 - a_3)/2$，再加上在第一步找正时又使联轴器中心的径向位移量增加了 y，所以，为了要使两半联轴器同轴，必须在轴 II 的支点 1 和 2 下同时加上厚度为 $y+e$ 的垫片。

由此可见，为了要使轴 I、轴 II 两半联轴器既平行又同轴，则必须在轴 II 的支点 1 底下加上厚度为 $y+e$ 的垫片，而在支点 2 底下加上厚度为 $x+y+e$ 的垫片，如图 4-28c 所示。

按上述步骤将联轴器在垂直方向和水平方向调整完毕后，联轴器的径向偏移和角位移应在规定的偏差范围内。

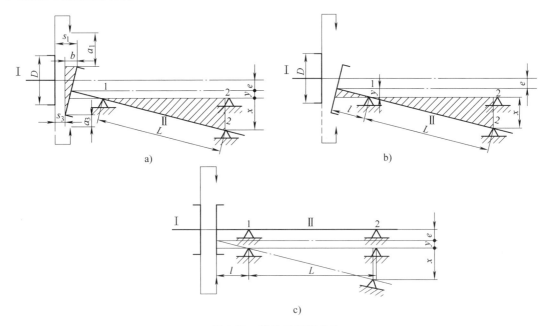

图 4-28　联轴器调整方法

任务 5　轴承的装配与调整

5.1　滑动轴承的装配与调整

滑动轴承装配的技术要求主要是轴颈（轴瓦）和轴承孔之间保证所需的间隙和良好的

接触，使轴在轴承中运转平稳。滑动轴承的装配方式取决于轴承的结构形式（常见的有整体式和剖分式）。

5.1.1　整体式滑动轴承的装配

整体式滑动轴承的装配过程主要包括轴套与轴承孔的清洗检查、轴套安装等步骤。

1. 轴套与轴承孔的清洗检查

将符合要求的轴套和轴承孔去毛刺，并用煤油或清洗剂清洗干净后，检查轴套与轴承孔的表面情况以及配合过盈量是否符合要求，在符合要求的轴套外径或轴承孔内涂上润滑油；然后再根据尺寸以及过盈量的大小选择轴套的装配方法。轴套的精度一般由制造保证，装配时只需将配合面的毛刺用刮刀或油石清除干净，必要时才做刮配。

2. 轴套安装

轴套的安装是根据轴套与轴承孔的尺寸以及过盈量的大小，选用压入法或温差法将轴套压入轴承座孔内，并进行固定。

压入法一般是用压力机压装或用人工压装。为了减少摩擦阻力，使轴套顺利装入，压装前可在轴套表面涂上一层薄的润滑油。用压力机压装时，轴套的压入速度不宜太快，并要随时检查轴套与轴承孔的配合情况。用人工压装时，必须防止轴套损坏，不得用锤头直接敲打轴套，应在轴套上端面垫上软质金属垫，并使用导向轴或导向套，如图 4-29a、b 所示，导向轴、导向套与轴套的配合应为动配合。

对于较薄且长的轴套，不宜采用压入法装配，而应采用温差法装配，这样可以避免损坏轴套。

轴套压入轴承孔后，由于是过盈配合，轴套的内径将会减小，因此，在轴颈未装入轴套之前，应对轴颈与轴轴的配合尺寸进行测量，测量的方法如图 4-30 所示，即测量轴套时应在距轴套端面 10mm 左、右的两点和中间一点，在相互垂直的两个方向上用内径千分尺测量。同样在轴颈相应的部位用外径千分尺测量。根据测量的结果确定轴颈与轴套的配合是否符合要求，如轴套内径小于规定的尺寸，可用铰刀或刮刀进行刮修。

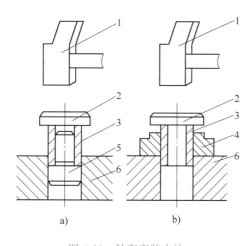

图 4-29　轴套安装方法

a）利用导向轴安装　b）利用导向套安装

1—锤子　2—软垫　3—轴套

4—导向套　5—导向轴　6—轴承孔

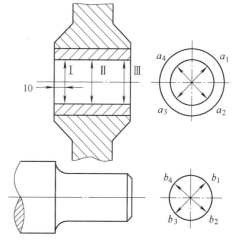

图 4-30　轴颈与轴套的配合尺寸的测量方法

5.1.2 剖分式滑动轴承的装配

剖分式滑动轴承的装配过程包括：清洗、检查、刮研、装配和间隙的调整等步骤。

1. 清洗与检查轴瓦

轴瓦装配前要认真做好清洗与检查工作。首先核对轴承的型号，然后用煤油或清洗剂将轴瓦清洗干净。轴瓦质量的检查可用小铜锤沿轴瓦表面轻轻地敲打，根据响声判断轴瓦有无裂纹、砂眼及孔洞等缺陷，如有缺陷应采取补救措施。

2. 固定轴承座

轴承座通常用螺栓固定在机体上。安装轴承座时，应先把轴瓦装在轴承座上，再按轴瓦的中心进行调整。注意：同一传动轴上的所有轴承的中心应在同一轴线上，装配时可用拉线的方法找正，如图 4-31 所示。然后用涂色法检查轴颈与轴瓦表面的接触情况，符合要求后，将轴承座牢固地固定在机体或基础上。

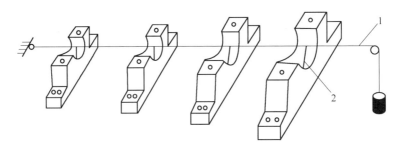

图 4-31 用拉线法检测轴承同轴度

1—钢丝 2—内径千分尺

3. 刮研瓦背

为将轴上的载荷均匀地传给轴承座，要求轴瓦背与轴承座内孔应接触良好，配合紧密。下轴瓦与轴承座的接触面积不得小于 60%，上轴瓦与轴承盖的接触面积不得小于 50%。为保证轴瓦的接触面积，需要对其进行刮研时，刮研的顺序是先下轴瓦，后上轴瓦。刮研轴瓦背时，以轴承座内孔为基准进行修配，直至达到规定要求为止。另外，要刮研轴瓦及轴承座的剖分面。轴瓦剖分面应高于轴承座剖分面，以便轴承座拧紧后，轴瓦与轴承座具有过盈配合性质。

4. 装配轴瓦

上、下两轴瓦扣合，其接触面应严密，轴瓦与轴承座的配合应适当，一般采用较小的过盈配合，过盈量为 0.01～0.05mm。

要注意的是：轴瓦的直径不得过大，否则轴瓦与轴承座间就会出现"加帮"现象，如图 4-32 所示；轴瓦的直径也不得过小，否则在设备运转时，轴瓦在轴承座内会产生振动，如图 4-33 所示。

为保证轴瓦在轴承座内不发生转动或振动，常在轴瓦与轴承座之间安放定位销；为了防止轴瓦在轴承座内产生轴向移动，一般轴瓦都有翻边，若无翻边，则带有止口，翻边或止口与轴承座之间不应有轴向间隙。

装配轴瓦时，必须注意轴瓦与轴颈间的接触角和接触点。接触角是指轴瓦与轴颈之间的接触表面所对应的圆心角。接触角过大，不利于润滑油膜的形成，影响润滑效果，使轴瓦磨损加快；接触角过小，会增加轴瓦的压力，也会加剧轴瓦的磨损，一般接触角取为 60°～90°。

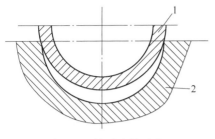

图 4-32 轴瓦直径过大

1—轴瓦 2—轴承座

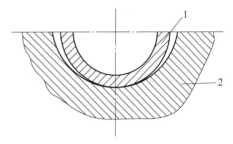

图 4-33 轴瓦直径过小

1—轴瓦 2—轴承座

轴瓦与轴颈之间的接触点与机器的特点有关：①低速及间歇运行的机器接触点取为 $1 \sim 1.5$ 点/cm^2；②中等负荷及连续运转的机器接触点取为 $2 \sim 3$ 点/cm^2；③重负荷及高速运转的机器接触点取为 $3 \sim 4$ 点/cm^2。

用涂色法检查轴颈与轴瓦的接触，应注意将轴上的所有零件都安装上。首先在轴颈上涂一层红铅油，然后使轴在轴瓦内正、反方向各转一周，在轴瓦面较高的地方则会呈现出色斑，用刮刀刮去色斑。刮研时，每刮一遍应改变一次刮研方向，继续刮研数次，使色斑分布均匀，直到接触角和接触点符合要求为止。

5. 间隙的确定

（1）径向间隙的确定 滑动轴承的间隙是指轴颈与轴瓦之间的空隙，轴承间隙有径向间隙和轴向间隙两种，径向间隙又分为顶间隙 Δ 和侧间隙 b，如图 4-34 所示。

顶间隙的作用是控制轴承的运转精度；侧间隙是使轴承获得一个楔形间隙，以使轴承与轴瓦间形成润滑油层而达到液体摩擦，起到散热作用；轴向间隙是为了保证轴承由于转动导致温度升高而发生长度方向变化时，留有一定的自由伸缩的余地。

径向间隙既不能太大，也不能太小。径向间隙太大，会使轴承产生冲击和振动，使磨损加快，精度降低；径向间隙太小，轴承运转精度高，但不利于润滑油层的形成，使轴承与轴瓦摩擦而发热，甚至造成烧瓦。

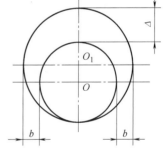

图 4-34 滑动轴承径向间隙

Δ—顶间隙 b—侧间隙 O—轴颈中心 O_1—轴瓦中心

1）确定顶间隙 Δ。合理地选择滑动轴承的间隙，不仅可以保证轴承的正常运转，还可以指导轴承的检查、修理和装配工作。顶间隙确定方法有以下几种：

① 配合性质法。轴颈与轴瓦属于间隙配合，从配合性质上知道最大间隙 X_{max} 和最小间隙 X_{min}，则顶间隙 Δ 为

$$\Delta = \frac{1}{2}\left[\frac{1}{2}(X_{max}+X_{min})+X_{max}\right]$$

② 经验法。

$$\Delta = Kd$$

式中 Δ——轴承顶间隙，单位为 mm；

d——轴颈直径，单位为 mm；

    K——经验系数，见表 4-1。

表 4-1 滑动轴承的径向间隙经验系数

序号	类 别	K 值
1	一般精密机床轴承和一级配合精度的轴承	>0.0005
2	二级精度配合的轴承，如电动机	0.001
3	一般冶金设备轴承	0.002 ~ 0.003
4	矿山机械	0.0035
5	透平机类轴承	0.002

    2）确定侧间隙 b。

    ① 当顶间隙为一般值时，$b = \Delta$。

    ② 当顶间隙较大时，$b = \Delta/2$。

    ③ 当顶间隙较小时，$b = 2\Delta$。

    （2）轴向间隙的确定　滑动轴承轴向间隙，应按轴的结构形式选择。如图 4-35a、b 所示的形式，间隙值 $\delta = \delta_1 + \delta_2 = 0.5 \sim 1.5\mathrm{mm}$。如图 4-35c 所示的形式，固定端轴承与轴肩的轴向间隙总和（$a+b$）以及自由端轴承与轴肩的间隙 c 和 d 应符合设备技术规定，如无规定时，（$a+b$）不得大于 0.2mm，c 不得小于轴的热膨胀伸长量，d 约为 $L/2000$。

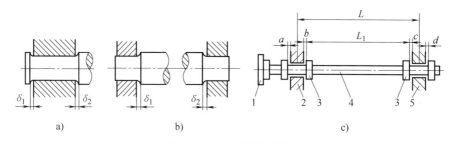

图 4-35　轴向间隙示意图

1—联轴器　2—固定端滑动轴承　3—轴肩　4—轴　5—自由端滑动轴承

    （3）间隙的测量　检查轴承径向间隙，一般采用压铅测量法和塞尺测量法。

    1）压铅测量法。如图 4-36 所示，测量时，先将轴承盖打开，用直径为顶间隙 1.5 ~ 3 倍、长度为 10 ~ 40mm 的软铅丝或软铅条，分别放在轴颈上和轴瓦的剖分面上。因轴颈表面光滑，为了防止滑落，可用润滑脂粘住，然后放上轴承盖，对称而均匀地拧紧连接螺栓，再用塞尺检查轴瓦剖分面间的间隙是否均匀相等，最后打开轴承盖，用千分尺测量被压扁的软铅丝的厚度，并按下式计算顶间隙

$$s_1 = b_1 - \frac{a_1 + a_2}{2}$$

$$s_2 = b_2 - \frac{a_3 + a_4}{2}$$

式中　s_1——一端顶间隙，单位为 mm；

        s_2——另一端顶间隙，单位为 mm；

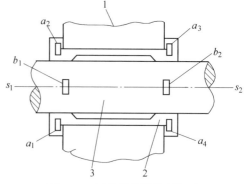

图 4-36　压铅测量轴承顶间隙

1—轴承座　2—轴瓦　3—轴

b_1、b_2——轴颈上各段铅丝压扁后的厚度，单位为 mm；

a_1、a_2、a_3、a_4——轴瓦接合面上各铅丝压扁后的厚度，单位为 mm。

2）塞尺测量法。对于轴径较大的轴承间隙，可用宽度较窄的塞尺直接塞入间隙内，测出轴承顶间隙和测间隙；对于轴径较小的轴承，因间隙小，测量的相对误差大，故不宜采用。必须要注意的是：采用塞尺测量法测出的间隙总小于轴承的实际间隙。对于受轴向负荷的轴承还应检查和调整轴向间隙，测量轴向间隙时，可将轴推移至轴承一端的极限位置，然后用塞尺或千分表测量。

（4）间隙的调整　按上述方法测得的顶间隙值如小于规定数值时，应在上、下轴瓦结合面间加垫片来重新调整；如大于规定值时，则应减去垫片或刮削轴瓦结合面来调整。

如轴向间隙不符合规定，可修刮轴瓦端面或调整止推螺钉。

5.2　滚动轴承的装配与调整

滚动轴承是一种精密器件，一般由内圈、外圈、滚动体和保持架组成。由于滚动体的形状不同，滚动轴承可分为球轴承、滚子轴承和滚针轴承。按滚动体在轴承中的排列情况可分为单列、双列和多列轴承；按轴承承受载荷的方向又可分为向心轴承、向心推力轴承、推力轴承。

5.2.1　滚动轴承的拆卸、清洗、检查

（1）轴承的拆卸　滚动轴承的拆卸以不损坏轴承及其配合精度为原则，拆卸力不应直接或间接地作用在滚动体上。拆卸滚动轴承常用锤击法、压卸法、拉拔法和温差法。应用时操作要求如下：

1）锤击法、压卸法和拉拔法拆卸时，拆卸力应均匀作用于配合较紧的座圈上，即应作用在承受循环载荷的座圈上。

2）当轴承座圈承受摆动载荷时，作用力应同时作用在内外圈上，以防损坏轴承。

3）当遇到轴颈锈死或配合较紧的情况时，可预先用煤油浸渍配合处，然后加热，再用锤击或压卸法拆卸。

（2）轴承的清洗和检查　拆卸下的轴承先用清洗液清洗，将座圈、滚道和保持架上的污垢全部除掉，清洗干净后擦干，准备检查。

1）轴承的正常破坏形式有滚动体或内圈滚道上的点蚀，还有由于润滑不足造成的烧伤；滚动体和滚道间的磨损造成的间隙增大；装配不当造成的轴承卡死、内圈胀破、内外圈敲碎和保持架变形等。

2）如果发现轴承旋转时声音过大或出现卡紧现象，说明质量不好。当发现轴承间隙因磨损超过规定值，滚动体和内外圈有裂纹，滚道有明显斑点、变色、疲劳脱皮及保持架变形等现象时，轴承就不能继续使用。

3）滚动轴承间隙的检查要根据不同的结构进行。间隙可调整类轴承拆卸后不需要检查，而在装配时进行调整；不可调整类滚动轴承在清洗后，可用塞尺法或经验检查法进行径向间隙的检查，以定取舍，滚动轴承的径向间隙及磨损极限间隙见表 4-2。

表 4-2 滚动轴承的径向间隙及磨损极限间隙 （单位：mm）

轴承间隙	径向间隙		磨损极限间隙
	新球轴承	新滚子轴承	
20~30	0.01~0.02	0.03~0.05	0.1
35~55	0.01~0.02	0.05~0.07	0.2
55~80	0.01~0.02	0.06~0.08	0.2
80~120	0.02~0.03	0.08~0.10	0.3
130~150	0.02~0.04	0.10~0.12	0.3

5.2.2 滚动轴承的装配方法

滚动轴承的装配方法应根据轴承的结构、尺寸大小和轴承部件的配合性质（过盈量）来确定。装配方法主要包括锤击法、螺旋或杠杆压力机压入法、热装法和液压套合法等。压力要直接加在待配合的套圈端面上，不能通过滚动体传递压力。

1）滚动轴承上标有型号的端面应装在可见部位，以便于将来更换。

2）轴颈或壳体孔台肩处的圆弧半径应小于轴承的圆弧半径，以保证装配后外圈与轴肩和壳体孔台肩靠紧。

3）为了保证滚动轴承工作时有一定的热胀余地，在同轴的两个轴承中，必须有一个轴承的外圈（或内圈）可以在热胀时产生轴向移动，以免轴或轴承产生附加应力，甚至在工作时使轴承"咬住"。

4）轴承的固定装置必须完好可靠，紧定程度适中，防松可靠。

5）轴承外圈与轴承座的配合、轴承内圈与轴的配合必须符合图样要求。

6）油毡、油封等密封装置必须严密，在沟式或迷宫式密封装置内，应填入干油。

7）在装配轴承过程中，应严格保持清洁，防止杂物进入轴承内。

8）装配后，轴承运转应灵活、无噪声，工作温升不超过50℃。

1. 圆柱孔滚动轴承的装配

圆柱孔滚动轴承是指内孔为圆柱形孔的向心球轴承、圆柱滚子轴承、调心轴承和角接触轴承等。这些轴承在轴承中占绝大多数，具有一般滚动轴承的装配共性，其装配方法主要取决于轴承与轴及座孔的配合情况。

1）如果轴承内圈与轴颈是较紧配合，轴承外圈和轴承座孔是较松配合时，可以先将轴承装在轴上，然后再把轴连同轴承一起装入座孔中。装配套筒采用铜或软钢，压紧力作用在轴承的内圈端面，调整游隙。另外，装配时，要注意导正，防止轴承歪斜，否则不仅装配困难，而且会产生压痕，使轴和轴承过早损坏。

2）如果轴承外圈与轴承座孔是较紧配合，轴承内圈与轴颈是较松配合时，应将轴承先压入轴承座孔中，再把轴装入轴承。压装时，力应该直接作用在轴承外圈端面上。

3）如果轴承内圈与轴颈、外圈与座孔的松紧程度相同时，用装配套筒的端面同时压紧轴承内、外圈端面的圆环，把轴承压入轴上和座孔中，再调整游隙。

4）对于圆锥滚子轴承，因其内、外圈可以分离，装配时，可分别把内圈装入轴上，外圈装入轴承座孔中，装配是按过盈量来选择装配方法和工具，然后再调整游隙。

2. 圆锥孔滚动轴承的装配

圆锥孔滚动轴承可直接装在带有锥度的轴颈上，或装在退卸套和紧定套的锥面上，如图

4-37 所示。这种轴承一般要求有比较紧的配合，但这种配合不是由轴颈尺寸公差决定的，而是由轴颈压进锥形配合面的深度而定。配合的松紧程度，根据在装配过程中跟踪测量径向游隙确定。对不可分离型的滚动轴承的径向游隙可用塞尺测量。对可分离的圆柱滚子轴承，可用外径千分尺测量内圈装在轴上后的膨胀量，用其代替径向游隙减小量。

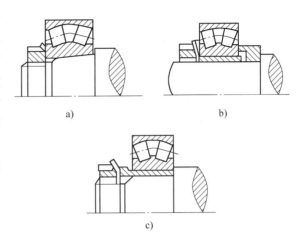

图 4-37　圆锥孔滚动轴承的装配

a) 装在圆锥轴颈上　b) 装在紧定套上　c) 装在退卸套上

5.2.3　滚动轴承的游隙调整

1. 滚动轴承的游隙

滚动轴承的游隙是指将轴承一个套圈（内圈或外圈）固定，另一个套圈沿轴向和径向的最大游动量。滚动轴承的游隙分为径向游隙和轴向游隙。

轴承的径向游隙是指内外圈之间在直径方向上产生的最大相对游动量。根据轴承所处状态不同，径向游隙分为原始游隙、配合游隙和工作游隙。原始游隙是轴承在自由状态，未安装前的游隙。配合游隙是轴承装在轴上和轴承座内的游隙，配合游隙小于原始游隙。工作游隙是工作轴承由于工作载荷的作用，使滚动体和套圈发生弹性变形，游隙增大，工作游隙一般大于配合游隙。

轴承的轴向游隙是指内外圈之间在轴线方向上产生的最大相对游动量。由于轴承的一些结构特点，在调整游隙时，通常是将轴向游隙值作为调整和控制游隙大小的依据，如圆锥滚子轴承。

2. 滚动轴承的游隙调整

游隙太大，将使同时承受载荷的滚动体数目减少，易使滚动体和套圈发生弹性形变，从而引起径向跳动，降低旋转精度，产生噪声和振动，降低轴承寿命。游隙过小，阻力增大，易发热和磨损，影响轴承的寿命。因此，严格控制和调整游隙是保证轴承正常工作的措施之一。

控制和调整游隙，可以先使轴承实现预紧，游隙为零，然后采用使轴承的内圈和外圈做适当的轴向位移的方法来保证游隙。

5.2.4　滚动轴承的预紧

预紧的原理是给轴承内圈或外圈以一定的轴向预载荷，使内、外圈发生相对位移，以此消除内、外圈与滚动体的游隙，并产生初始的接触弹性变形。预紧可以使轴承控制内、外圈的正确位置，提高轴的旋转精度和刚度。

滚动轴承常见的预紧方法有以下几种：

1）用轴承内、外垫圈厚度差实现预紧。图 4-38 所示为角接触球轴承，用不同厚度的垫圈能得到不同大小的预紧力。

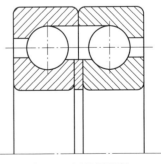

图 4-38　用垫圈预紧

2）磨窄两轴承的内圈或外圈。成对使用的角接触球轴承装配时的布置如图 4-39 所示，图 4-39a 为外圈宽边相对布置，磨窄内圈，夹紧内圈即可实现预紧。图 4-39b 为外圈窄边相对布置，磨窄外圈，夹紧外圈就可实现预紧。图 4-39c 为同向排列式布置，外圈宽、窄端相对安装实现预紧。

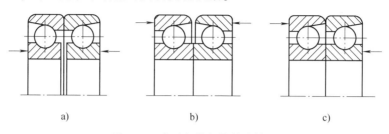

图 4-39 成对安装角接触球轴承

a）磨窄内圈 b）磨窄外圈 c）外圈宽、窄端相对安装

3）调节轴承锥形孔内圈的轴向位置实现预紧。如图 4-40 所示，拧紧锁紧螺母，通过隔套使轴承内圈向轴颈大端移动，使内圈直径增大，从而消除径向游隙，形成预加载荷。

4）弹簧预紧。如图 4-41 所示，调整螺母，使弹簧产生的不同大小的预紧力加在轴承外圈上，实现预紧的目的。

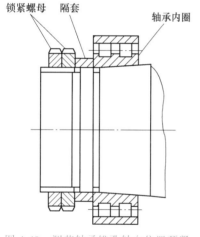

图 4-40 调节轴承锥孔轴向位置预紧

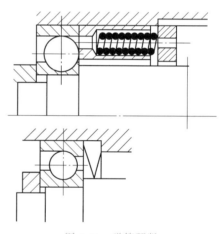

图 4-41 弹簧预紧

任务 6 齿轮的装配、检测与修理

齿轮和蜗杆传动的稳定性、可靠性、承载能力和使用寿命，除受制造材质、加工工艺、加工质量、使用维护等因素影响外，更重要的取决于装配质量。基本装配要求为：装配位置正确，齿间间隙合适，齿面接触良好。

齿轮传动的装配是机器安装与检修时比较重要且要求较高的工作，装配良好的齿轮传动，噪声小、振动小、使用寿命长。

6.1 齿轮装配时的注意事项

1）首先检查齿轮孔与轴的配合面的尺寸公差、几何公差和表面粗糙度是否符合图样要求。

2）装配的顺序最好是按传递运动相反的方向进行，即从最后的被动轴开始，以便于调整。

3）保证齿轮的端面与轴线垂直，可用直角尺进行检查。

4）两传动轴间应平行，并精确地保证轴线间距离（中心线）符合规定值。可通过两齿轮的啮合印痕检查判断。

5）两齿轮的啮合间隙应符合规定（齿侧间隙一般为 0.041~0.078mm，齿顶间隙为 0.025mm）。

6）当安装一对旧齿轮时，要仍按原来磨损的轴向位置装配，否则将会产生振动，并使噪声增大。若更换旧齿轮应成对进行更换，否则，新、旧齿轮搭配，既会加剧齿轮磨损，也会降低齿轮的接触精度，增大齿轮的振动和噪声。

7）在安装中严禁猛敲乱打，以免损坏零件表面和使零件变形，造成合格的零件变为不合格零件。

8）对于转速较高的大齿轮，还应进行静平衡校正，以免转动时产生过大振动。

6.2　齿轮装配与检测

齿轮是借助轴的转动进行工作的，应首先把齿轮安装在轴上，然后再把齿轮轴组件装入箱体。

6.2.1　齿轮与轴的装配

齿轮与轴的连接形式有空套连接、滑移连接和固定连接。

1. 空套连接

空套连接的齿轮与轴的配合性质为间隙配合，其装配精度主要取决于零件本身的加工精度，因此，装配前，应仔细检查轴、孔的尺寸是否符合要求，以保证装配后的间隙适当。装配中还可将齿轮内孔与轴进行配研，通过对齿轮内孔的修刮使空套表面的研点均匀，从而保证齿轮与轴接触的均匀度。

2. 滑移连接

滑移连接的齿轮与轴之间的配合性质仍为间隙配合，一般多采用花键连接，其装配精度也取决于零件本身的加工精度。装配前，应检查轴和齿轮相关表面及尺寸是否符合要求。对于内孔有花键的齿轮，其内花键会因热处理而使直径缩小，可在装配前用花键拉刀修整内花键，也可用涂色法修整其配合面，以达到技术要求。装配完成后，应注意检查滑移齿轮的移动灵活程度，不允许有限制，同时用手扳动齿轮时，应无歪斜、晃动等现象发生。

3. 固定连接

固定连接的齿轮与轴的配合性质多为过渡配合（有少量的过盈）。过盈量不大的齿轮和轴在装配时，可用锤子敲击装入；当过盈量较大时，可用热装或专用工具进行压装。在进行装配时，要尽量避免齿轮出现齿轮偏心、齿轮歪斜和齿轮端面未贴紧轴肩等情况。

对于精度要求较高的齿轮传动机构，齿轮装到轴上后，应进行径向圆跳动和轴向圆跳动的检查，其检查方法如图 4-42 所示，将齿轮轴架在 V 形铁或两顶尖上，测量齿轮径向跳动量时，在齿轮齿间放一圆柱检验棒，将千分表测头触及圆柱检验棒上素线，得出一个读数，然后转动齿轮，每隔 3~4 个轮齿测出一个读数，在齿轮旋转一周范围内，千分表读数的最大代数差即为齿轮的径向圆跳动误差；检验轴向圆跳动量时，将千分表的测头触及齿轮端面上，在齿轮旋转一周范围内，千分表读数的最大代数差即为齿轮的轴向圆跳动误差（测量时注意保证轴不发生轴向窜动）。

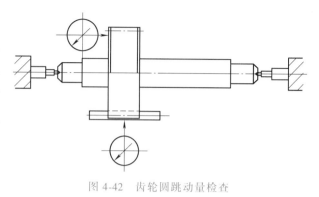

图 4-42　齿轮圆跳动量检查

6.2.2　齿轮轴组件装入箱体

齿轮轴组件装入箱体是保证齿轮啮合质量的关键工序。

装配时，应首先装入转速最低的轴，然后依次装入转速较高的轴，装好后应保证规定的啮合间隙和接触精度。影响齿轮的啮合间隙和接触精度的因素有：齿轮箱体中心距的偏差、轴线的平行度和歪斜度、箱体端面与轴线的垂直度、轴承（滚动、滑动轴承）的尺寸和位置公差、齿轮本身的精度等。也就是说，它是齿轮、轴、轴承、箱体等零件的制造精度和装配精度的综合反映。因此，在装配前，除对齿轮、轴及其他零件的精度进行认真检查外，对箱体的相关表面和尺寸也必须进行检查，检查的内容一般包括：孔中心距、各孔轴线的平行度、轴线与基面的平行度、孔轴线与端面的垂直度以及孔轴线间的同轴度等。

6.2.3　装配质量检验

齿轮组件装入箱体后，其啮合质量主要通过对齿轮副中心距偏差、齿侧间隙、接触精度等进行检查。

1. 中心距偏差的检查

中心距偏差直接影响侧隙的大小，同时影响接触区的位置，在齿轮轴组未装入齿轮箱中以前，可以利用检验心轴和内径百分尺或游标卡尺来对中心距进行测量。平行度和歪斜度的检查方法是先将齿轮轴或检验心轴放置在齿轮箱的轴承孔内，然后用内径百分尺来测量轴线的平行度，再用水平仪来测量轴线的歪斜度。

2. 齿侧间隙的检查

齿侧间隙的大小与齿轮模数、精度等级和中心距有关。齿侧间隙大小在齿轮圆周上应当均匀，以保证传动平稳，没有冲击和噪声。在齿的长度上应相等，以保证齿轮间接触良好。

齿侧间隙的检查方法有压铅法和千分表法两种。

（1）压铅法　压铅法简单，测量结果比较准确，应用较多。具体测量方法是：在小齿轮齿宽方向上放置两根以上的铅丝，铅丝的直径根据间隙的大小选定，铅丝的长度以压上 3 个齿为好，并用干油粘在齿上，如图 4-43 所示。转动齿轮将铅丝压好后，用千分尺或分度值为 0.02mm 的游标卡尺测量压扁的铅丝的厚度。在每条铅丝的压痕中，厚度小的是工作侧隙，厚度较大的是非工作侧隙，最厚的是齿顶间隙。轮齿的工作侧隙和非工作侧隙之和就是齿侧间隙。

（2）千分表法　千分表法用于较精确的啮合。如图 4-44 所示，在上齿轮轴上固定一个摇杆 1，摇杆尖端支在千分表 2 的测头上，千分表安装在平板上或齿轮箱中。将下齿轮固定，在上下两个方向上微微转动摇杆，记录千分表指针的变化值。齿侧间隙 G 可用下式计算

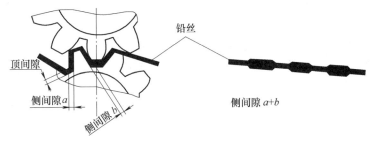

图 4-43 压铅法测量齿侧间隙

$$G = \frac{CR}{L}$$

式中 C——千分表上读数值;

R——上部齿轮节圆半径,单位为 mm;

L——两齿轮中心线至千分表测头间的距离,单位为 mm。

当测得的齿侧间隙超出规定值时,可通过改变齿轮轴位置和修配齿面来调整。

3. 齿轮接触精度的检验

评定齿轮接触精度的综合指标是接触斑点,即装配好的齿轮副在轻微制动下运转后,齿侧面上分布的接触痕迹。影响齿轮接触精度的主要因素是齿形误差和装配精度。若齿形误差太大,会导致接触斑点位置正确但面积小,此时可在齿面上加研磨剂并转动两齿轮进行研磨以增加接触面积;若齿

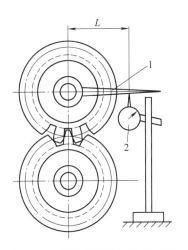

图 4-44 千分表法测量齿侧间隙
1—摇杆 2—千分表

形正确但装配误差大,在齿面上易出现各种不正常的接触斑点,可在分析原因后采取相应措施进行处理。

轮齿工作表面的接触是否正确,可用擦光法或涂色法检查。对 7 级精度的齿轮,根据金属被挤压擦光的亮度来检查;对 8 级精度的齿轮采用擦光法或涂色法查检;对 9 级精度的齿轮则用涂色法来检查。

在检查时,用小齿轮驱动大齿轮(用涂色法时,将颜色涂在小齿轮上),将大齿轮转动 3~4 转后,则金属的亮度或涂色的色进(斑点)即显示在大齿轮轮齿的工作表面上,根据接触斑点可以判定齿轮装配的正确性,如图 4-45 所示。

1)圆柱齿轮正确啮合时,即中心距与啮合间隙正确,如图 4-45a 所示,则其接触斑点的位置必须均匀地分布在节线的上下。接触斑点的大小应符合齿轮传动公差的规定。

2)中心距过大,如图 4-45b 所示,则啮合间隙就会增大,接触斑点的位置偏向齿顶,因而齿轮在运转时将会发生冲击和旋转不均匀的现象,并使磨损加快。

3)中心距过小,如图 4-45c 所示,则啮合间隙就会减小,接触斑点的位置偏向齿根,因而齿轮在运转时将会发生咬住和润滑不良的现象,同时也会加快磨损。

4)两齿轮中心距正确,但轴线发生歪斜,如图 4-45d 所示,则啮合间隙在整个齿长方向上是不均匀的,啮合接触位置就会偏向齿的端部,因而齿轮在运转时,也会发生咬住和润滑不良的现象,同时齿轮轮齿也会因局部受力而很快地被磨损或折断。

圆柱齿轮装配时所产生的各种误差都会使齿轮啮合不正确。

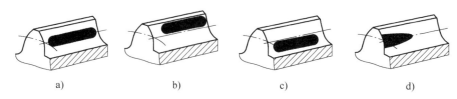

图 4-45 根据接触斑点的分布判断啮合情况

a）啮合正确 b）中心距过大 c）中心距过小 d）中心线扭斜

6.3 齿轮零件的修理

1. 齿轮齿面磨损的修理

当齿轮磨损或损坏达到一定程度时，不能继续使用，应当更换。机械传动中齿轮磨损达到下述情况之一者必须更换：

1）点蚀区宽度为齿高的100%。

2）点蚀区宽度为齿高的30%、长度为齿长的40%。

3）点蚀区宽度为齿高的70%、长度为齿长的10%。

4）齿面发生严重胶合，即胶合区达到齿高的1/3、齿长的1/2。

5）硬齿面齿轮，齿轮磨损达到硬化层深度的40%（绞车为70%）。

6）软齿面齿轮，齿面磨损达到原齿厚的5%（绞车为10%）。

7）开式齿轮传动中，齿面磨损达到原齿厚的10%（绞车为15%）。

一般情况下齿轮应成对更换。

对于载荷方向不变的齿轮，当原工作齿面出现损伤时，只要齿轮端面的安装尺寸对称，可翻转齿轮，调换其工作齿面。

2. 齿轮轮齿的修理

齿轮轮齿的修复方法有堆焊加工法、镶齿法和变位切削法三种。

（1）堆焊加工法 当多个齿轮折断后，常采用手工堆焊和机械堆焊的方法进行修复。堆焊前，必须了解齿轮的材质，选择合适的焊条，尽量选择低碳焊条，严格注意焊后增碳问题，并预先做好堆焊时检查齿形的样板，准备好焊接火花飞溅的挡板。堆焊时，应尽量采用较小的电流，用分段、对称等操作方法堆焊。

齿轮断齿的堆焊修复如图 4-46 所示，其工艺如下：

1）清洗断齿周围的杂物。

2）选择合适的焊条。

3）在断齿残根的适当位置装上螺钉桩。

4）沿螺钉桩堆焊，并注意齿形。

5）进行齿形整理。

6）对堆焊齿轮进行机械加工。

7）对加工完的齿轮进行热处理。

（2）镶齿法 当齿轮出现单个断齿后，可采用此方法修复，如图 4-47 所示，镶齿工艺如下：

1）在断齿的根部铣出合适的燕尾槽。

2）铸造或堆焊一个与原齿相同的齿形，并带有镶块。

3）将铸造或堆焊齿轮镶嵌在燕尾槽中。

4）镶嵌齿轮的焊接。

5）修整齿槽宽度及其他技术参数。

6）对齿轮进行机械加工。

7）对加工完的齿轮进行热处理。

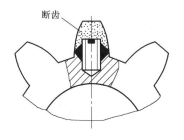

图 4-46　齿轮断齿的堆焊修复

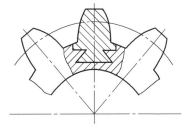

图 4-47　燕尾式镶齿法

（3）变位切削法　对已磨损的大齿轮重新进行变位切削加工处理，并重新配制相应的小齿轮来恢复传动性能。

3. 齿轮轮缘、轮毂的修理

齿轮轮缘上的裂纹，当负载较小时，可直接用固定夹板连接的方法修复，如图 4-48 所示。当负载较大时，应采用焊接修理，对不易拆卸的齿轮，先整体或局部预热 300～700℃，再进行焊接，焊后必须进行热处理，以消除内应力。轮毂上的裂纹，先整体或局部预热 300～700℃，再进行焊接，焊后必须进行热处理。

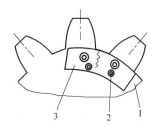

图 4-48　用夹板修理破裂的轮毂

1—齿轮　2—螺钉　3—夹板

任务7　密封装置

为了防止润滑油脂从机器设备结合面的间隙中泄漏出来，并不让外界的脏物、尘土、水和有害气体等侵入，或是防止液压或气压的介质（如油、压缩空气、水和蒸汽等）的泄漏和防止吸入空气，机器设备必须进行密封。如果机器设备密封不良，不仅会使机器设备失去正常的维护条件，影响其寿命，而且往往会造成生产的停顿和带来事故。因此，必须重视和认真做好机器设备的密封工作。

机械设备的密封按结合面间的状态可分为两大类：①固定连接的密封，这是相对静止的结合面间的密封，也称静密封，如箱体结合面、法兰盘连接等的密封；②活动连接的密封，这是相对运动的结合面间的密封，也称动密封，如转动轴与孔之间的密封。密封装置的种类很多，应根据介质种类、工作压力、工作温度、外界环境等工作条件、设备的结构和精度进行选择。

7.1 固定连接密封

7.1.1 密合密封

密合密封是利用机件有较高加工精度和较低的表面粗糙度值的表面密合进行密封。当配合要求结合面之间不允许加垫料或密封漆胶时，采用密合密封。这时，除了需要磨床精密加工外，还要进行研磨或刮研使其达到密合，其技术要求是有良好的接触和不泄漏试验。机件加工前，还需经过消除内应力退火。在装配时注意不要损伤其配合表面。

7.1.2 漆胶密封

漆胶密封是利用机件结合面用油漆或密封胶进行密封。为保证机件正确配合，在结合面处不允许有间隙时，一般不允许加衬垫，这时一般用漆片或密封胶进行密封。随着科学技术的发展，对于密封提出了更高的要求。近年来出现了高分子液体密封垫料或密封胶，可用于各种连接部位上，如各种平面、法兰连接，丝扣和承插连接等，它具有防漏、耐温、耐压、耐介质等性能，而且有效率高、成本低、操作简便等优点，可以广泛应用于许多不同的工作条件。

使用密封胶时应注意以下几点：

1）涂胶之前，清除干净结合面上的油污、水分、铁锈以及其他污物，以便使密封胶能够填满结合面的小坑而达到紧密结合。

2）密封胶一般含有溶剂，因此涂敷后需经一段时间干燥后方紧固连接，干燥时间与涂敷厚度、环境温度有关，一般为3~7分钟。

3）胶膜越薄，越易产生单分子效应，使粘结力增强，提高密封性能。间隙较大时（如大于0.1mm），可与固体衬垫共同使用。

7.1.3 衬垫密封

承受工作负荷的法兰连接，为了保证连接的紧密性，一般要在结合面之间加入较软的衬垫，常用的衬垫有纸垫、厚纸板垫、橡胶垫、石棉橡胶垫、石棉金属橡胶垫、纯铜垫、铝垫、软钢垫片等。垫片的材料根据密封介质和工作条件进行选择。在装配时，垫片的材料和厚度必须符合图样要求，不得任意改变；应进行正确的预紧；拆卸后如发现垫片失去了弹性或已破裂，应及时更换。

7.2 活动连接密封

7.2.1 填料密封

填料密封的结构如图4-49所示，装配工艺如下：

1）软填料可以是一圈圈分开的，各圈在轴上不要强行张开，以免产生局部扭曲或断裂。相邻两圈的切口应错开90°以上，软填料也可以做成整条，在轴上缠绕成螺旋状。

2）当壳体为整体圆筒时，可用专用工具把软填料推入孔内。

3）软填料由压盖压紧。为了使压力沿轴向分布尽可能均匀，以保证密封性能和均匀磨损，装配时，应由左到右逐步压紧。

4）压盖螺钉至少要有两个，必须轮流逐步拧紧，以保证圆周力均匀。同时用手转动

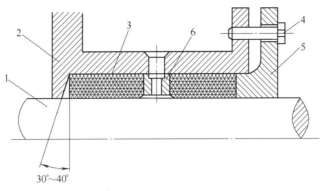

图 4-49　填料密封
1—主轴　2—壳体　3—软填料　4—螺钉　5—压盖　6—孔环

轴，检查其接触的松紧程度，要避免压紧后再行松开。填料密封在负荷运转时，允许少量有泄漏，运转后继续观察，如泄漏增加，应再均匀拧紧压盖螺钉，另外，填料密封允许有极少量泄漏，不应为完全不泄漏而压得太紧，以免摩擦功率消耗太大和发热烧坏。

7.2.2　油封

油封是用于旋转轴或壳体孔的一种密封装置，如图 4-50 所示，按其结构可分为骨架式与无骨架式两类。装配时应防止唇部受伤，同时使拉紧弹簧有合适的拉紧力。装配时应注意如下事项：

1）检查油封孔和轴的尺寸、轴的表面粗糙度是否完全符合要求，密封唇部有否损伤，在唇部和轴上涂以润滑脂。

2）用压入法装配时，要注意使油封与壳体孔对准，不可偏斜，孔边倒角宜大些，在油封外圈或壳体孔内涂少量润滑油。

3）油封装配方向应该使介质工作时能把密封唇部紧压在轴上，不可反装。如果仅作防尘用，应使唇部背向轴承，如果需要同时解决两个方向的密封，则可采用两个皮碗反向安装的结构或采用双主唇油封。

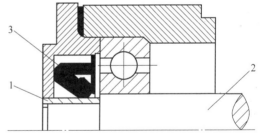

图 4-50　油封密封结构及装配导向套
1—导向套　2—轴　3—油封

4）当轴端有键槽、螺钉孔、台阶等时，为防止油封后部装配时受伤，可采用导向套装置，如图 4-50 所示。

7.2.3　密封圈

密封元件中最常用的就是密封圈，密封圈的断面形状有圆形（O 形）和唇形。

1. O 形密封圈

O 形密封圈结构简单、安装尺寸小、价格低廉、使用方便，应用十分广泛。

O 形密封圈在装配前须涂润滑脂。装配时，不得过分拉伸 O 形密封圈，也不能使密封圈产生扭曲，如果 O 形密封圈需要越过螺纹、键槽或锐边、尖角的部位时，应采用装配导向套。装配 O 形密封圈时，应按图样或有关设计资料检查 O 形密封圈断面是否有合适的压缩变形：一般橡胶密封圈用于固定密封或法兰密封时，其变形约为橡胶圆条直径的 25%；

用于运动密封时，其变形约为橡胶圆条直径的15%。对于大直径的静密封，可将断面直径符合要求的O形橡胶条切取所需长度，在其两端涂上粘合剂（如氰基丙烯酸酯），稍风干后，放在带弧形槽的样板上用手压合成O形密封圈。此种O形密封圈可以现场配制，简便易行，但精度比模压的差，接头处比较硬。

2. 唇形密封圈

唇形密封圈按断面形状不同，又分为V形、Y形、U形等多种。V形密封圈是唇形密封圈中应用最广泛的一种。它由压环、密封环和支承环组成，其中密封环起密封作用，而压环和支持环只起支承作用。V形密封圈如果重叠使用，应使各圈之间相互压紧，并注意使其开口方向朝向压力较大的一侧。

7.2.4 机械密封

图4-51所示的机械密封是一种用于旋转轴的典型密封装置，该类密封装置由两个在弹簧力和介质静压力作用下互相贴合、相对转动的动、静环构成。可在高压、高真空、高温、高速、大轴径以及密封气体、液化气体等条件下，难以采取其他密封方式时采用，具有寿命长、磨损量小、安全、泄漏量小、动力消耗小等优点。装配时应注意如下事项：

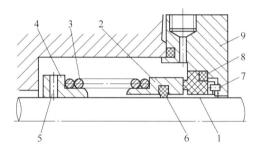

图4-51　机械密封原理图
1—静环　2—动环　3—弹簧　4—弹簧座
5—固定螺钉　6、8—密封圈
7—防转销　9—压盖

1）动、静环与其相配的元件间，不得发生连续的相对转动，不得有泄漏。

2）必须使动、静环具有一定的浮动性，以便在运转过程中能适应影响动、静环端面接触的各种偏差，而且还要求有足够的弹簧力，这是保证密封性能的重要条件。浮动性取决于密封圈的准确装配、密封圈接触的轴或轴套的表面粗糙度、动环与轴的径向间隙以及动、静环接触面上摩擦力大小等。

3）应使轴的轴向窜动、径向圆跳动和压盖与轴的垂直度在规定范围内，否则将导致泄漏。

4）在装配过程中应保持清洁，特别是轴类零件装置密封的部位不得有锈蚀，动、静环端面及密封圈表面应无任何异物或灰尘。在动、静环端面涂一层清洁的润滑油。

5）在装配过程中，不允许用工具直接敲击密封元件。

思　考　题

一、填空题

1. 根据规定的技术要求，_____的过程，称为装配。

2. 装配精度包括两方面_____、_____。

3. 常用的拆卸方法有_____、_____、_____、_____、_____。

4. 零件清洗包括清除_____、_____、_____、_____、_____等

5. 机械拆装常用工具有_____、_____、_____、_____、_____、普通台虎钳等。

6. 过盈配合的装配方法有_____、_____、_____。

7. 压装配合分为_____、_____两种。

8. 滑动轴承装配的技术要求，主要是_____，使轴在轴承中运转平稳。

9. 检查轴承径向间隙，一般采用_____和_____。

10. 滚动轴承的游隙分为_____和_____。

11. 齿轮组件装入箱体后，其啮合质量主要通过_____、_____、_____等进行检查。

12. 齿侧间隙的检查方法有_____和_____两种。

13. 机械设备的密封按结合面间的状态可分为两大类：_____和_____。

二、简答题

1. 装配的一般要求和注意事项有哪些？

2. 保证配合精度的装配方法有哪几种？

3. 简述机械装配的工艺过程。

4. 机械零件拆卸的一般规则和要求有哪些？

5. 零件的清洗必须遵循的基本原则有哪些？

6. 清除油污的方法有哪些？

7. 零件的主要检验内容有哪些？零件检验的方法有哪几种？

8. 简述热装配合工艺过程。

9. 简述剖分式滑动轴承的装配过程？

10. 简述压铅法测量滑动轴承间隙的工艺过程。

11. 滚动轴承的游隙调整有哪几种方法？

12. 简述齿侧间隙的检查方法。

13. 什么是密合密封？

14. 什么是漆胶密封？

15. 简述油封装配的注意事项。

三、计算题

1. 已知一钢制孔和钢制轴配合，配合面的长度为 20mm，实测轴的实际尺寸为 $\phi80.06$mm，孔的实际尺寸为 $\phi80.01$mm，按经验公式计算压入力。

2. 已知一钢制孔和钢制轴配合，配合面的长度为 20mm，实测轴的实际尺寸为 $\phi110.06$mm，孔的实际尺寸为 $\phi110.00$mm，按经验公式计算加热温度，环境温度为 27℃。

3. 联轴器装配后测得数据：$a_1 = 2.5$，$a_2 = 3.0$，$a_3 = 0.5$，$a_4 = 0$，$s_1 = 1.8$，$s_2 = 1.2$，$s_3 = 1.3$，$s_4 = 1.9$。已知：联轴节直径 $D = 200$mm，$l = 100$mm，$L = 500$mm，求：

1）检验测量数据是否正确。

2）计算上下、前后的调整量。

3）说明如何调整。

Chapter **5**

学习项目五

机械零件修复技术

任务 1　零件修复技术的种类及选择原则

经正常运转而磨损的零件或因事故而损坏的零件，大部分可以应用各种修复技术（如焊、补、喷、镀、韧、镶、配、改、校、涨、缩、粘）修复后重新使用。修复失效的机械零件与直接更换零件相比具有以下优点：修复零件一般可以节约原材料，节约加工以及拆装、调整、运输等费用，降低维修成本；可以避免因某些备件不足而等待配件，有利于缩短停修时间，提高设备利用率；可以减少备件储备量，从而减少资金的占用；一般不需要精、大、稀关键设备，易于组织生产；利用新技术修复旧零件还可提高零件的某些性能，如电镀、堆焊和热喷涂等表面技术，只将少量的高性能材料填充于零件表面，成本并不高，但可大大提高零件的耐磨性能，延长零件的使用寿命。

修复技术是机修行业修理技术中的重要组成部分。合理地选择和运用修复技术，是提高维修质量、节约资源、缩短停修时间和降低维修费用的有效措施。尤其对贵重、大型、加工周期长、精度要求高、需要特殊材料和特种加工的零件，其意义就更为突出。

1.1　零件修复技术的分类

在机械设备修理中，合理地选用修复工艺是提高修理质量、降低修理成本和加快修理速度的有效措施。在选用修复工艺时，要根据修理要求和修理工艺的特点来综合考虑。特别是对于一种零件存在多种损坏形式，或一种损坏形式可用几种修复工艺修复时，选择最佳修复工艺更显得尤为必要。

制订修理方案时应分析总结日常检修所发生的问题和故障，广泛收集操作工人、机修工人和技术人员的意见，结合解体检查，以查出零部件实际的磨损情况为重点，不应把非关键性的零件包括进去。对机械存在的问题和磨损情况进行分析研究，指出在修理过程中将会出现的问题，由此提出若干种修理方案。最后进行分析比较，确定出一个可靠性高、节省工时与材料且又切实可行的修理方案。

在机械设备修理中，用来修复零件的工艺很多，较普遍使用的工艺分类如图 5-1 所示。

目前我国常用的零件修复技术见表 5-1。

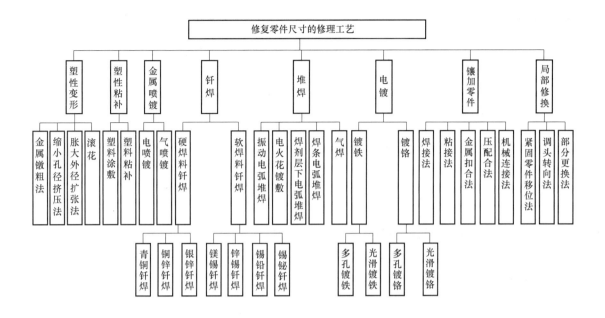

图 5-1　修复工艺分类图

表 5-1　常用的零件修复技术

零件修复技术	种　类	适 用 范 围
金属扣合技术	强固扣合法	可用于修复不易焊修的钢件、不允许有较大变形的铸件以及非铁金属件。适合于大型铸件,如机床床身、轧机机架等基础件的修复
	强密扣合法	
	加强扣合法	
工件表面强化技术	表面形变强化	可用于改善材料的表面性能,提高零件表面的耐磨性、抗疲劳性,延长其使用寿命等
	表面热处理强化和表面化学热处理强化	
	三束表面改性技术	
塑性变形修复技术	镦粗法	多用于小批或成批修复零件变形
	挤压法	
	扩张法	
	校正法	
电镀修复技术	镀铬	用于修复磨损量不大、精度要求高、形状结构复杂、批量较大和需要某种特殊层的零件
	镀铁	
	电刷镀	
热喷涂修复技术	火焰类	用于各种金属或非金属零件的机械性损伤修复领域
	电弧类	
	电热法	
	激光类	

（续）

零件修复技术	种　类	适　用　范　围
焊接修复技术	补焊	可修复磨损失效零件；可以焊补裂纹与断裂、局部损伤；可以用于校正形状
	堆焊	
粘接修复技术	热熔粘接法	应用粘接技术修复磨损型机件，不但能恢复磨损型零件的尺寸，还可以改善摩擦表面的状况，延长磨损零件的使用寿命
	溶剂粘接法	
	胶粘剂粘接法	

1.2　零件修复技术的选择

对于某一种机械零件可能同时有不同的损伤缺陷或者对于某一种损伤缺陷可能有几种修复方法及技术，但究竟哪一种修复方法及技术最好，则需要合理选择，这是修复零件时首先要解决的问题。

1.2.1　选择修复技术应遵守的基本原则

选择机械零件修复技术时，应遵循"技术合理，经济性好，生产可行"的原则。在应用这一原则时，要对具体情况进行具体分析，并综合考虑。

1. 技术合理

技术合理指的是该技术应满足待修机械零件的技术要求。为此，需要考虑如下各项：

1）考虑所选择的修复技术对机械零件材质的适应性。由于每一种修复技术都有其适应的材质，所以，在选择修复技术时，首先应考虑待修复机械零件的材质对修复技术的适应性。

如喷涂技术在零件材质上的适用范围较宽，金属零件如碳钢、合金钢、铸铁件和绝大部分非铁金属件及它们的合金件等几乎都能喷涂。在金属中只有少数的非铁金属及其合金喷涂比较困难，例如纯铜，由于其导热系数很大，当粉末熔滴撞击纯铜表面时，接触温度迅速降低，不能形成起码的熔合，常导致喷涂的失败。另外，以钨、铂为主要成分的材料喷涂也较困难。

2）考虑各种修复技术所能提供的覆盖层厚度。每个机械零件由于磨损等损伤情况不同，修复时要补偿的覆层厚度也不同。因此，在选择修复技术时，必须了解各种技术修复所能达到的覆盖层厚度。表5-2为几种主要修复技术所能达到的覆盖层厚度。

表 5-2　几种主要修复技术所能达到的覆盖层厚度

修复技术	覆盖层厚度	修复技术	覆盖层厚度
镀铬	0.1~0.3mm	电振动堆焊	1~2.5mm
镀铁	0.1~5mm	等离子堆焊	0.25~6mm
喷涂	0.2~3mm	埋弧堆焊	厚度不限
喷焊	0.5~5mm	手工耐磨堆焊	厚度不限

3）考虑覆盖层的力学性能。覆盖层的强度、硬度，覆盖层与基体的结合强度以及机械零件修理后表面强度的变化情况等是评价修理质量的重要指标，也是选择修复技术的重要

依据。

如铬镀层硬度可高达 800~1200HV，其与钢、镍、铜等机械零件表面的结合强度可高于其本身晶格间的结合强度；铁镀层硬度可达 500~800HV（45~60HRC），与基体金属的结合强度大约为 200~350MPa；又如喷涂层的硬度为 150~450HBW，喷涂层与工件基体的抗拉强度约为 20~30MPa，抗剪强度为 30~40MPa。

在考虑覆盖层力学性能时，也要考虑与其有关的问题。如果修复后覆盖层硬度较高，虽有利于提高耐磨性，但加工困难；如果修复后覆盖层硬度不均匀，则会引起加工表面不光滑。

机械零件表面的耐磨性不仅与表面硬度有关，而且与表面金相组织、表面吸附润滑油能力、两表面磨合情况有关。如采用镀铬、镀铁、金属喷涂及振动电弧堆焊等修复技术均可获得多孔隙的覆盖层，这些孔隙中储存的润滑油使得机械零件即使在短时间内缺油也不会发生表面研伤现象。

4）考虑修复技术应满足机械零件的工作条件。零件的构造有时往往限制了某些修复工艺的使用。如内轴颈不宜用镶套法修复；又如轴上螺纹车成直径小一级的螺纹时，要考虑到螺母的拧入是否受到邻近轴直径尺寸较大部位的限制。用镶螺塞法修理螺纹孔及用镶套法修理螺纹孔时，孔壁厚度与临近螺纹孔的距离尺寸是主要的限制因素。如电动机端盖轴承孔与临近的轴承盖螺纹孔很近，一般不采用镶套法修理。机械零件的工作条件包括承受的载荷、温度、运动速度、工作面间的介质等，选择修复技术时应考虑其必须满足机械零件工作条件的要求。例如，所选择的修复技术施工时温度高，则会使机械零件退火，原表面热处理性能被破坏，热变形及热应力均增加，材料力学性能下降。再如气焊、电焊等补焊和堆焊技术，在操作时机械零件受到高温的影响，其热影响区内金属组织及力学性能均发生变化，故这些技术只适于修复焊后需加工整形的机械零件、未淬火的机械零件以及焊后需热处理的机械零件。

机械零件工作条件不同，所采用的修复工艺也应不同。例如，在滑动配合条件下工作的机械零件两表面，承受的接触应力较低，从这点考虑，各种修复技术都可胜任；而在滚动配合条件下工作的机械零件两表面，承受的接触应力较高，则只能采用镀铬、吹焊、堆焊等修复技术；又如工件承受冲击载荷，宜选用喷焊、堆焊等修复技术。

5）考虑对同一机械零件不同的损伤部位所选用的修复技术尽可能少。例如，某机械设备的减速器从动轴，经常损伤的部位是渐开线花键和自压油挡配合面。对于渐开线花键，目前只能用焊条电弧堆焊技术进行修复；而自压油挡配合面，则可以用焊条电弧堆焊、振动电弧堆焊、等离子喷涂等多种技术进行修复。当两个损伤部位同时出现时，为了避免机械零件往复周转，缩短修复过程，这两个损伤部位可全用焊条电弧堆焊技术进行修复。

6）修复工艺过程对零件物理性能的影响。在修理过程中，不同工艺过程对修理零件的精度和物理性能有不同的影响。大部分零件在修复过程中，零件温度都比常温高。电镀、金属和电火花镀敷等工艺过程，零件温度低于 100℃，对零件渗碳层及淬硬组织几乎没有影响，零件因受热而产生的变形很小。各种钎焊的温度都低于被焊金属的熔化温度，用锡、铅、锌、镉、银等金属制成的软焊料，钎焊温度约在 250~400℃，对零件的热影响很小。以银、铜、锌、铁、锰、镍等金属为主要成分组成的硬焊料，钎焊温度约在 600~1 000℃，硬焊料钎焊时，被焊零件要预热或同时加热到较高温度。800℃ 以上的温度会使零件退火，热变形增大。填充金属与被焊金属熔合的堆焊法有电弧焊、铸铁焊条气焊等，由于零件受到高温后热影响区的金属组织及力学性能发生变化，故只适用于修理焊后加工整形的零件、未硬化的零件及堆焊后进行热处理的零件。

7）考虑下次修复的便利。多数机械零件不只是修复一次，因此要考虑下次修复的便利。例如专业修理厂在修复机械零件时应采用标准尺寸修理法及其相应的技术，而不宜采用修理尺寸法，以免给送修厂家再修复时造成互换、配件等方面的不方便。

由上述几方面可见，选择零件的修复工艺时，往往不能只看一个方面，而要从多个方面来综合地分析比较，才能得到较合理的修理方案。

2. 经济性好

在保证机械零件修复技术合理的前提下，应考虑到所选择修复技术的经济性。但单纯用修复成本衡量经济性是不合理的，还需考虑用某技术后机械零件的使用寿命，因此，必须两方面同时结合起来考虑，综合评价。同时还应注意尽量组织批量修复，这有利于降低修复成本，提高修复质量。

在一般情况下，衡量机械零件修复的经济性可用下列不等式

$$\frac{S_{修}}{T_{修}} < \frac{S_{新}}{T_{新}}$$

式中　$S_{修}$——旧件修复的费用，单位为元；

$T_{修}$——旧件修复后的使用期，单位为 h 或 km；

$S_{新}$——新件的制造费用，单位为元；

$T_{新}$——新件的使用期，单位为 h 或 km。

上式表明，只要旧件修复后的单位使用寿命的修复费用低于新件的单位使用寿命的制造费用，即可被认为修复是经济的。但应注意，在实际生产中，还必须考虑到因备品配件短缺而停机、停产造成经济损失的情况。这时，即使是所采用的修复技术使得修复旧件的单位使用寿命所需的费用较大，但从整体经济方面考虑还是可取的，此时可不满足上述不等式要求。

3. 生产可行

许多修复技术需配置相应的技术装备、一定数量的技术人员，也涉及整个维修组织管理和维修生产进度。所以选择修复技术要结合企业现有的修复所用的装备状况和修复水平进行。但应注意不断更新现有修复技术，通过学习开发和引进，结合实际采用较先进的修复技术。组织专业化机械零件修复，并大力推广先进的修复技术是保证修复质量、降低修复成本、提高修理技术的发展方向。

总之，选择修复技术时，不能只从一个方面考虑问题，而应综合地从几个方面来分析比较，从中确定出最优方案。

1.2.2　选择机械零件修复技术的方法与步骤

遵照上述选择修复技术的基本原则，选择机械零件修复技术的方法与步骤如下：

1）了解和掌握待修机械零件的损伤形式、损伤部位和损伤程度；了解机械零件的材质，物理、力学性能和技术条件；了解机械零件在机械设备中的功能和工作条件。为此，需查阅机械零件的鉴定单、图册或制造技术文件、部装图及其工作原理等。

2）明确零件修复的技术要求，对照本单位的修复技术装备状况、技术水平和经验，估算旧件修复的数量。

3）按照选择修复技术的基本原则，对待修机械零件的各个损伤部位选择相应的修复技术。如果待修机械零件只有一个损伤部位，则到此就完成了修复技术的选择过程。

4）全面权衡整个机械零件各损伤部位的修复技术方案。实际上，一个待修机械零件往往同时存在多处损伤，而各部位的损伤程度也不相同，在确定机械零件各单个损伤的修复工艺之后，应当加以综合权衡，确定其全面修复的方案。因此，必须按照下述原则全面权衡修复方案：①在保证修复质量前提下，力求修复方案中采用的修复技术种类最少；②力求避免各修复技术之间的相互不良影响（例如热影响）；③尽量采用简便而又能保证质量的修复技术。

5）最后择优确定一个修复方案。当待修机械零件全面修复技术方案有多个时，需根据零件各损坏部位的情况和修复工艺的适用范围，以及修复工艺选择的原则，择优选定修复方案。

6）制订修复工艺规程。修复方案确定后，应按一定原则拟订先后顺序，提出各工步中的技术要求、工艺规范要求，所用设备、工具、夹具、量具及其他辅助工具（用具）等，形成修复工艺规程。

1.2.3　机械零件修复工艺规程内容

机械零件修复工艺规程的内容包括：名称、图号、硬度、损伤部位指示图、损伤说明、修理技术的工序及工步，每一工步的操作要领及应达到的技术要求、工艺规范、修复时所用的设备、夹具、量具、修复后的技术质量检验内容等。

修复工艺规程常以卡片的形式规定下来，必要时可加以说明。

1.2.4　制订机械零件修复工艺规程的过程

1）熟悉机械零件的材料及其力学性能、工作条件和技术要求；了解损伤部位、损伤性质（磨损、断裂、变形、腐蚀）和损伤程度（如磨损量大小、磨损不均匀程度、裂纹深浅及长度等）；了解本单位的设备状况和技术水平；明确修复的批量。

2）根据修复技术的选择原则，确定修复技术方法，分析该机械零件修复中的主要技术问题，并提出相应的措施。安排合理的技术顺序，提出各工步的技术要求、工艺规范以及所用的设备、夹具、量具等。

3）听取有关人员意见并进行必要的试修，对试修件进行全面的质量分析和经济指标分析，在此基础上正式填写技术规程卡片，并报请主管领导批准后执行。

4）在技术规程中，既要把住质量关，对一些关键问题做出明确规定，又不要把一些不重要的操作方法规定得太死，这样可便于修理工人根据自己的经验和习惯灵活掌握。

1.2.5　制订机械零件修复工艺规程的注意事项

1. 合理编排顺序

应该做到：

1）变形较大的工序应排在前面，电镀、喷涂等工艺一般在压力加工和堆焊修复后进行。

2）零件各部位的修复工艺相同时，应安排在同一工序中进行。

3）精度和表面质量要求较高的工序应排在最后。

2. 保证精度要求

1）尽量使用零件在设计和制造时的基准。

2）若原设计和制造的基准被破坏，必须安排对基准面进行检查和修正的工序。

3）当零件有重要的精加工表面不修复，且在修复过程中不会变形，可选该表面为基准。

4）各修复表面的表面粗糙度及其他几何公差应符合新件的标准。

3. 保证足够强度

1）零件的内部缺陷会降低疲劳强度，因此对重要零件在修复前、后都要安排无损检测工序。

2）对重要零件要提出新的技术要求，如加大过渡圆角半径、提高表面质量、进行表面强化等，防止出现疲劳断裂。

4. 安排平衡试验工序

为保证高速运动零件的平衡，必须规定平衡试验工序。例如曲轴修复后应做动平衡试验。

5. 保证适当硬度

为保证零件的配合表面具有适当的硬度，绝不能为便于加工而降低修复表面的硬度；同时要考虑某些热加工修复工艺会破坏不加工表面的热处理性能而降低硬度，为此应遵循以下原则：①保护不加工表面的热处理部分；②最好选用不需热处理就能得到高硬度的工艺，如镀铬、镀铁、等离子喷焊、氧乙炔火焰喷焊等；③当修复加工后必须进行热处理时，尽量采用高频感应淬火。

任务2　工件表面强化技术的应用

零件修复，不仅仅是补偿尺寸，恢复配合关系，还要赋予零件表面更好的性能，如耐磨性、耐高温性等。采用表面强化技术可以使零件表面获得更好的性能。

工件表面强化技术是指采用某种工艺手段，通过材料表层的相变，改变表层的化学成分、改变表层的应力状态以及提高工件表面的冶金质量等途径来赋予基体材料本身所不具备的特殊力学、物理和化学性能，从而满足工程上对材料及其制品提出的要求的一种技术。

表面强化技术对于改善材料的表面性能，提高零件表面的耐磨性、抗疲劳性，延长其使用寿命等具有重要意义。它可以节约稀有、昂贵的材料，对各种高新技术发展具有重要作用。

2.1　表面形变强化

表面形变强化的基本原理是通过喷丸、滚压、挤压等手段，使工件表面产生压缩变形，表面形成形变硬化层，其深度可达 $0.5 \sim 1.5mm$，从而有效地提高工件表面强度和疲劳强度。表面形变强化的成本低廉，强化效果显著，在机械设备维修中常被采用。表面形变强化方法主要有滚压、内挤压和喷丸等，其中喷丸强化应用最为广泛。

2.1.1　滚压强化

滚压强化的原理是利用球形金刚石滚压头或者表面有连续沟槽的球形金刚石滚压头以一定的滚压力对零件表面进行滚压，使表面形变强化产生硬化层。目前，滚压强化用的滚轮、滚压力大小等工艺规范尚无标准。滚压技术一般只适用于回转体类零件。

2.1.2　内挤压

内挤压是使孔的内表面获得形变强化的工艺方法。

2.1.3　喷丸

喷丸是利用高速弹丸强烈冲击零件表面，使之产生形变硬化层并引进残余应力的一种机械强化工艺方法。喷丸技术显著提高了零件的抗弯曲疲劳、抗腐蚀疲劳、抗微动磨损等性能。

喷丸技术通常用于表面质量要求不太高的零件，如弹簧、齿轮、链条、轴、叶片等零件的强化。

2.2　表面热处理强化和表面化学热处理强化

2.2.1　表面热处理强化

表面热处理是通过对零件表层加热、冷却，使表层发生相变，从而改变表层组织和性能而不改变成分的一种技术。它是最基本、应用最广泛的表面强化技术之一，它可使零件表层具有高强度、高硬度、高耐磨性及疲劳极限，而心部仍保留原组织状态。

根据加热方式不同，常用的表面热处理强化技术包括：感应（高频、中频、工频）淬火、火焰淬火、接触电阻加热淬火、浴炉（高温盐浴炉）淬火等。生产中广泛应用的是感应淬火和火焰淬火。

1. 感应淬火

（1）感应淬火的基本原理　感应淬火的基本原理是将工件放在铜管绕制的感应圈内，当感应圈通过一定频率的电流时，感应圈内部和周围产生同频率的交变磁场，于是工件中相应产生了自成回路的感应电流，由于集肤效应（频率越高，电流集中的表面层越薄），感应电流主要集中在工件表层，使工件表面迅速加热到淬火温度，随即喷水冷却，使工件表层淬硬，如图5-2所示。

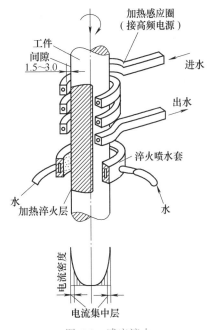

图 5-2　感应淬火

（2）感应加热频率的选择　根据热处理及加热深度的要求选择频率，频率越高加热的深度越浅。

1）高频感应加热（100～500kHz）。最常用的工作频率为200～300kHz，淬硬层深为0.5～2.5mm，一般用于中小型零件的加热，如小模数齿轮及中小轴类零件等。

2）中频感应加热（0.5～10kHz）。最常用的工作频率为2500～8000Hz，淬硬层深度2～

10mm。适于较大直径的轴类、中大齿轮等。

3）工频感应加热（50Hz）。淬硬层深度为 10~20mm，适于大直径工件的表面淬火。

感应淬火具有表面质量好、脆性小、淬火表面不易氧化脱碳、变形小、生产率高、便于实现生产机械化等优点，多用于大批量生产、形状较简单的零件。

2. 火焰淬火

火焰淬火是用乙炔-氧或煤气-氧的混合气体燃烧的高温火焰，喷射在零件表面上，使它快速加热达到淬火温度，而心部温度仍很低，随即喷水冷却，从而获得高硬度马氏体组织和淬硬层的一种表面淬火方法，如图 5-3 所示。

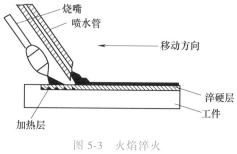

图 5-3　火焰淬火

火焰淬火的淬硬层深度一般为 2~6mm，若要获得更深的淬硬层，会引起零件表面严重的过热，且易产生淬火裂纹。由于其淬火质量不够稳定、生产率低，限制了它的广泛应用。但它具有方法简便、灵活，无需特殊设备，成本低等优点，适用于单件或小批量生产的大型或需要局部淬火的零件，如大型轴、大齿轮、轧辊、齿条、钢轨面等。

2.2.2　表面化学热处理强化

表面化学热处理强化是利用合金元素扩散性能，使合金元素渗入到零件金属表层的一种热处理方法。它的基本原理是：将工件置于含有渗入元素的活性介质中，加热到一定温度，使活性介质通过扩散并释放出欲渗入元素的活性原子，活性原子被表面吸附并溶入表面，溶入表面的原子向金属表层扩散渗入形成一定厚度的扩散层，从而改变表层的成分、组织和性能。

表面化学热处理强化可以提高金属表面的强度、硬度和耐磨性，提高表面疲劳强度，提高表面的耐蚀性，使金属表面具有良好的抗粘着能力和低的摩擦因数。

常用的表面化学热处理强化方法有渗硼（可提高表面硬度、耐磨性和耐蚀性）、渗碳、渗氮、碳氮共渗（可提高表面硬度、耐磨性、耐蚀性和疲劳强度）、渗金属（渗入金属大多数为 W、Mo、V、Cr 等，它们与碳形成碳化物，硬度极高，耐磨性很好，抗粘着能力强，摩擦因数小）等。

2.3　三束表面改性技术

三束表面改性技术是指将激光束、电子束和离子束（合称"三束"）等具有高能量密度的能源（一般大于 $10^3W/cm^2$）施加到材料表面，使之发生物理、化学变化，以获得特殊表面性能的技术。三束对材料表面的改性是通过改变材料表面的成分和结构来实现的。由于这些束流具有极高的能量密度，可对材料表面进行快速加热和快速冷却，使表层的结构和成分发生大幅度改变（如形成微晶、纳米晶、非晶、亚稳成分固溶体和化合物等），从而获得所需要的特殊性能。此外，束流技术还具有能量利用率高、工件变形小、生产效率高等特点。

2.3.1　激光束表面改性技术

激光束表面改性技术是应用光学透镜将激光束聚集到很高的功率密度与很高的温度，照射到材料表面，借助于材料的自身传导冷却，改变表面层的成分和显微结构，从而提高表面性能的方法。它可以解决其他表面处理方法无法解决或不好解决的材料强化问题，可大幅度提高材料或零部件抗磨损、抗疲劳、耐蚀、防氧化等性能，延长其使用寿命。激光束表面改性技术广泛应用于汽车、冶金、机床领域以及刀具、模具等的生产和修复中。

激光束表面改性技术包括激光淬火、激光表面涂敷、激光表面合金化、激光表面非晶态处理、激光气相沉积等。

1. 激光淬火

激光淬火又称激光相变硬化，是指用激光向零件表面加热，在极短的时间内，零件表面被迅速加热到奥氏体化温度以上，在激光停止辐照后，快速自冷淬火得到马氏体组织的一种工艺方法。激光淬火件硬度高（比普通淬火高 15%～20%）、耐磨、耐疲劳、变形极小、表面光亮，已广泛用于发动机缸套、滚动轴承圈、机床导轨、冷作模具等表面淬火。

2. 激光涂敷

激光表面涂敷其原理与堆焊相似，将预先配好的合金粉末（或在合金粉末中添加硬质陶瓷颗粒）预涂到基材表面。在激光的辐照下，混合粉末熔化（硬质陶瓷颗粒可以不熔化）形成熔池，直到基材表面微熔，激光停止辐照后，熔化物凝固，并在界面处与基材达到冶金结合。它可避免热喷涂方法使涂层内有过多的气孔、熔渣夹杂、微观裂纹和涂层结合强度低等缺点。

基材一般选择廉价的钢铁材料，有时也可选择铝合金、铜合金、镍合金、钛合金。涂敷材料一般为 Co 基、Ni 基、Fe 基自熔合金粉末。

激光表面涂敷的目的是提高零部件的耐磨、耐热与耐蚀性能。例如，汽轮机和水轮机叶片表面涂敷 Co-Cr-Mo 合金，提高了其耐磨与耐蚀性能。

3. 激光表面合金化

激光表面合金化是预先用镀膜或喷涂等技术把所需要的合金元素涂敷到工件表面，再用激光束照射涂敷表面，使表面膜与基体材料表层融合在一起并迅速凝固，从而形成成分与结构均不同于基体的、具有特殊性能的合金化表层。利用这种方法可以进行局部表面合金化，使普通金属零件的局部表面经处理后可获得高级合金的性能。该方法还具有层深层宽可精密控制、合金用量少、对基体影响小、可将高熔点合金涂敷到低熔点合金表面等优点，已成功用于改善发动机阀座和活塞环、涡轮叶片等零件的性能和寿命。

4. 激光表面非晶态处理

激光表面非晶态处理是指金属表面在激光束辐照下至熔融状态后，以大于一定临界冷却速度快速冷却至某一特征温度以下，防止了金属材料的晶体成核和生长，从而获得表面非晶态结构。激光表面非晶态处理可减少表层成分偏析，消除表面的缺陷和可能存在的裂纹，具有良好的韧性，高的屈服强度、非常好的耐蚀性、耐磨性以及优异的磁性和电学性能。如汽车凸轮轴和柴油机铸钢套外壁经激光表面非晶态处理后，强度和耐蚀性均明显提高。

5. 激光气相沉积

激光气相沉积是以激光束作为热源在金属表面形成金属膜，通过控制激光的工艺参数可精确控制膜的形成。用这种方法可以在普通材料上涂敷与基体完全不同的具有各种功能的金属或陶瓷，节省资源，处理效果显著。

2.3.2 电子束表面改性技术

电子束表面改性技术是以在电场中高速移动的电子作为载能体，当高速电子束照射到金属表面时，电子能深入金属表面一定深度，与基体金属的原子核发生弹性碰撞。而与基体金属的电子碰撞可看作是能量传递，这种能量传递立即以热能形式传给金属表层原子，使金属表层温度迅速升高。

除所使用的热源不同外，电子束表面改性技术与激光束表面改性技术的原理和工艺基本类似。凡激光束可进行的热处理，电子束也都可以进行。

与激光束表面改性技术相比，电子束表面改性技术还具有以下特点：①由于电子束具有更高的能量密度，加热的尺寸范围和深度更大；②设备投资较低，操作较方便；③因需要真空条件，故零件的尺寸受到限制。

1. 电子束表面淬火

与激光表面淬火相似，电子束表面淬火采用散焦方式的电子束轰击金属工件表面，控制加热速度为 $10^3 \sim 10^5 ℃/s$，使金属表面超过奥氏体转变温度，随后高速冷却过程中发生马氏体转变，使表面强化。这种方法适用于碳钢、中碳合金钢、铸铁等材料的表面强化。例如，在柴油机阀门凸轮推杆的制造中，采用电子束对气缸底部球座部分进行表面淬火处理，可大大提高表层耐磨性。

2. 电子束表面重熔

电子束表面重熔是在真空条件下，利用电子束轰击工件表面，使表面产生局部熔化并快速凝固，从而细化组织，提高或改善表面性能。此外，电子束重熔可使表层中各组成相的化学元素重新分布，降低元素的微观偏析，改善工件的表面性能。电子束重熔主要用于工模具的表面处理。

3. 电子束表面合金化

电子束表面合金化是预先将具有特殊性能的合金粉末敷在金属表面，再用电子束轰击加热熔化，冷却后形成与基材冶金结合的表面合金层，或在电子束作用的同时加入所需合金粉末使其熔融在工件表面上，在工件表面上形成一层新的合金表层。该方法主要用于提高表面的耐磨、耐蚀与耐热性能。

4. 电子束表面非晶态处理

电子束表面非晶态处理与激光表面非晶态处理相似，只是热源不同。由于聚焦的电子束能量密度很高以及作用时间短，使工件表面在极短的时间内迅速熔化，又迅速冷却，金属液体来不及结晶而成为非晶态。这种非晶态的表面层具有良好的强韧性与耐蚀性能。

2.3.3 离子注入表面改性技术

离子注入是指在真空下，将注入元素离子在几万至几十万电子伏特电场作用下高速注入材料表面，使材料表面层的物理、化学和力学性能发生变化的方法。

离子注入的优点是：可注入任何元素，不受固溶度和热平衡的限制；注入温度可控，不氧化、不变形；注入层厚度可控，注入元素分布均匀；注入层与基体结合牢固，无明显界面；可同时注入多种元素，也可获得两层或两层以上性能不同的复合层。

与其他表面处理技术相比，离子束注入技术也存在一些缺点，如设备昂贵、成本较高，故目前主要用于重要的精密关键部件。另外，离子注入层较薄，如十万电子伏的氮离子注入 GCr15 轴承钢中的平均深度仅为 $0.1\mu m$，这就限制了它的应用范围。离子注入不能用来处理具有复杂网腔表面的零件，并且离子注入要在真空室中进行，受到真空室尺寸的限制。

通过离子注入可提高材料的耐磨性、耐蚀性、抗疲劳性、抗氧化性及电、光等特性。目前离子注入在微电子技术、生物工程、宇航及医疗等高技术领域获得了比较广泛的应用，尤其是在工具和模具制造工业的应用效果突出。

任务 3　塑性变形修复技术的应用

塑性变形修复技术是利用金属或合金的塑性变形性能，使零件在一定外力作用的条件下改变其几何形状而不损坏。

塑性变形修复使用的方法，也是一般压力加工的方法，但其工作对象不是毛坯，而是具有一定尺寸和形状的磨损零件。这个方法是将零件不工作部分金属转移到零件的磨损的工作部位，以恢复其名义尺寸。因此，用这种方法不单改变零件的外形，而且改变金属的机械性质和组织结构。

塑性变形修复法多在小批或成批修复零件时采用。

3.1　镦粗法

镦粗法一般在常温下进行，是借助压力来增加零件的外径，以补偿外径的磨损部分，主要用来修复非铁金属套筒和滚柱形零件。

用镦粗法修复零件，零件被压缩后的缩短长度不应超过其原长度的 15%，对于承载较大的则不应超过其原高度的 8%。为使全长上镦粗均匀，其长度与直径比例不应大于 2，否则不适宜采用这种方法。

镦粗法可修复内径或外径磨损量小于 0.6mm 的零件，对必须保持内外径尺寸的零件，可以采用镦粗法补偿其中一项磨损量后，再采用别的修复方法保证另一项恢复到原来尺寸。

根据零件具体形状及技术要求，可制作简易模具以保证所需的尺寸要求，尤其是对批量零件的修复更为有利，可提高效率，保证质量。设备一般可采用压床、手压床或用锤子手工敲击。

3.2　挤压法

挤压法是利用压力将零件不需严格控制尺寸部分的材料挤压到受磨损的部分，主要适用于筒形零件内径的修复。

挤压法修复零件是借冲头和冲模使套筒外径受压缩小，因而使内径恢复到要求的尺寸，套筒的外径可借金属喷涂、镀铬和堆焊等方法恢复。例如，修复轴套可用图 5-4 所示的模具进行，将所要修复的轴套 2 放在外模 1 的锥形孔中，利用冲头 3 在压力的作用下使轴套 2 的内径缩小，再用金属喷涂、电镀或镶套等方法修复缩小的轴套外径，然后进行机械加工，使内径和外径均达到规定尺寸要求。

挤压法可在冷状态和热状态下进行。在热状态下操作时，将套筒加热至 650~700℃，然后在套筒未冷却以前，迅速进行挤压。

模具锥形孔的大小根据零件材料塑性变形性的大小和需要挤压量数值的大小来确定。对塑性变形性质低的材料，当挤压值较大时，模具锥形孔可采用 10°~20°；当挤压值较小时，模具锥形孔可采用 30°~40°。对塑性变形性质高的材料，模具锥形孔可采用 60°~70°。当挤压值很大时，也可使用两个模子。模子孔内径尺寸为套筒外径值减去两倍的套筒磨损值及挤压储备值（约 0.2mm）。挤压时可使用压床或用锤子均匀敲击，直到达到要求为止。

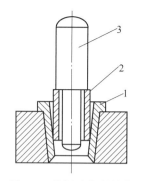

图 5-4 挤压法修复轴套
1—外模 2—轴套 3—冲头

3.3 扩张法

扩张法的原理与挤压法相同，所不同的是零件受压向外扩张，以增大外形尺寸，补偿磨损部分。扩张法主要应用于外径磨损的套筒形零件。

根据具体情况可利用简易模具和在冷状态或热状态下进行扩张加工（冷加工扩张需要很大的压力，并且容易产生裂纹），使用设备的操作方法都与前两种方法相同。例如，空心活塞销外圆磨损后一般用镀铬法修复，但若没有镀铬设备时，可用扩张法进行修复，活塞销的扩张既可在热状态下进行，也可在冷状态下进行，扩张后的活塞销，应按技术要求进行热处理，然后磨削其外圆，直到达到尺寸要求。

3.4 校正法

零件在使用过程中，常会发生弯曲、扭曲等残余变形。利用外力或火焰使零件产生新的塑性变形，从而消除原有变形的方法称为校正法。校正法分为热校法和冷校法。

3.4.1 热校法

热校法是利用金属材料热胀冷缩的特性校正变形零件。通常是在轴弯曲凸面进行局部快速均匀加热，零件材料受热膨胀，使轴的两端向下弯曲，即轴的弯曲变形增大。当冷却时，由于受热部分收缩产生相反方向的弯曲变形，从而使轴的弯曲变形得以校正。

加热校直轴时，采用氧乙炔焰或喷灯在最大弯曲变形的轴颈 1/6~1/3 圆周上加热，便加热温度达 250~550℃，且由变形最大处向两端降温加热。加热后保温、缓冷至室温时，检测弯曲变形的变化，一般需经数次加热才能校直。

此方法适用于弯曲变形较大的零件，对工人的操作技术和经验要求较高，其校正保持性好，对疲劳强度影响较小，应用比较广泛。热校正的关键在于弯曲的位置及方向必须找正确，加热的火焰也要和弯曲的方向一致，否则会出现扭曲或更多的弯曲。

对于负荷大的设备如冲床，压床，冷镦机、压延机的主轴热校直时，多采用自然冷却。如图 5-5 所示，热校直轴的一般操作规范如下：

1）利用车床或 V 形铁，找出弯曲零件的最高点，确定加热区。

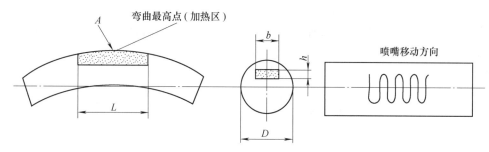

图 5-5　轴类零件的热校正

2）加热用的氧乙炔火焰喷嘴，按零件直径决定其大小。

3）加热区的形状有：

①条状。在均匀变形和扭曲时常用。

②蛇形。在变形严重，需要热区面积大时采用。

③圆点状。用于精加工后的细长轴类零件。

4）若弯曲量较大时，可分数次加热校直，不可一次加热过长，以免烧焦工件表面。

3.4.2　冷校法

对于材料塑性较高、变形程度不大或尺寸较小的零件可用冷校法进行修复。冷校法是基于反变形原理，即使零件变形部位产生相反的变形，从而使之正形。由于材料的弹性变形会使反变形程度减小，所以反变形程度应较原变形程度适当增大，达到消除变形、恢复原有形状的目的。冷校法常用的方法有敲击法和机械校直法。

1. 敲击法

用锤子人工敲击零件变形部位的背面，使之产生反向变形。根据零件材料性能、形状尺寸和变形程度等的不同可分别选用木锤、铜锤或铁锤和相应的锤击力度进行敲击。敲击时，不可在一处多次敲击，应移动地敲击，每处敲击 3~4 次。

此法校正变形的效果稳定，对零件的性能（如疲劳强度）影响不大。例如，小型曲轴的弯曲变形采用敲击法进行校直，用铁锤敲击曲柄臂内侧或外侧，使变形的曲轴轴线发生变化达到校直。

2. 机械校直法

机械校直法或称静载荷法，一般是在压床或专用机床上进行变形零件的校直，用于校正弯曲变形不大的小型轴类零件。例如，小型曲轴，用 V 形铁在曲轴两端或弯曲部位附近的两个主轴颈处支承曲轴，并将弯曲凸面朝上，用压力机或千斤顶加压便之产生反向变形，且较原弯曲变形量大，保持压力 1~2min 后卸载，如此数次施压可消除变形，曲轴得以校直。

机械校直法简单易行，但校正的精度不容易控制，经此法校直的零件内有残余应力，采用低温退火也难以完全消除，会在以后的使用中再度变形。此外，由于校直后轴上截面变化处（如过渡圆角）塑性变形较大，产生较大的残余拉应力，使疲劳强度降低。

任务 4　电镀修复技术的应用

电镀是指在含有欲镀金属的盐类溶液中，以被镀基体金属为阴极，通过电解作用，使镀液中欲镀金属的阳离子在基体金属表面沉积，形成镀层的一种表面加工技术。

电镀法形成的金属镀层不仅可补偿零件表面磨损，而且还能改善零件的表面性质，如可提高耐磨性（如镀铬、镀铁）、提高耐蚀性（如镀锌、镀铬等）、形成装饰性镀层（如镀铬、镀银等）以及特殊用途（如防止渗碳用的镀铜、提高表面导电性的镀银等），有些电镀还可改善润滑条件。因此，电镀是常用的修复技术之一，主要用于修复磨损量不大、精度要求高、形状结构复杂、批量较大和需要某种特殊层的零件。

4.1 电镀基本原理

电镀分为有槽电镀和无槽电镀（电刷镀）。有槽电镀是以被镀零件作为阴极，欲镀金属作为阳极，并使阳极的形状符合零件待镀表面的形状。电镀槽一般采用不溶金属或非金属，如铅、铅锑合金、塑料等。电解液是所镀金属离子的盐溶液。

电解原理是：电镀使用直流电源，电镀时，阳极金属失去电子变为离子溶于电解液中；阴极附近的离子获得电子而沉积于零件表面发生还原反应。根据电镀质量、镀层厚度等的不同，电镀时所选用的电流密度、电解液的温度、电镀时间等工艺参数也不同。严格控制电镀工艺参数是获得优良镀层的关键。

常用镀层金属：

用于电镀的金属材料很多，如锌、铬、铜、铁、金、锡、钛等。下面介绍几种金属镀层材料。

1）锌。外观为白色，在空气中易氧化形成白色氧化物，具有很强的耐蚀性，但耐磨性差。主要用于钢铁零件在大气条件下的防锈层。

2）铬。镀铬层外观为白色镜状（也有蓝色、黑色），硬度比渗碳钢高 30%，具有很强的抗强酸、强碱腐蚀的能力。

3）铜。铜镀层与基体金属结合牢固，且细致紧密，具有良好的导电性和抛光性。

4）铁。铁镀层硬度为 180~220HBW，经过热处理后可达 500~600HBW，具有一定的耐磨性，在镀铁的电镀渡中加入糖和甘油等附加物，可使镀层中碳的质量分数增加 1%，显著地提高了镀层的力学性能，这一工艺措施称为镀铁层的钢化，并能够提高镀铁层的耐磨性。

电镀工艺如下：

1）表面处理。用机械、物理和化学等方法，去除工件表面的污垢，获得干净清洁的表面。

2）镀前处理。经过预处理的工件，宏观上看不出污垢，但从微观上检查，表面仍存留有一层油膜或其他残留物，因此要用碱性清洗液清洗。

3）镀前处理的工件要及时进行电镀，不能停留，以免再附着尘埃。

4）为防止镀层不均匀，可添加有关的添加剂。

5）设置合理的阳极与阴极的位置及距离。

6）设计和调节镀件与镀液做相对运动的控制机构，使镀层均匀。

7）检查无误后通电，并随时监测。

4.2 镀铬

镀铬是用电解法修复零件的最有效方法之一，它不仅可以修复磨损表面的尺寸，而且能改善零件的表面性能，特别是提高表面耐磨性。

4.2.1 镀铬层特点

1）硬度高、耐磨性好，硬度可达 800~1000HV，高于渗碳钢、渗氮钢；耐磨性高于无镀铬层的表面 2~50 倍。

2）摩擦因数小，镀铬层的摩擦因数为钢和铸铁的 50%。

3）导热性好，热导率比钢和铸铁高约 40%。

4）耐蚀性强，铬层与有机酸、硫、硫化物、稀硫酸、硝酸、碳酸盐或碱等均不起反应，具有较高的化学稳定性，能长时间保持光泽。

5）镀铬层与钢、镍、铜等基体金属有较高的结合强度。

镀铬存在的缺点是：它不能修复磨损量较大的零件，镀层的厚度一般为 0.5~0.8mm，过厚则容易脱落；镀层有一定的脆性，只能承受工作表面均匀分布的动载荷；镀铬的工艺比较复杂，一般不重要的零件不宜采用。

镀铬层可分为平滑镀铬层和多孔性镀铬层两类。平滑镀铬层具有很高的密实性和较高的反射能力，但其表面不易储存润滑油，一般用于修复无相对运动的配合零件尺寸，如锻模、冲压模，测量工具等；而多孔性镀铬层的表面形成无数网状沟纹和点状孔隙，能储存足够的润滑油以改善摩擦条件，可修复具有相对运动的各种零件，如比压大、温度高、滑动速度大和润滑不充分的零件、切削机床的主轴、镗杆等。

4.2.2 镀铬工艺

1. 一般工艺

镀铬的一般工艺过程为：镀前准备、施镀及镀后处理。

（1）镀前准备

1）机械准备加工：为了得到正确的几何形状和消除表面缺陷并达到表面粗糙度的要求，工件要进行准备加工和消除锈蚀，以获得均匀的镀层。如对机床主轴，镀前一般要加以磨削。

2）绝缘处理：不需镀覆的表面要做绝缘处理。通常先刷绝缘性清漆，再包扎乙烯塑胶带，工件的孔眼则用铅堵牢。

3）去除油脂和氧化膜：可用有机溶剂、碱溶液等将工件表面清洗干净，然后进行弱酸腐蚀，以清除工件表向上的氧化膜，使表面显露出金属的结晶组织，增强镀层与基体金属的结合强度。

（2）施镀　将被镀工件装上挂具吊入镀槽进行电镀，根据镀铬层种类和要求选定电镀规范，按时间间隔控制镀层厚度。

（3）镀后处理　镀后检查镀层质量，观察镀层表面是否镀满及色泽是否光亮，测量镀层的厚度和均匀性。镀层不合格时，用酸洗或反极退镀，重新电镀。通常镀后要进行磨削加工。镀层薄时，可直接镀到尺寸要求。对镀层厚度超过 0.1mm 的重要零件应进行热处理，以提高镀层韧性和结合强度。

2. 新工艺

镀铬的一般工艺虽得到了广泛应用，但因电流效率低、沉积速度慢、工作稳定性差、生产周期长、需经常分析和校正电解液等缺点，所以必须研究新的镀铬工艺。

（1）快速镀铬　快速镀铬是通过改变电解液的成分、加大电流密度而得到。一种是采用比标准镀铬溶液中铬酐浓度低得多的电解液镀铬，即低铬镀铬，它的电流效率较高，电解液稳定，镀层晶粒细密、光亮、结合强度高，硬度也高；另一种是在电解液中加入某些阴离子或金属盐镀铬，即复合镀铬，它可以提高电流效率、铬层质量，减少气孔；再一种是铬酐和硫酸用量之比为 200∶1 时，再加入 5g/L 的氟硅酸，制成阴极电流效率较高的快速镀铬溶液，收到了较好的效果。

（2）喷流镀铬　喷流镀铬是用电解液喷流来进行电镀，它可减少零件的绝缘工作，随时检查镀层质量。

（3）三价铬镀铬　三价铬镀铬是以氯化铬为主盐的电解液，还含有氯化铵、氯化钠、硼酸、二甲基甲酰胺等材料，采用石墨作阳极。三价铬镀铬的最大优点是毒性小，无有害气体产生，均镀能力较好，工艺简单，无特殊要求，不受电流中断的影响，耐蚀性能也比六价铬高。但是经济性不好，镀层不厚，仅适于装饰性镀铬，还不能用于硬质镀铬。

4.3　镀铁

按照电解液的温度不同分为高温镀铁和低温镀铁。电解液的温度在的 90℃ 以上的镀铁工艺，称为高温镀铁，这种方法获得的镀层硬度不高，且与基体结合不可靠。电解液的温度在 50℃ 以下至室温的镀铁工艺，称为低温镀铁，这种方法获得的镀层力学性能较好，工艺简单，操作方便，在修复和强化机械零件方面可取代高温镀铁，并已得到广泛应用。

镀铁层可用于修复在有润滑的一般机械磨损条件下工作的间隙配合副、过盈配合副的磨损表面，以恢复尺寸。但是，镀铁层不宜用于修复在高温或腐蚀环境、承受较大冲击载荷、干摩擦或磨料磨损条件下工作的零件。镀铁层还可用于补救零件加工尺寸的超差。

4.3.1　镀铁层特点

1）镀层与基体金属有较高的结合强度和较高的硬度，耐磨性好。

2）电流效率高，沉积速度快，一次镀厚能力强，可达 1.0~1.5mm。

3）原料来源广，成本低，经济效益显著。

4）电解液温度低，毒性小，有利于人工操作和环境保护。

4.3.2　镀铁工艺

（1）镀前预处理　镀前首先对工件进行脱脂除锈，之后再进行阳极刻蚀。阳极刻蚀是将工件放入 25~30℃ 的 H_2SO_4 电解液中，以工件为阳极，铅板为阴极，通以直流电，使工件表面的氧化膜层去除，粗化表面以提高镀层的结合力。

（2）侵蚀　把经过预处理的工件放入镀铁液中，先不通电，静放 0.5~5min 使工件预热，溶解掉钝化膜。

（3）电镀　当零件经过表面化学处理后，按镀铁工艺规范立刻进行起镀和过渡镀，然后直流镀。

（4）镀后处理　包括清水冲洗、在碱液里中和、除氢处理、冲洗、拆挂具、清除绝缘涂料和机械加工等。

4.4　电刷镀

电刷镀是电镀的一种特殊方式，不用镀槽，只需在不断供应电解液的条件下，用一支镀笔在工件表面上进行擦拭，从而获得电镀层。电刷镀主要应用于改善和强化金属材料工件的表面性质，使之获得耐磨、耐蚀、抗氧化、耐高温等方面的一种或数种性能。在机械修理和维护方面，电刷镀广泛地应用于修复因金属表面磨损失效、疲劳失效、腐蚀失效而报废的机械零部件，恢复其原有的尺寸精度，其有维修周期短、费用低、修复后的机械零部件使用寿命长等特点，特别是对大型和昂贵机械零部件的修复，经济效益更加显著。在施镀过程中基体材料无变形，镀层均匀致密与基体结合力强，是修复金属工件表面失效的最佳工艺。

4.4.1　电刷镀基本原理

电刷镀基本原理如图 5-6 所示。电刷镀采用一专用的直流电源设备，电源的正极接刷镀笔，作为电刷镀的阳极，将电源的负极接表面处理好的工件，作为电刷镀的阴极。阳极包套包裹着有机吸水材料（如用脱脂棉或涤纶、棉套或人造毛套等）。刷镀时，包裹的阳极与工件欲刷镀表面接触并作相对运动，含有需镀金属离子的电刷镀专用镀液供送至阳极和工件表面处，在电场力的作用下，镀液中的金属离子向工件表面做定向迁移，在工件表面获得电子还原成原子成为镀层在工件表面沉积。镀层的厚度随刷镀时间的延长而增厚，直至所需的镀层厚度时为止。镀层厚度由专用的刷镀电源控制，镀层种类由刷镀液品种决定。

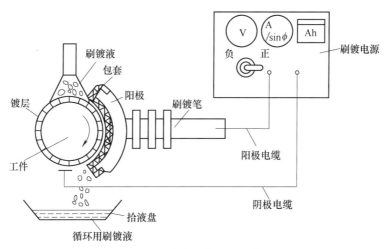

图 5-6　电刷镀基本原理示意图

4.4.2　电刷镀特点

1. 设备特点

1）电刷镀设备简单，体积小，重量轻，多为便携式或可移动式，便于现场使用或进行野外抢修，其用电量、用水量少，可以节约能源、资源。

2）电刷镀不需要镀槽、挂具，设备数量少，因而对场地设施的要求较低。

3）一套设备可以完成多个镀件的电刷镀。

4）刷镀笔（阳极）材料主要采用高纯细石墨，是不溶性阳极，石墨的形状可根据需要制成各种样式，以适应被镀上件表面形状。只有尺寸很小的阳极，为了保证其强度才用铂铱合金制造。

2. 刷镀液的特点

1）电刷镀溶液大多数是金属有机络合物水溶液，络合物一般在水中溶解度大，刷镀液中金属离子含量通常比槽镀高几倍到几十倍。

2）刷镀液性能稳定，在较宽的电流密度和温度范围内使用，不必调整刷镀液组成及操作参数。

3）不同的刷镀液有不同的颜色，其透明清晰，没有浑浊或沉淀现象，便于鉴别。

4）刷镀液不易燃、不易爆、无毒性、腐蚀性小，因而安全可靠，便于运输和储存。

5）根据工艺的要求，在金属镀液中可以加入不同的添加剂，以起到细化晶粒、减少内应力、提高浸润性的作用。

3. 工艺特点

1）电刷镀时，刷镀笔与工件始终保持一定的相对运动速度，使刷镀液能随刷镀笔及时送到工件表面，不易产生金属离子贫乏现象。

2）镀层的形成是一个断续的结晶过程。刷镀液中的金属离子只在刷镀笔与工件接触的部位还原结晶。刷镀笔的移动限制了晶粒的长大和排列，因而镀层中存在大量的超细晶粒和高密度的位错，促使镀层强化。

3）刷镀液中金属离子含量很高，允许使用大的电流，镀层的沉积速度快。

4）手工操作，方便灵活。尤其对于复杂型面，凡是刷镀笔能触及的地方均可镀上。电刷镀技术非常适用于大设备的不解体现场修复。

4.4.3　电刷镀工艺

电刷镀工艺过程包括：工件表面准备阶段、电刷镀阶段和镀后处理。工件表面准备阶段又包括镀前准备、电净处理、活化处理；电刷镀阶段包括镀底层和刷镀工作层。

1. 镀前准备

对工件表面进行预加工，除油、去锈、去除飞边毛刺和疲劳层。预制键槽和油孔的塞堵。获得正确的几何形状和较低的表面粗糙度（$<Ra2.5\mu m$）。对深的划伤和腐蚀斑坑，要用锉刀、磨条、油石等修整露出基体金属。

2. 电净处理

电净处理是指采用电解方法对工件欲镀表面及邻近部位进行精除油。通电使电净液成分离解，形成气泡，撕破工件表面油膜，达到去油的目的。

电净时，镀件一般接电源负极，但对疲劳强度要求甚严的工件，如非铁金属和易脆的超高强度钢，则应接电源正极，旨在减少氢脆。

电净时的工作电压和时间应根据镀件的材质而定。电净后，用清水将工件冲洗干净，彻底除去残留的电净液和其他污物。电净的标准是水膜均摊。

3. 活化处理

活化处理实质是去除工件表面的氧化膜、钝化膜或析出的碳元素微粒黑膜，使工件表面露出纯净的金属层，为提高镀层与基体之间的结合强度创造条件。

活化时，工件必须接于电源正极，用刷镀笔蘸活化液反复在刷铁表面刷抹。低碳钢处理后，表面应呈均匀银灰色，无花斑。中碳钢和高碳钢的活化过程是，先用 2 号活化液（SHY—2）活化至表面呈灰黑色，再用 3 号活化液（SHY—3）活化至表面呈均匀银灰色。活化后，工件表面用清水彻底冲洗干净。

4. 镀底层

在刷镀工作层之前，首先刷镀很薄一层（1～5μm）特殊镍（SDY101）、碱铜（SDY403）或低氢脆性镉作底层，其作用主要是提高镀层与基体的结合强度及稳定性。碱铜适用于改善焊接性或需防渗碳、防渗氮以及需要良好电气性能的工件，碱铜底层的厚度限于 0.01～0.05mm；低氢脆性镉作底层，适用于对氢特别敏感的超高层与基体的结合强度，又可避免渗氢变脆的危险；其余一般采用特殊镍作过渡层，为了节约成本，通常只需刷镀 2μm 即可。

5. 刷镀工作层

根据情况选择工作层并刷镀到所需厚度。由于单一金属的镀层随厚度的增加内应力也增大，结晶变扭，强度降低，过厚时将引起裂纹或自然脱落，一般单一镀层不能超过 0.03～0.05mm 安全厚度，快速镍和高速铜不能超过 0.3～0.5mm 安全厚度。如果待镀工件的磨损较大，则需先电刷镀"尺寸镀层"来增加尺寸，甚至用不同镀层交替叠加，最后才镀一层满足工件表面要求的工作镀层。

6. 镀后处理

刷镀后彻底清洗工件表面的残留镀液并擦干，检查质量和尺寸，需要时送机械加工。若镀件不再加工，应采取必要的保护措施，如涂油等。剩余镀液过滤后分别存放，阳极、包套拆下清洗、晾干、分别存放，下次对号使用。

任务 5　热喷涂修复技术的应用

热喷涂是利用某种热源，如电弧、等离子弧、燃烧火焰等将粉末状或丝状的金属和非金属涂层材料加热到熔融或半熔融状态，然后借助焰流本身的动力或外加的高速气流雾化，并以一定的速度喷射到经过预处理的基体材料表面，与基体材料结合而形成具有各种功能的表面覆盖涂层的一种技术。

热喷涂作为机械零部件表面损伤的一种重要修复技术，既能够填补零部件因刮、擦、碰等引起的伤痕，又能方便地恢复机械零件磨损的尺寸，而且还能通过选择适当的喷涂材料，明显改善和提高包括耐磨性和耐蚀性等多种指标在内的零件表面的性能，因而在各种金属或非金属零件的机械性损伤修复领域占有重要的地位。

5.1　热喷涂技术的分类及特点

5.1.1　分类

热喷涂作为新型的实用工程技术，目前尚无标准的分类方法，平常接触较多的一种分类方法是按照加热喷涂材料的热源种类来分类，可分为：①火焰类，包括火焰喷涂、爆炸喷涂、超音速喷涂；②电弧类，包括电弧喷涂和等离子喷涂；③电热法，包括电爆喷涂、感应加热喷涂和电容放电喷涂；④激光类，激光喷涂。

几种热喷涂工艺特点的比较见表 5-3。

表 5-3　几种热喷涂工艺特点的比较

	火焰喷涂	电弧喷涂	等离子喷涂	爆炸喷涂
典型涂层孔隙率(%)	10～15	10～15	1～10	1～2
典型黏结强度(MPa)	7.1	10.2	30.6	61.2
优点	成本低,沉积效率高,操作简便	成本低,沉积速度高	孔隙率低,能喷涂薄壁易变形件,热能集中,热影响区小,黏结强度高	孔隙率很低,黏结强度极高
缺点	孔隙率高,黏结强度差	孔隙率高,喷涂材料仅限于导电丝材	成本高	成本极高,沉积速度慢

5.1.2　特点

1）喷涂材选取范围宽,适用的基体种类广。首先,几乎所有的金属、合金、陶瓷都可以作为喷涂材料,塑料、尼龙等有机高分子材料也可以作为喷涂材料。其次,对各种材料的基体,无论是金属、陶瓷器具、玻璃基体,还是石膏、木材、布、纸等基体,只要是固体材料,几乎都可以进行热喷涂。

2）喷涂设备经济简便,维修时便于携带,机动性好。热喷涂设备简单轻便、投资少、成本低、生产率高、经济效益好,而且既可对大型构件进行大面积喷涂,也可在指定的局部进行喷涂;既可在工厂室内进行喷涂,也可在室外现场进行施工。

3）涂层厚薄易控制,对表面损伤的修复效果好。热喷涂涂层厚薄易调、易控,薄者可为几十微米,厚者可为几毫米。而且喷涂同样厚度的膜层,时间要比电镀短得多。

4）喷涂工艺简便、沉积快、生产效率高。大多数喷涂技术的生产率可达到每小时喷涂数千克喷涂材料,有些工艺方法的生产率更高。

但热喷涂技术也存在缺点,例如,喷涂层与基体结合强度不很高,不能承受交变载荷和冲击载荷;涂层孔隙多,虽有利于润滑,但不利于防腐蚀,基体表面制备要求高,表面粗糙化处理会降低零件的强度和刚性;涂层质量主要靠工艺来保证,目前尚无有效的检测方法。

金属喷涂层的主要性质

1）喷涂层的多孔性。喷涂层的微粒之间是机械结合,其间有孔隙,在使用中,有时是有益的（储存润滑油、散热）;有时是有害的（不利密封、易腐蚀）。

喷涂层在不允许有孔隙时,必须进行封闭处理,如采用酚醛树脂、环氧树脂等胶液密封。但这只适用于小面积喷镀层,大面积的喷镀层目前无法实施封闭。

2）喷镀层与基体的结合力。喷镀层与基体的结合同样是机械结合,其结合强度不高,远低于电镀层强度。为提高喷涂层的强度,喷涂后要进行滚压处理,以提高结合力。

3）喷涂层的强度。由于喷涂层的微粒之间是机械结合,且呈多孔性,因此,结合强度不高,在使用中不适于承受点、线接触载荷和大载荷的冲击。例如,矿山刮板运输机的刮板,采用喷涂后使用寿命反而降低 500h。因此,应谨慎采用喷涂修复。

4）喷涂层的硬度。喷涂层硬度与金属丝材质有关,对于碳钢,硬度随含碳量的增加而提高,喷涂层的硬度远高于金属丝的硬度。

5）喷涂层的耐磨性。一般来讲,硬度高,耐磨性就好。但对喷涂层来讲,由于其微粒间结合强度低,故在干摩擦条件下,耐磨性较差;在润滑条件下,磨损也较快,磨粒磨损还会造成油路堵塞,引起事故;在稳定阶段,如有良好的润滑,喷涂层才有较好的耐磨性。因此，喷涂应用有局限性。

5.2　热喷涂技术的主要方法及设备

5.2.1　火焰粉末喷涂

火焰粉末喷涂是利用氧乙炔火焰作热源，用专用喷枪把加热到熔化或近熔化状态的合金粉末喷到经过预先处理的零件表面上形成要求涂层的工艺，如图5-7所示。它具有设备简单、工艺成熟、操作灵活、投资少、见效快的特点。它可制备各种金属、合金、陶瓷及塑料涂层，是目前国内常用的喷涂方法之一。

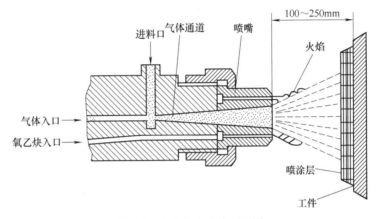

图 5-7　火焰粉末喷涂原理图

火焰粉末喷涂设备主要包括喷枪、氧气和乙炔供给装置以及辅助装置等。

1. 喷枪

喷枪是氧乙炔火焰粉末喷涂技术的主要设备。目前国产喷枪大体上可分为中小型和大型两类。中小型喷枪主要用于中小型件和精密件的喷涂，其适应性强；大型喷枪主要用于大直径和大面积的零件，生产率高。

中小型喷枪的典型结构如图5-8所示。当送粉阀不开启时，其作用与普通气焊枪相同，

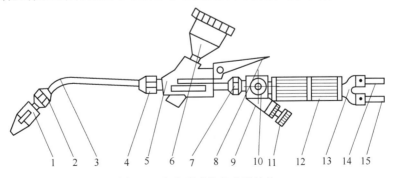

图 5-8　中小型喷枪的典型结构

1—喷嘴　2—喷嘴接头　3—混合气管　4—混合气管接头　5—粉阀体　6—粉斗
7—气接头螺母　8—粉阀开关　9—中部主体　10—乙炔开关阀　11—氧气开关阀
12—手柄　13—后部接体　14—乙炔接头　15—氧气接头

可作喷涂前的预热及喷粉后的重熔。按下送粉阀柄，送粉阀开启，喷涂粉末从粉斗流进枪体，随着氧乙炔混合气的燃烧被熔融，喷射到工件表面上。

2. 氧气供给装置

一般使用瓶装氧气，通过减压器供氧即可。

3. 乙炔供给装置

一般使用瓶装乙炔。如使用乙炔发生器，以 $3m^3/h$ 的中压乙炔发生器为好。

4. 辅助装置

一般包括喷涂机床、测量工具、粉末回收装置等。

5.2.2 电弧喷涂

电弧喷涂是在两根丝状的金属材料之间产生电弧，电弧产生的热使金属丝熔化，熔化部分由压缩空气气流雾化并喷向基体表面而形成涂层。该工艺的特点是涂层性能优异、效率高、节能、经济、使用安全。应用范围包括制备耐磨涂层、结构防腐涂层和磨损零件的修复（如曲轴、一般轴、导辊）等。

电弧喷涂的过程如图5-9所示。

两根金属丝2作为两个消耗电极，在电动机的动力带动下向前送进，在喷嘴3的喷

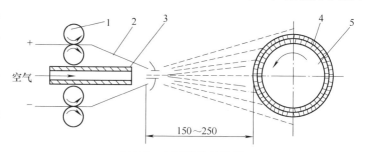

图 5-9 电弧喷涂示意图

1—送丝轮 2—金属丝 3—喷嘴 4—涂层 5—工件

口处相交时，因短路产生电弧。金属丝不断被电弧熔化，紧接着又被压缩空气吹成细小微粒，并以高速喷向工件5，在已制备的工件表面上堆积成涂层4。

电弧喷涂设备主要由直流电焊机、控制箱、空气压缩机及供气装置、电弧喷枪等组成。

5.2.3 等离子喷涂

等离子喷涂是以电弧放电产生等离子体作为高温热源，将喷涂材料迅速加热至熔化或熔融状态，在等离子射流加速下获得高速度，喷射到经过预处理的零件表面形成涂层。

由于等离子喷涂的焰流温度高（喷嘴出口处的温度可长时间保持在数千到一万多摄氏度），可以简便地对几乎所有的材料进行喷涂，涂层细密、结合力强，能在普通材料上形成耐磨、耐蚀、耐高温、导电、绝缘的涂层，零件的寿命可提高 $1 \sim 8$ 倍。主要用于喷涂耐磨层，已在修复动力机械中的阀门、阀座、气门等磨损部位取得了良好的成效。

图 5-10 所示为等离子喷涂原理示意图。其原理是在阴极和阳极（喷嘴）之间产生一直流电弧，该电

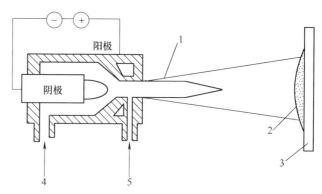

图 5-10 等离子喷涂原理示意图

1—等离子射流 2—喷涂层 3—母材 4—工作气 5—喷涂粉末

弧把导入的工作气体加热电离成高温等离子体并从喷嘴喷出形成等离子焰；粉末由送粉气体送入火焰中被熔化、加速、喷射到基体材料上形成膜。工作气体可以用氢气、氮气，或者在这些气体中再掺入氢气，也可采用氢和氮的混合气体。

等离子喷涂设备主要包括喷枪、送粉器、整流电源、供气系统、水冷系统及控制系统等。

5.3 热喷涂材料

热喷涂材料有粉、线、带和棒等不同形态。它们的成分是金属、合金、陶瓷、金属陶瓷及塑料等。粉末材料居重要地位，种类逾百种；线材与带材多为金属或合金（复合线材尚含有陶瓷或塑料）；棒材只有十几种，多为氧化物陶瓷。

5.3.1 自熔性合金粉末

自熔性合金粉末是在合金粉末中加入适量的硼、硅等强脱氧元素，降低合金熔点、增加液态金属的流动性和湿润性，主要有镍基合金粉末、铁基合金粉末、钴基合金粉末等。它们在常温下具有较高的耐磨性和耐蚀性。

5.3.2 喷涂合金粉末

喷涂合金粉末可分为结合层用粉和工作层用粉两类。

1. 结合层用粉

结合层用粉喷在基体与工作层之间，它的作用是提高基体与工作层之间的结合强度。结合层用粉又称为打底粉，主要是镍、铝复合粉末。

2. 工作层用粉

工作层用粉的种类较多，主要分为镍基、铁基、铜基三大类。每种工作层用粉所形成的涂层均有一定适用范围。

5.3.3 复合粉末

复合粉末是由两种或两种以上性质不同的固相物质组成的粉末，能发挥多种材料的优点，得到综合性能的涂层。按复合粉末涂层的使用性能，大致可分为以下几种：

1. 硬质耐磨复合粉末

常以镍或钴包覆碳化物，如碳化钨、碳化铬等。碳化物分散在涂层中，成为耐磨性能良好的硬质相，同时与铁、钴、镍合金有极好的液态润湿能力，增强与基体结合能力，且具有耐蚀性、耐高温性能。

2. 抗高温耐热和隔热复合粉末

一般采用具有自粘结性能的耐热合金复合粉末（如 NiCr/Al）或耐热合金线材打底，形成两层致密的耐热涂层，中间采用金属陶瓷型复合粉末材料（如 Ni/Al$_2$O$_3$），外层采用导热率低的耐高温的陶瓷粉末（如 Al$_2$O$_3$）。

3. 减摩复合粉末

一般常用的减摩复合粉末有镍包石墨、镍包二硫化钼、镍包硅藻土、镍包氧化钙等。镍包石墨、镍包二硫化钼具有减摩自润滑性能；镍包硅藻土、镍包氧化钙有减摩性能和耐高温性能，可在800℃以下使用。

4. 放热型复合粉末

常用的放热型复合粉末是镍包铝，其镍铝比可以为 80：20、90：10、95：5。它常作为涂层的打底材料。

5.3.4 丝材

丝材主要有钢质丝材，如 T12、T9A、80 及 70 高碳钢丝等，用于修复磨损表面；还有纯金属丝材，如锌、铝等，用于防腐。

5.4 热喷涂工艺

热喷涂工艺过程如下：施工前的准备→工件表面预处理→工件预热→喷涂→涂层后处理。

5.4.1 施工前的准备

喷涂的准备工作主要内容有：材料、工具和设备的准备以及工艺制订。在编制工艺前首先应了解被喷涂工件的实际状况和技术要求并进行分析。从本企业设备、工装实际出发，努力创造条件制订出最佳工艺方案。工艺制订中主要要考虑以下几方面：

（1）确定喷涂层的厚度 一般来说，喷涂后必须进行机械加工，因此，涂层厚度中应包括加工余量，同时还要考虑喷涂时的热胀冷缩。

（2）确定涂层材料 选择涂层材料的依据是：涂层材料的性能应满足被喷涂工件的材料、配合要求、技术要求以及工作条件等。分别选择结合层和工作层所用材料。

（3）确定喷涂参数 根据涂层的厚度、材料性能和粒度，确定热喷涂的参数，包括喷距、喷枪与工件的相对运动速度等。

5.4.2 工件表面预处理

工件表面的预处理也称表面制备，即保证基材表面必须清洁及粗糙，它是保证涂层与基体结合质量的重要工序。

1. 凹切

当工件表面存在疲劳层和局部严重拉伤的沟痕时，在强度允许的前提下，可以凹切处理。凹切是指为提供容纳热喷涂层的空间在工件表面上车掉或磨掉一层材料。

2. 净化处理

净化处理的目的是除去工件表面的所有污垢，如氧化皮、油渍、油漆及其他污物，关键是除去工件表面和渗入其中的油脂。净化处理的方法有：溶剂清洗法、蒸汽清洗法、碱洗法及加热脱脂法等。

3. 粗化处理

粗化处理的目的是增加涂层与基材间的接触面积，增大涂层与基材的机械咬合力，使净化处理后的表面更加活化，以提高涂层与基材的结合强度。同时基材表面粗化还可改变涂层中的残余应力分布，对提高涂层的结合强度也是有利的。粗化处理的方法有喷砂、机械加工法（如车螺纹、滚花）、拉毛等，这些方法可单用也可并用。

（1）喷砂 喷砂处理是最常用的粗化处理方法，常用的喷砂介质有氧化铝、碳化硅和冷硬铸铁等。喷砂后应尽快热喷涂，一般间隔不得超过 2h，活性材料不得超过 0.5h，在这段时间内零件应置于清洁干燥的环境中。值得注意的是喷砂用的压缩空气必须清洁。

（2）机械加工法　对轴、套类零件表面的粗化处理，可采用开槽、车螺纹或滚花等粗化方法，槽或螺纹表面粗糙度以 $Ra6.3 \sim Ra12.5\mu m$ 为宜，加工过程中不加润湿剂和切削液。对不适宜开槽、车螺纹的工件，可以在表面滚花纹，但应避免出现尖角。

（3）拉毛　硬度较高的工件表面可用电火花拉毛机进行粗化。拉毛法是将细的镍丝或铝丝作为电极，在电弧的作用下，电极材料与基体表面局部熔合，产生粗糙的表面。拉毛时，将镍丝在螺纹上面先作纵向移动，使整个表面全部拉毛，然后在轴的两端、键槽和油孔的边缘用点触方法再拉毛一遍。对薄涂层工件慎用此方法。

表面粗化后呈现的新鲜表面，应防止污染，严禁用手触摸，保存在清洁、干燥的环境中。粗化后应尽快喷涂，一般间隔时间不超过 2h。

4. 非喷涂部位的屏蔽保护

喷涂表面附近的非喷涂表面需加以防护，保护零件的非喷涂部位的方法通常有以下几种：

（1）胶带保护　胶带由不燃的玻璃布或铝箔涂以耐热胶制成。该胶带必须保证在喷涂的高温下不流淌，不污染工件。胶带保护法适用于形状复杂、制作夹具进行保护困难的工件。

（2）化合物保护　该化合物一般为流体状态，便于涂刷，并且事后还应容易去除掉。常用的化合物有：硅油溶剂、有机硅树脂、水玻璃等。

（3）机械保护　即用屏蔽材料（玻璃布和石棉布等）将非喷涂部位遮蔽起来。有必要时，应按零件形状制作相应夹具进行保护，注意夹具材料要有一定强度，且不得使用低熔点合金，以免污染涂层。有油孔、键槽的工件，喷涂前要将油孔及键槽用石墨块或粉笔堵平，也可高出基面 1.5mm 左右。

5.4.3　工件预热

预热的目的是为了消除工件表面的水分和湿气，提高喷涂粒子与工件接触时的界面温度，以提高涂层与基体的结合强度，减少因基材与涂层材料的热膨胀差异造成的应力而导致的涂层开裂。预热温度取决于工件的大小、形状和材质以及基材和涂层材料的热膨胀系数等因素，一般情况下预热温度应控制在 $60 \sim 120$℃之间。

5.4.4　喷涂

采用何种喷涂方法进行喷涂主要取决于选用的喷涂材料、工件的工况以及对涂层质量的要求。例如，如果是陶瓷涂层，则最好选用等离子喷涂；如果是碳化物金属陶瓷涂层，则最好采用高速火焰喷涂；如果是喷涂塑料，则只能采用火焰喷涂；如果是在户外进行大面积防腐工程的喷涂，则应采用灵活、高效的电弧喷涂或丝材火焰喷涂。

预处理好的工件要在尽可能短的时间内进行喷涂，喷涂参数要根据涂层材料、喷枪性能和工件的具体情况而定，优化的喷涂条件可以提高喷涂效率，并获得致密度高、结合强度高的高质量涂层。

5.4.5　涂层后处理

喷涂所得涂层有时不能直接使用，必须进行一系列的后处理。

1）用于防腐蚀的涂层，为了防止腐蚀介质透过涂层的孔隙到达基材引起基材的腐蚀，必须对涂层进行封孔处理。用作封孔剂的材料很多，有石蜡、环氧树脂、硅树脂等有机材料及氧化物等无机材料。如何选择合适的封孔剂，要根据工件的工作介质、环境、温度及成本等多种因素进行考虑。

2）对于承受高应力载荷或冲击磨损的工件，为了提高涂层的结合强度，要对喷涂层进行重熔处理（如火焰重熔、感应重熔、激光重熔以及热等静压等），使多孔的且与基体仅以机械结合的涂层变为与基材呈冶金结合的致密涂层。

3）有尺寸精度要求的，要对涂层进行机械加工。由于喷涂涂层具有与一般的金属及陶瓷材料不同的特点，如涂层有微孔，不利于散热；涂层本身的强度较低，不能承受很大的切削力；涂层中有很多硬的质点，对刀具的磨损很快等，因而形成了喷涂涂层不同于一般材料的难于加工的特点。所以，必须选用合理的加工方法和相应的工艺参数，才能保证喷涂层机械加工的顺利进行和保证达到所要求的尺寸精度。

5.5 热喷涂技术的功用

5.5.1 旧件修复

对旧件进行修复，不仅可以恢复零件的尺寸，而且可强化旧零件表面的性能，成倍地提高其寿命，经济意义十分重大。

热喷涂技术的应用包括以下几个方面：

1）修复旧件，恢复磨损工件的名义尺寸。如机床主轴：曲轴、凸轮轴轴颈、电动机转子轴以及机床导轨和溜板等，经热喷涂修复后，既节约了钢材，又延长了寿命，还大大减少了备件库存。

2）修复铸件的缺陷。如修复大铸件加工完毕时发现的砂眼、气孔等。

3）修复或制造减摩材料轴瓦。如在轴瓦上喷一层磷青铜或铝青铜，可大大提高其耐磨性。

4）增强金属结构件或零部件的耐蚀性或耐高温等性能。如盐浴容器、燃气轮机等喷涂铝后，寿命可大大延长。

5.5.2 制备特定的功能性涂层

热喷涂技术可依据特定的功能需要，制造或修复加工出特殊的功能性涂层。

（1）耐磨涂层 对于可能出现磨料磨损的机械部件，如在冲蚀和气蚀环境下工作的水轮机、抽风机、旋风除尘器等零件，为了获得较好的抗冲蚀效果、提高其使用寿命，可采用等离子喷涂超细氧化铝、氧化铬等耐磨陶瓷涂层，或选用超声速火焰、爆炸喷涂钴基碳化钨复合涂层等技术手段，使其零件表面涂层达到硬度高、韧性好的要求。

（2）耐蚀涂层 采用热喷涂技术可以喷涂耐各种介质腐蚀的保护涂层，如锌、铝、不锈钢、镍合金、青铜以及氧化铝、氧化铬陶瓷涂层和塑料等。目前性能最好的热喷涂耐蚀涂层是锌、铝涂层，未来极有希望用来替代油漆作表面保护涂层。

（3）耐高温涂层 采用热障涂层隔离金属基体与高温环境，可以有效保持金属构件的力学性能，所以喷涂耐高温涂层在航空航天等领域已得到广泛应用。

（4）屏蔽涂层 屏蔽涂层用于消除电磁波和无线电波的干扰，同时清除静电放电火花。采用电弧喷涂锌屏蔽涂层，可以提供高能级的衰减（范围达 $60 \sim 120dB$）。屏蔽涂层的应用包括计算机终端设备、电子办公设施、药品监测装置和感光电子设备。

热喷涂技术所能实现的具体功能还有诸如抗氧化喷涂层、隔热喷涂层、导电喷涂层、绝缘喷涂层、密封喷涂层、装饰性喷涂层、复合性喷涂层等。

任务6 焊接修复技术的应用

焊接是通过加热或加压，或同时加热、加压的方法，使两个金属件的连接达到原子间的冶金结合，形成永久性连接的一种工艺。其工艺的特点是：成本低，工时少，效率高，结合强度高。可修复磨损失效零件；可以焊补裂纹与断裂、局部损伤；可以用于校正形状。但焊接时零件温度较高，易产生变形和裂纹。因此，为了保证修理质量，对焊接修复工艺要求严格，要求焊前预热，焊后退火。正是由于补焊和堆焊时，对零件的局部不均匀的加热使零件产生内应力和变形，所以一般不宜于修复较高精度、细长和薄壳类零件。

根据提供热能的不同方式，焊修可分为电弧焊、气焊和等离子弧焊等；按照焊修的工艺和方法的不同，又可分为补焊、堆焊等。焊接技术，用于修复零件使其恢复尺寸与形状或修复裂纹与断裂时，称为补焊；用于恢复零件尺寸、形状并赋予零件表面以某些特殊性能的熔敷金属时，称为堆焊。按照零件的材质主要分为铸铁件的焊修和钢件的焊修。

6.1 补焊

6.1.1 铸铁件的补焊

铸铁零件在机械设备零件中所占的比例较大，而且多数铸铁零件是重要的基础件。由于它们一般体积大、结构复杂、制造周期长、有较高精度要求，而且不作为备件储备，所以，一旦损坏很难更换，只有通过修复才能使用。焊接是铸铁件修复的主要方法之一。

1. 铸铁件补焊的难点

铸铁含碳量高，组织不均，强度低，脆性大，是对焊接温度较为敏感的焊接性差的材料，其焊修难点主要有以下几个方面：

1）铸铁含碳最高，从熔化状态遇到骤冷易白口化，白口化则收缩率大；铸铁本身塑性小、脆性大，焊接时的残余应力与铸造残余应力集中作用到厚壁部分或角隅，易形成裂缝以至剥离；铸铁中含硫、磷量较高，这给焊接也带来了一定的困难。

2）铸铁中的碳主要以片状石墨形式存在，焊修时石墨被高温氧化产生 CO 气体，使焊缝金属易产生气孔或咬边。

3）铸铁组织疏松，若组织浸透油脂（尤其是长期需润滑的零部件），焊修时只靠简单的机械除油、化学除油是远远不够的，即使火焰烘烤，也不易把油脂彻底清除掉，焊修时易在焊缝中产生气体，形成气孔。

4）铸铁件在铸造时产生的气孔、缩松、砂眼等也容易造成焊修缺陷。

5）对于铸铁件，如补焊的工艺措施和保护方法不当，极易产生变形过大或电弧划伤而使工件报废。

2. 铸铁件补焊的种类

铸铁件的补焊分为热焊和冷焊两种，需根据外形、强度、加工性、工作环境、现场条件等特点进行选择。

（1）热焊 热焊是焊前对工件高温预热（600℃以上），焊后加热、保温、缓冷。用气焊和电弧焊均可达到满意的效果。热焊的焊缝与基体的金相组织基本相同，焊后机加工容易，焊缝强度高、耐水压、密封性能好，特别适合铸铁件毛坯或机加工过程中发现基体缺陷的修复，也适合于精度要求不太高或焊后可通过机加工修整达到精度要求的铸铁件。但是，热焊需要加热设备和保温炉，劳动条件差，周期长，整体预热变形较大，长时间高温加热氧化严重，对大型铸铁来说，应用受到了一定的限制。主要用于小型或个别有特殊要求的铸铁件焊补。

（2）冷焊　冷焊是在常温下或仅低温预热进行焊接，一般采用焊条电弧焊或半自动电弧焊。冷焊操作简便、劳动条件好，施焊时间较短，具有更大的应用范围，一般铸铁件多采用冷焊。铸铁冷焊时要选用适当的焊条、焊药，使焊缝得到适当的组织和性能，以便焊后加工和减轻加热冷却时的应力危害。施焊时应采取一系列工艺措施，尽量减少输入机体的热量，减小热变形，避免气孔、裂纹、白口化等。

3. 铸铁件破坏形式及其相应修复措施

铸铁件在使用过程中，由于各种原因会产生破损现象，其形式常见的有磨损、裂纹、断裂、残缺、孔洞等。

（1）裂缝件的冷焊修复　通用焊修裂缝件的冷焊工艺如下：

1）找出裂源。在裂纹末端的前方3~5mm处钻止裂孔，止裂孔的直径按表5-4选择。如果裂缝很浅，彻底除油并打磨干净后，即可施焊修复。

表 5-4　冷焊时止裂孔直径　　　　　　　　　　　　　　（单位：mm）

壁厚尺寸	4~8	8~15	15~25	>25
止裂孔径	3~4	4~5	5~8	8~10

2）开坡口。以机械方法开坡口质量容易保证。开坡口以不影响准确合拢为原则，既要除尽裂纹又要确保强度。

① 对精密性要求高的完全断开的工件，为了复原定位可靠和方便，焊前暂不开坡口，焊接时用适当工具使其断口合拢复原，在夹固后固定焊住，然后开一段坡口焊接一段。

② 对于承受强烈冲击负荷的大负荷、厚壁铸铁件，在未完全断开的情况下，最好先热压扣合键，使裂纹强迫合拢一些后，再开坡口。

③ 当只允许焊接壁厚的一面时，则采用开单面坡口而且开通内面的方法（焊接时为防止铁液下流，可垫上纯铜板或石墨板）。

④ 对能进行壁厚方向两面焊的，先开一面坡口，等焊好后，再开另一面坡口焊接。

⑤ 薄壁铸铁件的坡口开法：壁厚为 3~4mm 的，可不开坡口，只需把裂纹部位的表面磨光或铲光即可。壁厚为 5~8mm 的，可开成角度稍大的浅坡口，应适当的留点钝边（即不要开通），焊完一面后，再开另一面坡口（为了焊透裂纹，坡口深要见到已焊面的焊缝金属）进行焊接，如图 5-11 所示。

⑥ 厚壁开单面坡口的常见形式如图 5-12

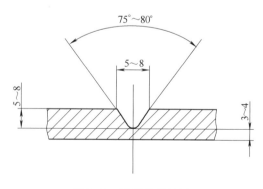

图 5-11　薄壁件开坡口

所示，开双面坡口的常见形式如图 5-13 所示。坡口尺寸可参考表 5-5。

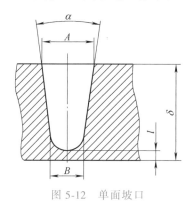

图 5-12　单面坡口

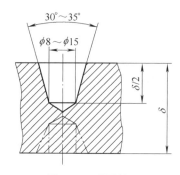

图 5-13　双面坡口

表 5-5　坡口尺寸表

δ/mm	B/mm	A/mm	α/(°)
15~40	10	15~20	16~18
40~80	15	30~50	28~30

如条件允许，建议在坡口面上开几条与裂纹长度方向平行的纵向槽，目的是消除部分残余铸造应力，增加焊缝与母材的结合强度。为减少焊接应力及保证焊接质量，若条件允许，采用双面坡口较好，下端的坡口应在上端的坡口焊好后再开。尖角坡口应尽量不采用，因为尖角处不易焊透，并且焊接应力会促使裂纹扩展。

⑦ 电弧开坡口。用电弧开坡口，如用得恰当，不仅不会影响焊接质量，而且简单易行、效率高。但只能用于结构简单，并能自由伸缩的厚壁铸铁零件的某些有裂纹的部位上。有些变质的，或铸造时就形成的石墨片粗大的铸铁件，在采用电弧开坡口的情况下，还会改善焊接性能。电弧开坡口时，采用碳弧或采用交、直流两用焊条，将工件坡口立式放置从上而下地开较好，也有的采用碳弧气刨或铸 208 焊条开坡口。

3）较深坡口的焊接，应先进行挂面焊，然后进行退步、短段多层焊和分散断续焊，即先把第一段坡口焊满填足后，再退步施焊第二段。每段焊缝的长度为 50mm 左右，层间温度和接续焊温度为 60℃ 左右。焊道方向与裂纹走向垂直。

4）对于壁厚、允许有较多焊层的裂缝的补焊，必要时需进行栽丝处理，以免应力过大造成焊缝剥离。

5）施焊操作要点如下：

① 预热：焊前用氧乙炔焰对施焊部位进行稍大范围的烘烤，预热温度为 200℃ 左右，冬季从室外来的铸件，应在室内放置 24h 以上，使应力松弛后再焊。一般说来，油污不大的工件，经 200℃ 左右温度的烘烤后，一可除油，二可预热，可有效地防裂。

② 焊条的选择：应根据工件的作用及要求来选择焊条。经碳钢焊条焊后的工件不能再加工，但其突出的特点是，用镍基焊条几乎不能施焊的氧化或腐蚀严重的铸铁件，可使用低碳钢焊条施焊；此外，多层焊时，以碳钢焊条打底焊第一层，熔合效果较好。常用的碳钢焊条有 Z117、Z116、Z110 等碳钢芯铸铁焊条，以及 J506（结 506）、J507（结 507）、J427（结 427）等结构钢碱性焊条。使用较为广泛的还是镍基铸铁焊条，其中，铸 408 效果较好，

焊条直径越细越好。焊条应按说明书要求烘干后再用，通常烘干温度为 150～250℃，保温 2h。

值得注意的是，在碳钢焊缝上可用镍基焊条施焊，但不可在镍基焊缝上用碳钢焊条施焊，否则将会熔进大量镍、钼，使焊缝硬度极高而切削性能不良，容易致裂。

③ 电流和极性的选择：铸铁冷焊法以细径焊条、线能量小为特点，因此常用较低电流施焊，以减少母材熔入量。一般情况下，冷焊铸铁用的焊接电流比焊接钢结构的焊接电流要小 10%～25% 左右。冷焊法宜选择直流焊机，并以反接法即焊条接正极进行焊接效果为好。

④ 引弧和收弧：引弧处易出现白口现象，为避免焊接使切削性能、防裂性能变坏，应尽量在不加工处引弧，重要工件则应利用引弧板引弧，若直接引弧时，必须在焊道中心线上距起点 20mm 处进行引弧，以便及时利用电弧来回火。收弧时则要在压低电弧填满弧坑后，再把电弧拉向一侧熄弧，这样可防止弧坑裂纹的产生。

⑤ 运条：底层的焊接只能采用直线型运条，不得采用划圈法运条，以免增大熔合比。直线型运条每个焊段不超过 50mm，若焊缝较长，宜用分段、断续或分散施焊的方法，这样可达到限制发热量的目的，减少应力集中现象，如图 5-14 所示。并行焊道应往前段焊道压入 1/3～1/2，如图 5-15 所示，这样可以减少母材的熔入量，并可获得平齐美观的焊缝。整个施焊操作均以短弧施焊，每次焊前必须把焊皮残渣清除干净，必要时用砂轮打磨光滑。接续焊温度、层间温度均以不烫手为原则（60℃左右）。

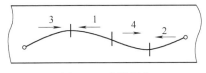

图 5-14　分段焊接

图 5-15　焊道相互覆盖可减少母材熔入

⑥ 锤击：每段焊完后，立即用细尖头（顶端 $R3～R5$ 圆角）的小锤在焊道上连续敲打锤击，锤击要适度、均匀。裂缝一般发生在焊后 10s 左右，故锤击就必须在这一段时间进行完毕。锤击后的焊道表面应以布满密密麻麻的小坑为宜。待焊道温度降为 300℃ 以下时就不得再锤击。

⑦ 加热减应区法：加热减应区法即在焊件上选择适当的区域进行加热，使焊接区域有自由热胀冷缩的可能，以减小焊接应力，然后及时施焊。减应区的选择原则：在阻碍焊缝膨胀收缩的部位，与其他部位联系不多，且强度较高，该区的变形对其他部位不产生很大影响的部位。减应区的加热温度一般不超过 750℃。

⑧ 焊后处理：焊后应注意保温缓冷，以免冷却速度过快形成白口现象。保温措施：小工件可用热砂或保温灰覆盖掩埋，大工件则可用石棉布覆盖，若能及时放入回火炉则更好。

⑨ 焊缝补强：为保证重要工件工作焊缝的强度，焊接后应进行补强。补强方法主要有加焊钢筋法和覆盖钢板法。加焊钢筋法即在垂直于焊缝方向上焊接钢筋，以通过钢筋把负荷传递到更大区域。加焊钢筋的方法有表面加焊和镶入式加焊。覆盖钢板法的步骤是先把补焊缝磨平，然后再在焊缝两边各覆以钢板，与铸铁母材配钻螺纹孔，把钢板与铸铁件用螺栓连在一起，最后将钢板与母材板的坡口处焊起来。这样，便可使原铸铁的补焊缝受到附加的压应力，从而增加了焊修后的强度。

（2）磨损件的焊接修复　以车床导轨划伤的焊补工艺为例，叙述磨损件的焊接修复。

若用冷焊法通常工艺修复划伤的导轨，在焊后粗打磨加工时，会发现导轨上有较多甚至是密集的小圆气孔，这是导轨划伤处吸油过多所致，导轨虽经除油并且是预热后施焊，但在焊接高温下，油脂又会从母材深处虹吸上来，而冷焊法的冷却速度快，气体来不及逸出而滞留于焊缝中，以致形成气孔，因此，除油是个关键。由实验可知，采用短段热焊法焊补导轨的划伤部位可圆满解决气孔问题。短段热焊法即是对将施焊的焊段进行 $600 \sim 700℃$ 的预热，然后趁热施焊，再预热下一个焊段（$600 \sim 700℃$），再施焊，依此类推。由于每个焊段长度控制在 $25 \sim 40mm$，且焊前预热温度高，能及时彻底除净虹吸上来的油脂，因此，焊缝磨削后几乎不产生气孔等缺陷。此焊法的其他施焊要点与前述的冷焊法完全相同。

焊补处的精加工宜在导轨磨床上完成，如为现场焊修，则用手动砂轮打平后，再用油石精修成形即可。

（3）断件的焊接修复　断件的焊修工艺是利用相应手段使原件吻合良好，然后点焊几处，使尺寸和精度符合要求，其他补焊措施及要点与修复裂缝件相同。值得注意的是，坡口要开一段焊一段，且两面交替进行，切不可贸然地一次把坡口全部开出，那样保证不了尺寸精度。有条件的话可用刚性固定法夹持施焊。

（4）残缺铸铁件的焊接修复　残缺不全是铸铁件损坏的常见形式，应根据不同情况进行相应处理。

1）对于无加工要求的工件，允许用相应的铸铁或低碳钢材料制成缺掉部分的形状（俗称补块）后开好相应坡口，然后进行镶补。因补块是碳钢材料，所以使用奥氏体不锈钢焊条施焊为宜，其施焊方法应遵循冷焊要点。

2）对焊后有切削加工要求的铸铁件，应尽量采用铸铁补块，用 Z408 或 Z508 焊条施焊，并在表面堆焊足够后进行退火处理，最后将焊道大致打磨平整后机械加工成形。

3）对残缺较大，且残缺位于角落的铸铁件，应进行栽丝处理后，再冷焊修复。

6.1.2　钢制零件的补焊

补焊主要是为修复裂纹和补偿磨损尺寸。钢的品种繁多，其焊接性差异很大，一般来说，含碳量越高、合金元素种类和数越多，焊接性越差。焊接性差主要指在焊接时容易产生裂纹，钢中碳、合金元素含量越高，出现裂纹的可能性越大。

机械零件补焊与钢结构焊接相比较为困难，这主要由于：机械零件多为承载件，除有物理性能和化学成分要求外，还有尺寸精度和几何精度要求及焊后可加工性要求；零件损伤多是局部损伤，在补焊时要保持其他部分的精度和物理、化学性能，其多数材料焊接性较差，但又要求焊修后的部位要保持设计规定的精度和材料性能，因而焊接工艺要严密合理。

1. 低碳钢零件

低碳钢零件，由于可焊性良好，补焊时一般不需要采取特殊的工艺措施。只有在特殊情况下（例如，零件刚度很大或低温补焊时有出现裂纹的可能），要注意选用抗裂性优质焊条，同时采用合理的焊接工艺以减少焊接应力。

2. 中、高碳钢零件

中、高碳钢零件，由于钢中含碳量较高，焊接接头容易产生焊缝内的热裂纹、热影响区内由于冷却速度快而产生的低塑性淬硬组织引起的冷裂、焊缝根部主要由于氢的渗入而引起的氢致裂纹等。

为了防止中、高碳钢零件补焊过程中产生的裂纹，可采取以下措施：

（1）焊前预热　预热是防止产生裂纹的主要措施，尤其是工件刚度较大，预热有利于降低热影响区的最高硬度，防止冷裂纹和热应力裂纹，改善接头塑性，减少焊后残余应力。焊件的预热温度根据含碳量或碳当量、零件尺寸及结构来确定。中碳钢预热温度一般为150~250℃，高碳钢预热温度为250~350℃。某些在常温下保持奥氏体组织的钢种，无淬硬情况可不预热。

（2）选用合适的焊条　根据钢件的工作条件和性能要求选用合适的焊条，尽可能选用抗裂性能较强的碱性低氢型焊条，以增强焊缝的抗裂性能，特殊情况也可采用铬镍不锈钢焊条。

（3）选用多层焊　多层焊的优点是前层焊缝受后层焊缝热循环作用使晶粒细化，性能改善。

（4）加强焊接区的清理工作　彻底清除油、水、锈以及可能进入焊缝的任何氢的来源。

（5）焊后热处理　焊后热处理的作用在于消除焊接部位的残余应力，改善焊接接头的韧性和塑性，同时加强扩散氢的逸出，减少延迟裂纹的产生。一般中、高碳钢焊后先采取缓冷措施，再进行高温回火，推荐温度为600~650℃。

（6）设法减少母材熔入焊缝的比例　例如焊接坡口的制备，应保证便于施焊，但要尽量减少填充金属。

6.2　堆焊

堆焊是焊接领域中的一个分支，是一种熔焊工艺。但堆焊的目的并不是为了连接机件，而是借用焊接的手段对金属材料表面进行厚膜改质，即在零件上堆敷一层或几层具有希望性能的材料。这些材料可以是合金，也可以是金属陶瓷，它们可以具有原机件不具有的性能，例如，高的抗磨性，良好的耐蚀性或其他性能。这样一来，对于本来是用一般材料制成的零件，如普通碳钢零件，通过堆焊一层高合金，可使其性能得到明显的改善或提高。

堆焊适用于修补零件大面积磨损、腐蚀破坏，或补偿较大的尺寸偏差以恢复零件原有尺寸，或赋予零件表面一定的特殊性能。用堆焊技术修复零件表面具有结合强度高，不受堆焊层厚度限制，随所用堆焊材料的不同而可得到不同耐磨性能的修复层的优点。现在，堆焊已广泛地用于矿山、冶金、农机、建筑、电站、铁路、车辆、石油、化工设备以及工具、模具等的制造和修理。

6.2.1　堆焊的特点

堆焊技术的物理本质、工艺原理、冶金过程和热过程的基本规律与一般的焊接技术没有区别。但是它也有其自身的特点，主要是：

1）堆焊的目的是用于表面改质，因此，堆焊材料与基体材料往往差别很大，因而具有异种金属焊接的特点。

2）与整个机件相比，堆焊层仍是很薄的一层，因此，其本身对整体强度的贡献，不像通常焊缝那样严格，只要能承受表面耐磨等要求即可。堆焊层与基体的结合力，也无很高要求，一般冶金结合即可满足，但是必须保证工艺过程中对基体的强度不损害，或者损害可控制在允许限度之内。

3）要保证堆焊层自身的高性能，要求尽可能低的稀释率。

4）堆焊用于强化某些表面，因而希望焊层尽可能平整而均匀。这要求堆焊材料与基体应有尽可能好的润湿性和尽可能好的流平性。

6.2.2　堆焊方法

几乎所有熔焊方法均可用于堆焊，目前应用最广的有焊条电弧堆焊、氧乙炔焰堆焊、振动堆焊、埋弧堆焊、等离子弧堆焊等。常用的堆焊方法及特点见表5-6。

表5-6　常用的堆焊方法及特点

堆焊方法		特　点	注意事项
氧乙炔焰堆焊		设备简单、成本低，操作较复杂、劳动强度大。火焰温度较低，稀释率小，单层堆焊厚度可小于1.0mm，堆焊层表面光滑。常用合金铸铁及镍基、铜基的实芯焊丝。堆焊批量不大的零件	堆焊时可采用熔剂，熔深越浅越好。尽量采用小号焊炬和焊嘴
埋弧堆焊		设备简单、机动灵活、成本低，能堆焊几乎所有实芯和药芯焊条，目前仍是主要堆焊方法。常用于小型或复杂形状零件的全位置堆焊修复和现场修复	采用小电流，快速焊，窄道焊，摆动小，防止产生裂纹。大件焊前预热，焊后缓冷
埋弧堆焊	单丝埋弧堆焊	是常用的堆焊方法，堆焊层平整，质量稳定，熔敷率高，劳动条件好。但稀释率较大，生产率不够理想	应用最广的高效堆焊方法。用于具有大平面和简单圆形表面的零件。可配通用焊剂，也常用专用烧结焊剂进行渗合金
	双丝埋弧堆焊	双丝、三丝及多丝并列接在电源的一个极上，同时向堆焊区送进，各焊丝交替堆焊，熔敷率大大增加，稀释率下降10%～15%	
	带极埋弧堆焊	熔深浅，熔敷率高，堆焊层外形美观	
等离子弧堆焊		稀释率低，熔敷率高，堆焊零件变形小，外形美观，易于实现机械化和自动化	有填丝法和粉末法两种

限于篇幅，下面只介绍埋弧堆焊。

1. 埋弧堆焊原理

埋弧堆焊原理是电弧在焊剂下形成。由于电弧的高温放热，熔化的金属与焊剂蒸发形成金属蒸气与焊剂蒸气，在焊剂层下造成一密闭的空腔，电弧就在此空腔内燃烧。空腔的上面覆盖着熔化的焊剂层，隔绝了大气对焊缝的影响。由于气体的热膨胀作用，空腔内的蒸气压略大于大气压力。此压力与电弧的吹力共同作用把熔化金属挤向后方，加大了基体金属的熔深。与金属一同挤向熔池较冷部分的熔渣相对密度较小，在流动过程中渐渐与金属分离而上浮，最后浮于金属熔池的上部。因其熔点较低，凝固较晚，故减慢了焊缝金属的冷却速度，使液态时间延长，有利于熔渣、金属及气体之间的反应，可更好地清除熔池中的非金属质点、熔渣和气体，可得到化学成分相近的金属焊层。

2. 埋弧堆焊设备

埋弧堆焊设备包括：堆焊电源、送丝机构、堆焊机床和电感器。堆焊电源是直流的，能提供电压0～26V、电流0～320A。送丝机构应能实现无级调节，速度一般在0.0167～0.05m/s之间。堆焊机床可根据欲修工件的要求设计，一般要求其主轴转速能在0.3～10r/min范围内做无级调节，堆焊螺距在2.3～6mm/r内调节。

任务7　粘接修复技术的应用

利用粘结剂把相同或不相同的材料或损坏的工件连接成一个连续的牢固的整体，使其恢复使用性能的方法称为粘接或胶接。从实质上看，粘接是一种表面现象，是靠胶粘结剂与被连接件中间的化学的、物理的和机械的力粘接起来，并使粘接接头具有一定的使用性能。

用粘结剂修复损坏的机械零件，成功地解决了某些用其他方法无法修复的零件的维修问题。另外，利用粘结剂还可进行装配工作和使零件保持密封性要求，从而使修造机械产品工作中的某些配装工艺大大简化，生产率明显提高。

7.1 粘接的特点

7.1.1 粘接的优点

1）不受材质的限制，相同材料或不同材料、软的或硬的、脆性的或韧性的各种材料均可粘接，且可达到较高的强度，可实现金属和非金属以及其他各种材料之间的粘合。

2）与焊接、铆接、螺纹连接相比，可减轻结构重量的 20%～25%，并且表面光滑、美观。

3）粘接接缝具有良好的密封性和化学稳定性，有不泄漏、耐蚀、耐磨、绝缘等性能，有的还具有隔热、防潮、防振减振等性能。

4）粘接工艺简便、易行，不需要复杂设备，节省能源，成本低廉，生产率高，便于现场修复。

5）粘接不破坏原件的强度，接头的应力分布均匀，工艺过程中温度不高，不会引起基体（或称母材）金相组织发生变化或产生热变形，因而可以粘补铸铁件、铝合金件和薄件、微小件，而不会出现烧损、应力集中和局部变形与裂纹、强度下降等现象。

7.1.2 粘接的缺点

1）粘接不耐高温，一般有机合成粘结剂只能在 150℃ 以下的温度环境中长期工作，某些耐高温胶也只能达到 300℃ 左右（无机胶例外）。

2）粘接接头的耐冲击性能较差，抗弯和不均匀扯离强度低。粘接接头在长期与空气、热和光接触的条件下，胶层容易老化变质。

3）与焊接、铆接相比粘接强度不高。

4）使用有机粘结剂尤其是溶剂型粘结剂，存在易燃、有毒等安全问题。

5）粘接质量尚无可行的无损检测方法，因此应用受到一定的限制。

7.2 粘接方法

7.2.1 热熔粘接法

热熔粘接法是利用加热使粘接面熔融，然后叠合加压、冷却凝固达到粘接目的。它适用于热塑性塑料之间的粘接，大多数热塑性塑料，加热至 150～230℃ 即可粘接。

7.2.2 溶剂粘接法

溶剂粘接法是将相应的溶剂涂于或滴于粘接处，待溶剂使其变软，再合拢施加一定压力，溶剂挥发后便可粘接牢固，效果令人满意。该方法是热塑性塑料的粘接中最普遍和最简单的方法。为便于控制，更常用的是将溶剂与被粘塑料相同或结构相似的树脂，预先配制成一定浓度的溶液，再进行粘接。该方法使用方便，粘接强度较高。

7.2.3　粘结剂粘接法

粘结剂粘接法是将两种材料或两个制件粘接合在一起，并在粘接接头上施以足够的粘接力，使之成为牢固的接头的粘接法。该方法用得最广，可以粘接各种材料，如，金属与金属、金属与非金属、非金属与非金属等。粘结剂粘接法是机械设备维修用得最多、应用最普遍的方法。

7.3　粘结剂

7.3.1　粘结剂的种类

（1）酚醛树脂粘结剂　酚醛树脂粘结剂易制造，价格低，对极性被粘物具有良好的粘合力，粘结强度高，电绝缘性能好，耐热、耐油、耐水、耐老化。其主要缺点是脆性大、收缩率大。

（2）聚氨酯粘结剂　聚氨酯粘结剂同样适用于粘接金属、玻璃钢、陶瓷、玻璃、木板和纸板等。耐冲击振动和弯曲疲劳，剥离强度高。其缺点是耐水性和耐热性较差。

（3）α-氰基丙烯酸酯粘结剂　α-氰基丙烯酸酯粘结剂对极性被粘物有很强的粘合力，可粘接金属、橡胶、塑料、玻璃和陶瓷等。它是单液型粘结剂，黏度低，渗透性好、固化快、强度高、耐油性好。缺点是脆性大，耐水、耐热、耐老化性能较差，一般只是做暂时的粘结剂使用。

（4）环氧树脂粘结剂　无论是性能品种，还是产量与用途，环氧树脂粘结剂都占有举足轻重的地位，它具有粘结强度高、收缩率低、尺寸稳定、耐化学腐蚀、配制容易和毒性低等优点。可粘接金属、塑料、陶瓷、石料、玻璃、玻璃钢、木材和纸板等，广泛用于航空、军工、汽车、农机、家具等领域中。

（5）添加剂　添加剂有如下几种：

1）固化剂。环氧树脂是粘结剂的基本部分，它不能单独使用，只有加固化剂才能使其交联成热固性树脂，粘合力才能提高。固化剂种类很多，有胺类、酸酐类、改性胺和低分子聚合物等。选择不同的固化剂，可以配成性能各异的环氧树脂粘结剂。

2）促进剂。促进剂可以加速环氧树脂的固化反应，降低固化温度，缩短工艺时间，提高固化程度。

3）增韧剂。环氧树脂固化脆性大，增韧剂能够增加胶层韧性。

4）填料。加入适当填料，可以降低收缩率，降低其成本，改善粘结工艺性能和胶层力学性能。

7.3.2　粘结剂的选用

粘结剂品种繁多、性能各异。如何根据被粘材料的性质、接头的用途及环境应力和体系固化时许可的工艺条件，正确选用胶粘剂，这是非常重要的。它往往是粘接及粘接修复成败的关键之一。

1. 依据被粘接零件材料和性质选用

如金属及其合金的表面致密、强度高，宜选用改性酚醛树脂、改性环氧树脂、聚氨酯橡胶、丙烯酸酯类结构粘结剂。由于金属易被腐蚀，不能用脂肪伯、仲胺类（乙二胺、乙烯三胺等）固化的环氧树脂粘结剂来粘接铜及其合金，也不能用酸性较高的粘结剂来粘金属。各种类型的粘结剂，配方不同，效能也不同，包括状态、黏度、适用期、固化条件、粘接工艺、粘接强度、使用温度、收缩率、线膨胀系数、耐蚀性、耐水性、耐油性、耐介质性和耐老化性等，这些都是选用粘结剂时必须考虑的因素。

2. 根据粘接的目的和用途选用

就粘接而言，兼具连接、密封、固定、定位、修补、填充、堵漏、嵌缝、防腐、灌注、罩光以及满足某种特殊要求等多种功效。实际上，在使用粘结剂时，往往是某一方面用途占主导地位，所以应视具体情况来选取择粘结剂。例如，用于连接，就要用粘接强度高的粘结剂；用于密封，就要选用密封粘结剂；用于填充、灌注、嵌缝等，就要选用黏度大、加入较多填料、室温固化的粘结剂；用于固定、装配、定位、修补，就要选用室温快速固化的粘结剂；用于罩光，就要选用黏度低、透明无色的粘结剂。

3. 根据粘接件的使用坏境选用

粘接件的使用环境，通常包括温度、湿度、介质、真空度、辐射及户外老化等因素。对于在高温下使用的粘接件，要选用耐高温、耐热老化性好的粘结剂，如有机硅粘结剂、聚酰亚胺粘结剂、酚醛-环氧粘结剂或无机粘结剂。对于在低温下使用的粘接件，为避免粘结剂与被粘物线膨胀系数的差异而引起胶层脆裂，要选用耐寒粘结剂或耐超低温粘结剂，如聚氨酯粘结剂或环氧-尼龙粘结剂。如果粘接件在冷、热交变情况下工作，则要求粘结剂同时具有良好的高低温性能，要选用硅橡胶粘结剂、环氧-酚醛粘结剂及聚酰亚胺粘结剂等。在水中或潮湿环境中工作的粘接件，要选用耐水性和耐湿热老化性好的粘结剂，例如酚醛-丁腈粘结剂。

4. 根据粘接件的受力情况选用

粘接件在使用过程中会受到某种外力的作用，一般可分为拉伸、剪切、撕裂、剥离四种类型。粘接件的受力情况不仅要考虑受力类型，而且要考虑受力的大小、方向、频率和时间。粘接承受载荷的特点是抗拉、抗剪、抗压强度比较高；抗弯、抗冲击、撕裂强度比较低；剥离强度更低。受力不大的粘接件，可选用一般通用的粘结剂；受力较大的，要选用结构粘结剂；长期受力的，应选用热固性粘结剂，以防蠕变破坏。对于受力频率低或静载荷的粘接件，可选用刚性粘结剂，如环氧粘结剂。对于受力频率高或承受冲击载荷的的粘接件，要选用韧性粘结剂，如酚醛-丁腈粘结剂或改性环氧粘结剂。对于受力比较复杂的结构粘接件，要选用综合强度性能较好的弹性体和热固性树脂组成的粘结剂，如环氧-丁腈粘结剂。

5. 根据工艺上的可能性选用

使用结构粘结剂时，不能只考虑粘结剂的强度、性能，还要考虑工艺的可行性。例如，酚醛-丁腈粘结剂综合性能较好，但需要加压 0.3~0.5MPa，并在 150℃ 高温固化。不允许加热或无条件加热的情况下则不能选用。对大型设备及异形工件来说，加热与加压都难以实现，粘接时只宜选用室温固化粘结剂。

6. 根据粘结剂的经济性选用

采用粘接技术收益是很大的，往往使用很少的粘结剂就会解决大问题，而且节约材料和人力，但也要尽量兼顾经济性。在保证性能的前提下，尽量选用便宜的粘结剂。

总之，选用适当的粘结剂是一个比较复杂的问题，首先要对粘结剂的性能、用途、工艺条件有所了解，并对被粘材料的性质、使用条件、实际工作情况全面分析，综合考虑，然后加以比较，方能选用比较合适的粘结剂。

7.4　粘接工艺

仅凭好的粘结剂，未必能获得高的粘接强度，粘接强度很大程度上取决于粘接工艺。因此，粘接工艺是很重要的实践应用技术。

粘接的一般工艺过程包括确定粘接位置、表面处理、配胶、一次涂胶、二次涂胶、晾置、对接、胶合、滚压、固化、检验和整修等步骤。

（1）确定粘接位置　在粘接前，要对粘接部位的情况有比较清楚的了解，如表面磨损、破坏、清洁、裂纹、位置等情况。只有通过认真观察、检查，才能确定出适当的粘接部位。

（2）表面处理　用机械、物理或化学方法清洁被粘物的表面，以利于粘结剂良好的湿润和浸透，使粘接牢固。

表面预处理即用适当的方法使表面清洁、无油、无锈。其顺序是先表面清理，再除油，最后除锈。表面处理后应立刻粘接。

（3）配胶　胶液现用现配，不能久置，以免失效。环氧树脂和酚醛树脂配好胶后，仅停顿 3～5min 就失效，采用一次涂胶工艺；α-氰基丙烯酸酯粘结剂、聚氨酯粘结剂和氯丁粘结剂等可晾置 10～15min，采用两次涂胶工艺效果较好，配胶时，将两次涂胶的量一同配出。

基体胶和添加剂的比例，可采用经验数据，即基体胶：添加剂 = （90～95）：（10～5），用此比例粘接，抗拉强度比较高。

（4）涂胶与晾置　粘接的关键技术是涂胶。胶液配好经过搅拌均匀后呈糊状，用适当的工具（如刮铲），将胶液刮涂在被粘面上，不用刷涂、喷涂、注入和滚涂等方法。

第一次涂胶，用量为胶液的一半，使胶液流入刮铲上，单方向刮涂 1～2 次，要求形成均匀而细密的薄薄一层。切忌反复刮涂，形成胶液堆积，胶液刮涂越厚，粘接质量越差。第一次涂胶后，需要晾置 5～10min，待用手指触摸胶液而粘手时，将另一半胶液进行第二次刮涂，同样要求均匀而细密，如有多余的胶液则闲置，不能造成胶液堆积。第二次涂胶后，再晾置 5～10min，待用手指触摸胶液而粘手时，就是粘接的最好时刻。

注意：粘接件的两个面都要按上述工艺刮胶。

（5）对接与胶合　在粘接最佳时刻，将粘接件的两个面对正进行粘接胶合。胶合后不准错动，以防拉丝。更不能揭开重粘，这样的话，粘接头报废。胶合后，可用按压、滚压和锤打等方法挤压空气，使胶层更密实。

（6）固化　固化又称硬化，是粘结剂经过化学作用变硬的过程。固化有室温固化和高温固化两种方式，室温固化是初步固化，高温固化是进一步获得更高的粘接性能。

（7）整修　固化后经初步检验合格的称为粘结件，为满足尺寸精度和表面粗糙度的要求，需要进行适当的整修加工，方法有锉、刮、车、刨、磨等。在修整中应尽量避免胶层受到冲击力和剥离力。

7.5　粘接技术的应用

由于粘接有许多优点，从机械产品制造到设备维修，几乎无处不可利用粘接来满足工艺需要。粘接技术的应用主要有以下几方面：

1）用结构粘结剂粘接修复断裂件。

2）用粘结剂补偿零件的尺寸磨损。

3）用粘接代焊、代铆、代螺、代固等。如，以环氧粘结剂代替锡焊、点焊，达到省锡、节电的目的。

4）用于零件的密封堵漏。如，用密封胶密封液压缸、管路接头；铸件砂眼、孔洞等可用胶填充堵塞而不泄漏。

5）用于零件的防松紧固。如用粘接代替防松零件，如开口销、止动垫圈等。

6）用粘接代替离心浇注制作滑动轴承的双金属轴瓦，既可保证轴承的质量，又可解决中小企业缺少离心浇注专用设备的问题，是应急维修的可靠措施。

7.6　粘接技术的应用实例

机床导轨碰伤和拉伤是经常出现的，修复导轨局部损伤较为棘手，应用粘接修复技术是快速而又经济的一种方法。下面简述采用耐磨涂料做局部修补导轨的步骤。

1）彻底清除导轨表面油渍。先用有机溶剂清洗，尤其是沟痕内的油污要去除，然后用氧乙炔焰烘烤一遍，并去除油渣。

2）修整沟痕。用刮刀尖修刮沟槽，去除金属疲劳层及杂物，使其呈现新鲜表面。

3）再度烘烤清除表面组织内油渍，并起到预热作用（超过30℃），有利于粘结剂的浸润。

4）涂抹耐磨涂料。可用成品胶，也可用还原铁粉作填料配制。涂胶时要用力压抹，胶的黏度小些流动性好，胶层要高出表面0.5～1mm。

5）胶层气泡处理。调胶后静置一段时间，排出搅拌时产生的气体。胶开始凝固时也要人为排除较大气泡。

6）24h后固化，用软砂轮磨掉高出表面的涂层，再用刮刀顺沟痕方向修刮平整。

思　考　题

一、填空题

1. 常用的零件修复技术有_____、_____、_____、_____、_____、_____、_____等。

2. 工件表面强化技术可分为_____、_____、_____三大类。

3. 塑性变形修复技术可分为_____、_____、_____、_____四种方法。

4. 电镀分为_____、_____两类。

5. 热喷涂工艺过程包含_____、_____、_____、_____、_____几个步骤。

6. 铸铁件的补焊分为_____、_____两种。

7. 钢的品种繁多，其焊接性差异很大，一般来说含碳量越_____、合金元素种类和含量越_____，焊接性越差。

二、简答题

1. 修复失效的机械零件与直接更换零件相比哪些优点？

2. 简述零件修复技术选择原则。

3. 简述制订机械零件修复工艺规程的过程。

4. 说明工件表面强化技术的基本原理。

5. 简述塑性变形修复技术基本原理。

6. 简述镀铬层特点和镀铬工艺过程。

7. 说明电刷镀基本原理、设备和工艺过程。

8. 说明热喷涂修复技术的特点和工艺过程。

9. 说明铸铁补焊的难点及改善措施。

10. 简述焊修裂缝件的冷焊工艺过程。

11. 简述堆焊修复技术基本原理。

12. 简述钎焊修复技术基本原理。

13. 说明粘接修复工艺过程，涂胶后为什么要晾置？

Chapter 6

学习项目六

机械设备的安装

机械设备的安装是按照一定的技术条件，将机械设备正确、牢固地固定在基础上。机械设备的安装是机械设备从制造到投入使用的必要过程。机械设备安装的好坏，直接影响机械设备的使用性能和生产的顺利进行。机械设备的安装工艺过程包括：基础的验收、安装前的物质和技术装备、设备的吊装、设备安装位置的检测和校正、基础的二次灌浆及试运转等。

机械设备安装首先要保证机械设备的安装质量。机械设备安装之后，应按安装规范的规定进行试车，并能达到国家部委颁发的验收标准和机械设备制造厂的使用说明书的要求，投入生产后能达到设计要求。其次，必须采用科学的施工方法，最大限度地加快施工速度，缩短安装的周期，提高经济效益。此外，机械设备的安装还要求设计合理，排列整齐，最大限度地节省人力、物力、财力。最后，必须重视施工的安全问题，坚决杜绝人身和设备安全事故的发生。

任务 1　机械设备安装前的准备工作

机械设备安装之前，有许多准备工作要做。工程质量的好坏、施工速度的快慢都和施工的准备工作有关。

机械设备安装工程的准备工作主要包括下列几个方面。

1.1　组织、技术准备

1. 组织准备

在进行一项大型设备的安装之前，应该根据当时的情况，结合具体条件成立适当的组织机构，并且分工明确，紧密协作，以使安装工作有步骤地进行。

2. 技术准备

技术准备是机械设备安装前的一项重要准备工作，其主要内容包括以下几点：

1）研究机械设备的图样、说明书、安装工程的施工图、国家部委颁发的机械设备安装规范和质量标准。在施工之前，必须对施工图样进行会审，对工艺布置进行讨论审查，注意发现和解决问题。例如，检查设计图样和施工现场尺寸是否相符；工艺管线和厂房原有管线有无冲突等。

2）熟悉设备的结构特点和工作原理，掌握机械设备的主要技术数据、技术参数、使用性能和安装特点等。

3）对安装工人进行必要的技术培训。

4）编制安装工程施工作业计划。安装工程施工作业计划应包括：安装工程技术要求、安装工程的施工程序、安装工程的施工方法、安装工程所需机具和材料及安装工程的试车步骤方法和注意事项。

安装工程的施工是整个安装工程有计划、有步骤地完成的关键。因此，必须按照机械设备的性质、本单位安装机具和安装人员的状况以最科学、合理的方法安排施工程序。

确定施工方法时可参考以往的施工经验，听取有关专家的建议，广泛听取安装工人和工程技术人员的意见等。

1.2　供应准备

供应准备是安装中的一个重要方面。供应准备主要包括机具准备和材料准备。

1. 机具准备

根据设备的安装要求，准备各种规格和精度的安装检测机具和起重运输机具，并认真地进行检查，以免在安装过程中才发现不能使用或发生安全事故。

常用的安装检测机具包括：水平仪、经纬仪、水准仪、准直仪、拉线架、平板、弯管机、电焊机、气割、气焊、扳手、万能角度尺、卡尺、塞尺、千分尺、千分表及各种检验测试设备等。

起重运输机具包括：双梁桥式起重机、单梁桥式起重机、汽车吊、坦克吊、卷扬机、起重杆、起重滑轮、起重葫芦、绞盘、千斤顶等起重设备；汽车、拖车、拖拉机等运输设备；钢丝绳、麻绳等索具。

2. 材料准备

安装中所用的材料要事先准备好。对于材料的计划与使用，应既要保证安装质量与进度，又要注意降低成本，不能有浪费现象。安装中所需材料主要包括：各种型钢、管材、螺栓、螺母、垫片、铜皮、铝丝等金属材料；石棉、橡胶、塑料、沥青、煤油、全损耗系统用油、润滑油、棉纱等非金属材料。

1.3　机械的开箱检查与清洗

1. 开箱检查

机械设备安装前，要和供货方一起进行设备的开箱检查。检查后应做好记录，并且要双方人员签字。设备的检查工作主要包括以下几项：

1）设备表面及包装情况。

2）设备装箱单、出厂检查单等技术文件。

3）根据装箱单清点全部零件及附件。

4）各零件和部件有无损坏、变形或锈蚀等现象。

5）机件各部分尺寸是否与图样要求相符合。

2. 清洗

开箱检查后，为了清除机器、设备部件加工面上的防锈剂及残存在部件内的铁屑、锈斑及运输保管过程中的灰尘、杂质，必须对机器和设备的部件进行清洗。清洗步骤一般是：粗洗，主要清除掉部件上的油污、旧油、漆迹和锈斑；细洗，也称油洗，是用清洗油将脏物冲洗干净；精洗，采用清洁的清洗油最后洗净，精洗主要用于安装精度和加工精度都较高的部件。

1.4　预装配和预调整

为了缩短安装工期，减少安装时的组装、调整工作量，常常在安装前预先对设备的若干零部件进行预装和预调整，把若干零部件组装成大部件。用这些预先组装好的大部件进行安装，可以大大加快安装进度。预装配和预调整可以提前发现设备存在的问题，及时加以处理，以确保安装的质量。

大部件整体安装是一项先进的快速施工方法，预装配的目的就是为了进行大部件整体安装。大部件组合的程度应视场地、运输和起重能力而定。如果设备出厂前已组装成大部件，且包装良好，就可以不进行拆卸、清洗、检查和预装，而直接整体吊装。

任务 2　基础的设计与施工

机器基础的作用，不仅把机器牢固地固定在要求的位置上，而且把机器本身的重量和工作时的作用力传布到土壤中去，并吸收振动。所以机器基础是设备中重要的组成部分，机器基础设计和施工如果不正确，不但会影响机器设备本身的精度和寿命，影响产品的质量，甚至使周围厂房和设备结构受到损害。

机器基础的设计包括：根据机器的结构特点和动力作用的性质，选择基础的类型；在坚固和经济的条件下，确定基础最合适的尺寸和强度等。

在机器基础的设计中，把机器分为两类：第一类是没有动力作用的机器，这种机器的回转部分的不平衡惯性力相当小，若与机器的重量比较起来是微不足道的；第二类是有动力作用的机器，这种机器在工作时产生很大的惯性力，这类机器称为动力机械。没有动力作用的机器，对基础的设计没有任何特殊的要求，不需要考虑动力载荷，但是，这种机器是比较少的。动力机器的分类见表6-1。

表 6-1　动力机器分类

机器的类别	主要运动的种类	典型的代表
周期作用的机器	均匀回转	电动机(电动机、电动发电机等)
	均匀回转及相关的往复运动	有曲柄连杆机构的机器(活塞压缩机和活塞泵、内燃机、锯机)
非周期作用的机器	不均匀回转或可逆运动	轧钢机的拖动电动机等
	由单独的冲击或连续冲击所产生的往复运动	锻锤、冲击锤、落锤等

回转部分（转子）作均匀转动的机器在理论上是完全平衡的，但实际上无论何时都不能使转动部分的重心与回转的几何轴线完全重合。因而，当这些机器工作时，就有不平衡的

惯性力传到基础上。虽然所产生的偏心的数值一般是很小的，但是在现代机器高速转动下，这种惯性力就显得比较大。由于偏心矩的大小取决于许多偶然因素，因而，转子转动时所产生的离心力，只能根据转子平衡的经验资料近似地计算。但在实际中，绝大部分带有均匀回转部分的机器的基础不进行这种计算。

有曲柄连杆机构的机器所产生的不平衡离心惯性力是较为复杂的周期力，这些力是各种频率的许多分力的总和，但可以准确地进行计算。

不均匀回转的机器，除离心力外还有力偶传到基础上，力偶的力矩取决于不均匀回转的加速度，计算上述力矩是比较简单的。但是在有些情况下，例如轧钢机作用在基础上的力偶，是接近于冲击作用的。

有冲击作用的机器在工作中产生一种冲击型的动力效果，将引起机器振动，危害周围的厂房和设备。因此，不但需要进行动力学计算，还需要采用隔振结构。

应当指出，一般有动力作用的机器基础，往往采用一般建筑静力学计算、考虑载荷系数的方法。实践证明这种方法是可靠的。

按机器基础的结构分，机器基础也可分为两类，一类是大块式（刚性）基础，另一类是构架式（非刚性）基础。大块式基础建成大块状、连续大块状或板状，其中开有机器、辅助设备和管道安装所必需的以及在使用过程中供管理用的坑、沟和孔。根据整套机器设备的特点，有的有地下室，有的无地下室。这种基础应用最为广泛，可以安装所有类型的机器设备，尤其是有曲柄连杆机构的机器，还适用于安装绝大部分的破碎机、大部分电动机（主要是小功率和中功率的电动机）等。锻锤则只能建造大块式基础，而构架式基础一般仅用来安装高频率的机器设备。

地脚螺栓的形式有固定式和锚定式两种。固定式地脚螺栓的根部弯曲成一定的形状再用砂浆浇注在基础里，如图6-1所示；采用这种地脚螺栓的优点是固定牢靠，不易产生松动现象；但螺栓位置偏差难以校正和不便更换。锚定式地脚螺栓从基础的管孔中穿出，如图6-2所示，分为锤头式和双头螺栓式；它的优点是固定方法简便，螺栓位置偏差易调整和便于更换；它的缺点是在使用中容易松动。

地脚螺栓的固定方法有一次浇灌法和二次浇灌法两种。一次浇灌法的地脚螺栓用固定架

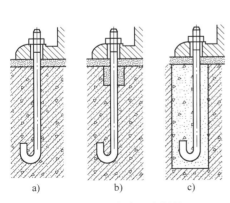

图6-1 固定式地脚螺栓

a）一次浇灌　b）部分预埋式二次浇灌

c）预留地脚螺栓孔式二次浇灌

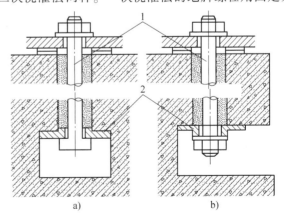

图6-2 锚定式地脚螺栓

a）锤头式　b）双头螺柱式

1—螺栓　2—锚板

固定后，连同基础一起注成，如图 6-1a 所示；其优点是螺栓能非常牢固地固定在基础上，但是施工时需要一个复杂而繁重的固定架来固定地脚螺栓，否则螺栓注偏以后不易调整。二次浇灌法先浇注基础整体，在基础上留出浇注螺栓的孔，待机器安装在基础上并找正后再进行地脚螺栓的浇注，如图 6-1b、c 所示，其中，图 6-1b 为部分预埋式，图 6-1c 为预留地脚螺栓孔式，这种方法比较简便，技术条件容易实现，但螺栓固定的情况不如一次浇灌牢固。通常一般中、小型的基础多采用二次浇灌法，而重型设备的基础多采用一次浇灌法。

2.1 一般机器基础的设计计算

1. 初步选定基础的尺寸

机器基础的尺寸主要是基础底面的平面尺寸和基础的最小高度，其他的尺寸根据机器结构的要求确定。初步选定机器基础的尺寸可以用下列经验公式

$$Q_{基础} = aQ_{机器} \tag{6-1}$$

式中　$Q_{基础}$——基础的重量；

$\quad\quad\ Q_{机器}$——机器的重量；

$\quad\quad\ a$——载荷系数，见表 6-2。

表 6-2　各类机器基础的载荷系数 a 值

机器的种类	a	机器的种类	a
卧式活塞机器		透平发电机	5
活塞速度 $v = 1\text{m/s}$	2.0	电动机（没有制动和反转）	10
$v = 2\text{m/s}$	2.5	电动机（有制动、经常反转、载荷不稳定）	20
$v = 3\text{m/s}$	3.5	水泵和风机	10
$v = 4\text{m/s}$	4.5		

由基础的重量可以求得基础的体积。

$$V = \frac{Q_{机器}}{q} \tag{6-2}$$

式中　V——基础的体积，单位为 m^3；

$\quad\quad\ q$——1m^3 基础的重量，对混凝土基础 $q \approx 20000\text{kN/m}^3$。

根据基础的体积可以计算出基础高度 H。

$$H = \frac{V}{LB} \tag{6-3}$$

式中　L——基础的长度，取机器底座长加 $300 \sim 400\text{mm}$；

$\quad\quad\ B$——基础的宽度，取机器底座宽加 $200 \sim 300\text{mm}$。

2. 验算机器总重心相对于基础重心的偏移

设基础重心坐标为 X_0、Y_0，机器总重心坐标为 X、Y 则

$$X = \frac{\sum Q_i X_i}{\sum Q_i} \quad\quad Y = \frac{\sum Q_i Y_i}{\sum Q_i} \tag{6-4}$$

式中　Q_i——机器各构件重量；

$\quad\quad\ X_i$——机器各构件重心横坐标；

Y_i——机器各构件重心纵坐标。

偏心距

$$e_x = X - X_0 \qquad e_y = Y - Y_0 \tag{6-5}$$

对于机器基础的允许偏心距，当土壤基本允许耐压强度小于或等于 $15kN/m^2$ 时，不能超过在偏心距方向上基础底边长的 3%；当基本允许耐压强度大于 $15kN/m^2$ 时，不允许超过偏心方向上基础底边长的 5%。如果 e_x、e_y 值大于允许值，则必须加大基础的面积。

3. 地基土壤耐压力的核算

$$P \leqslant aR_{计算} \tag{6-6}$$

式中　P——基础底面传至地基的平均单位压力，kN/m^2；

　　$R_{计算}$——土壤的计算耐压力，kN/m^2；

　　a——减低系数，对于受冲击负荷者取 $a=0.4$，对高速透平机组取 $a=0.8$，对低速运转、惯性力很小者取 $a=1$。

土壤的计算耐压力应考虑基础的埋置深度的基础底面积的大小，分以下两种情况。

第一种情况：基础埋置深度为 $1.5 \sim 2m$。

1）基础的宽度为 $0.6 \sim 1m$ 时，土壤计算耐压力等于土壤的基本允许耐压力，土壤基本允许耐压力 R 见表6-3。

表6-3　土壤的基本允许耐压力 R

土壤类别	土壤名称	$R/(kN/m^2)$
Ⅰ	轻质土壤(孔隙比较大的可塑性粘土,中密、很湿和饱和的细砂,密实、饱和的粉砂)	$\leqslant 150$
Ⅱ	中等坚质土壤(粘质砂土,砂质粘土,孔隙比大的坚硬粘土,中密的砾石和粗砂,中密和密实的中砂,中密稍湿的细砂,密实很湿饱和的细砂,密实稍湿和很湿的粉砂,中密稍湿的粉砂)	$\leqslant 350$
Ⅲ	坚质土壤(坚硬粘土,孔隙比小的坚硬粘土,密质的砾砂和粗砂,角砾和圆砾,孔隙为砂填充的碎石和卵石)	$\leqslant 600$
Ⅳ	岩质地基	600

2）基础的宽度等于或大于 $5m$ 时，对于砂类（不包括粉砂和大块碎石类土壤）的计算耐压力 $R_{计算} = 1.5R$，对于粉砂和粘土类土壤 $R_{计算} = 1.2R$。

3）基础的宽度在 $1 \sim 5m$ 之间时，土壤计算耐压力可根据以上两种方法所得数值采取直线插入法确定。

第二种情况：基础的埋置深度小于 $1.5m$ 或大于 $2m$ 时，土壤计算耐压力

$$R_{计算} = m_1 m_2 R \tag{6-7}$$

式中　m_1——考虑基础底面面积的系数，当面积小于 $5m^2$ 时取 $m_1 = 1$，当面积大于或等于 $5m^2$ 时，对碎石土和砂土（不包括粉砂）取 $m_1 = 1.5$，对粉砂和粘土取 $m_1 = 1.2$；

　　m_2——考虑基础埋置深度的系数。

当 $H < 1.5m$ 时

$$m_2 = 0.5 + 0.33H \tag{6-8}$$

当 $H > 2m$ 时

$$m_1 = 1 + \frac{y_0}{R}[k(H-2)] \tag{6-9}$$

式中　H——基础埋置深度，单位为 m；

　　　y_0——基础底面以上土壤单位体积的重量，单位为 kN/m^3；

　　　k——系数，粘土 $k=1.5$，粘质砂土和砂质粘土 $k=2$，砂土和碎石土 $k=2.5$。

4. 倾翻和滑动验算

应该使计算得到的倾翻系数和滑动系数大于允许值，即

$$K_1 = \frac{M_{支持}}{M_{倾翻}} \geq [K_1] \tag{6-10}$$

$$K_2 = \frac{Pf}{S} \geq [K_2] \tag{6-11}$$

式中　K_1、K_2——倾翻系数和滑动系数；

　　$[K_1]$、$[K_2]$——允许倾翻系数（1.8~2.0）和允许滑动系数（1.25~1.50）；

　　$M_{支持}$、$M_{倾翻}$——作用力对基础稳定性较差边缘的支持力矩和倾翻力矩；

　　　P——总垂直力（包括机器、基础的重量以及机器工作的垂直分力）；

　　　f——土壤对基础的摩擦因数，粘土 $f=0.25$，砂质粘土和粘质砂土 $f=0.40$，岩石土 $f=0.60$。

5. 机器基础的混凝土标号

机器基础常采用混凝土基础。混凝土按强度划分为 10 个标号：50、75、100、150、200、250、300、400、500、600。机器基础若无特殊要求，一般采用 100 号混凝土，惯性力大的和大型设备的基础采用 100 号或 150 号的钢筋混凝土。

2.2　机器基础的施工

基础的施工是由土建工程部门来完成的，但是生产和安装部门也必须了解基础施工过程，以便进行技术监督的基础验收工作。

基础施工一般过程为：

1）放线、挖基坑、基坑土壤夯实。

2）装设模板。

3）根据要求配置钢筋，按准确位置固定地脚螺栓和预留孔模板。

4）测量检查标高、中心线及各部分尺寸。

5）配置浇注混凝土。

6）基础的混凝土初凝后，要洒水维护保养。

7）拆除模板。

为使基础混凝土达到要求的强度，基础浇灌完毕后不允许立即进行机器的安装，应该至少保养 7~14 天，当机器在基础上面安装完毕后，应至少经过 15~30 天之后才能进行机器的试车。

1. 机器基础的常用材料

（1）水泥　水泥标号有 300 号、400 号、500 号、600 号等几种。机器基础常用的水泥为 300 号和 400 号。国产水泥按其特征性和用途的不同，可以分为硅酸盐膨胀水泥、石膏矾土膨胀水泥、塑化硅酸盐水泥、抗硫酸盐硅酸盐水泥等。机器基础常采用硅酸盐膨胀水泥。

（2）砂子　砂子有山砂、河砂、海砂三种，其中河砂比较清洁，最为常用。按砂子的粗细可分为粗砂（平均粒径大于 0.5mm），中砂（粒径 0.35~0.5mm）。砂中粘土、淤泥和

尘土等杂质的限量不得大于 5%；硫化物及硫酸盐不得大于 1%。

（3）石子　石子分碎石（山上开采的石块）和砾石（如河砾石）两种。石子中的杂质限量与砂子相同。如杂质过多，在使用时可用水清洗干净。

（4）水　水中不能含有油质、糖类及酸类等杂质。

2. 混凝土的配合比例

1）水泥标号的选择。水泥标号应为混凝土标号的 2~2.5 倍，一般选用 300~400 号水泥。

2）水灰比的选择。水灰比可根据混凝土标号、水泥标号及粗集料石子的种类，按表6-4确定。

表 6-4　常用混凝土的水灰比

粗集料类别	水泥标号	混凝土标号				
		100	150	200	250	300
碎石	300	0.70	0.60	0.50	—	—
	400	0.80	0.70	0.60	0.50	—
	500	—	0.80	0.70	0.60	0.50
砾石	300	0.65	0.55	0.45	—	—
	400	0.75	0.65	0.55	0.45	—
	500	0.85	0.75	0.65	0.55	0.45

3）确定混凝土组成部分的质量配合比例，见表6-5。

表 6-5　混凝土组成部分的质量配合比例

粗集料类别	水灰比	稠度较干、用振动器捣实、体积较大、具有少量钢筋的混凝土	稠度适中、具有普通数量钢筋的梁或柱，用人工式振动器捣实的混凝土	稠度较湿、具有大量钢筋及断面较小的结构物的混凝土
碎石	0.50	$\dfrac{330}{1:2.1:3.5}$	$\dfrac{370}{1:1.8:3.2}$	$\dfrac{410}{1:1.6:2.7}$
	0.60	$\dfrac{280}{1:3.5:4.3}$	$\dfrac{320}{1:2.2:3.5}$	$\dfrac{350}{1:1.9:3.3}$
	0.70	$\dfrac{240}{1:3.0:4.9}$	$\dfrac{270}{1:2.7:4.2}$	$\dfrac{300}{1:2.3:3.7}$
	0.80	$\dfrac{210}{1:3.5:5.6}$	$\dfrac{230}{1:3.2:5.1}$	$\dfrac{250}{1:2.8:4.6}$
	0.90	$\dfrac{180}{1:4.6:6.4}$	$\dfrac{200}{1:3.6:5.6}$	$\dfrac{220}{1:3.2:5.2}$
砾石	0.45	$\dfrac{330}{1:1.8:3.5}$	$\dfrac{370}{1:1.6:3.0}$	$\dfrac{410}{1:4.2:2.6}$
	0.55	$\dfrac{280}{1:2.2:4.1}$	$\dfrac{320}{1:1.9:3.5}$	$\dfrac{350}{1:1.7:3.2}$
	0.65	$\dfrac{240}{1:2.7:4.9}$	$\dfrac{270}{1:2.4:4.2}$	$\dfrac{300}{1:2.0:3.7}$
	0.75	$\dfrac{210}{1:3.1:5.2}$	$\dfrac{230}{1:2.8:5.0}$	$\dfrac{250}{1:2.5:4.3}$
	0.85	$\dfrac{180}{1:3.7:6.4}$	$\dfrac{200}{1:3.4:5.5}$	$\dfrac{220}{1:3.0:5}$

注：1. 稠度视施工条件确定。设备基础的混凝土选用中稠度较为合适。

2. 分子的数值表示水泥用量（kg/m^2），分母的数值表示混凝土的质量配合比例（水泥：砂：石子）。

3. 混凝土的养生

混凝土的凝固和达到应有强度是由于所谓水化作用。针对不同的基础结构种类应采用不同的养生方法和养生期。拆模板一般在达到设计强度的 50% 时进行，机器设备安装应在基础达到设计强度 70% 以上时进行。

在冬季施工和为缩短施工期，常采用蒸汽养生或电热养生的方法。

基础的结构种类	养生方法和养生期
用普通水泥制作梁或框架结构	浇灌 24 小时后，每天浇水 2 次，并需用草袋、草席等物覆盖 5~7 天
柱式机器下的水泥	浇水与覆盖同上
1. 凝结正常的水泥	浇水不得少于 10~15 天。冷天还要采取保湿措施，并对混凝土的温度进行检查
2. 凝结不正常的水泥（如高炉水泥）	
大块基础工程	在 7~10 天内应经常充分浇水，使模板湿润，并用草袋等物覆盖

2.3 基础的验收及处理

1. 基础的验收

基础验收的具体工作就是由安装部门根据图样和技术规范，对基础工程进行全面检查。主要检查内容包括：通过混凝土试件的实验结果来检验混凝土的强度是否符合设计要求；基础的几何尺寸是否符合设计要求；基础的形式是否符合设计要求；基础的表面质量如何等。

2. 基础的处理

在验收基础中发现的不合格项目均应进行处理。常见的不合格项目是地脚螺栓预埋尺寸在混凝土浇灌时错位超过安装标准。新的处理方法是用环氧砂浆粘接。

在安装重型机械时，为防止安装后基础的下沉或倾斜破坏机械设备的正常运转，要对基础进行预压。当基础养护期满后，在基础上放置重物，进行预压。每天用水准仪观察，直至基础不再下沉为止。

在安装机械高备之前要认真清理基础表面，在基础的表面，除放置垫板的位置外，需要二次灌浆的地方都应铲麻面，以保证基础和二次灌浆层能结合牢固。铲麻面要求每 $100cm^2$ 有 2~3 个深 10~20mm 的小坑。

任务3 机械的安装

机械设备的安装，重点要注意设置安装基准、设置垫板、设备吊装、找正、找平、找标高、二次灌浆、试运行等几个问题。

3.1 设置安装基准

机器安装时，其前、后、左、右的位置根据纵、横中心线来调整，上、下的位置根据标高按基准点来调整。这样就可利用中心线和基准点来确定机器在车间的坐标了。

决定中心线位置的标记称为中心标板，标高的标记称为基准点。

1. 基准点的设置

在新安装设备的基础靠近边缘处埋设铆钉，并根据厂房的标准零点测出它的标高，以作为安装机械设备时测量标高的依据，称为基准点。

埋设基准点的目的在于，厂房内原有的基准点往往被先安装的设备挡住，后安装的设备测量标高时，用原有的基准点就不如新埋设的基准点准确、方便。

基准点的设置方法如图6-3所示。

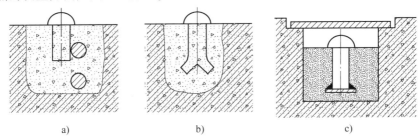

图6-3　基准点的设置方法

a）焊在突出的钢筋上　b）水泥浆浇灌　c）隐蔽基准点

2. 中心标板的设置

机械设备安装所用的中心标板如图6-4所示，它是一段长为150～200mm的钢轨或工字钢、槽钢、角钢等，用高标号灰浆浇灌固定在机械设备安装中心线两端的基础表面。待安装中心标板处的灰浆全部凝固后，用经纬仪测量机械设备的安装中心线，并投向标板，用钳工的样冲在标板上冲孔作为中心标点，并在点外用红油漆或白油漆作明显标记。根据中心标点拉设的安装中心线是找正机械设备的依据。

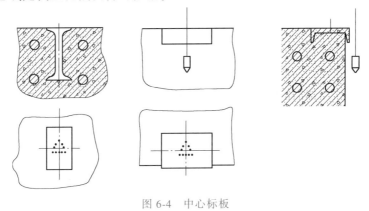

图6-4　中心标板

3.2　设置垫板

一次浇灌出来的基础，其表面的标高和水平度很难满足设备安装精度的要求，因此，常采用调整垫板的高度来找正设备的标高和水平度。

1. 垫板的作用及类型

在机器底座和基础表面间放置垫板的作用是：利用调整垫板的高度来找正设备的标高和水平；通过垫板把机器的重量和工作载荷均匀地传给基础；在特殊情况下，也可以通过垫板校正机器底座的变形。垫板材为普通钢板或铸铁。垫板的类型如图6-5所示，分为平垫板、斜垫板、可调垫板和开口垫板。

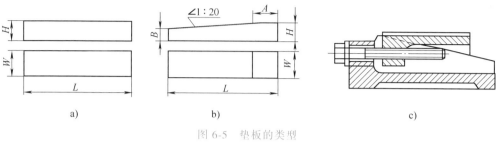

图 6-5 垫板的类型

a) 平垫板 b) 斜垫板 c) 可调垫板

2. 垫板面积的计算

采用垫板安装,在安装完毕后要进行二次灌浆,但是一般的混凝土凝固以后都要收缩。设备底座只压在垫板上,二次灌浆后只起稳固垫板的作用,所以设备的重量和地脚螺栓的预紧力都是通过垫板作用到基础上的,因此,必须使垫板与基础接触的单位面积上的压力小于基础混凝土抗压强度。

$$A = \frac{(Q_1 + Q_2)C}{R} \tag{6-12}$$

式中 A——垫板总面积,单位为 mm^2;

C——安全系数,一般取 $1.5 \sim 3$;

R——混凝土的抗压强度,单位为 N/mm^2;

Q_1——设备自重加在垫板上的负荷与工作负荷,单位为 N;

Q_2——地脚螺栓的紧固力,单位为 N,$Q_2 = [\sigma]A_1$;

$[\sigma]$——地脚螺栓材料的许用应力,单位为 N/mm^2;

A_1——地脚螺栓总有效截面积,单位为 mm^2。

3. 垫板的放置方法

1)标准垫法,如图 6-6a 所示。一般都采用这种垫法,它是将垫板放在地脚螺栓的两侧,这也是放置垫板的基本原则。

2)十字垫法,如图 6-6b 所示。当设备底座小、地脚螺栓间距近时用这种方法。

3)肋底垫法,如图 6-6c 所示。设备底座下部有肋时,一定要把垫板垫在肋底下。

4)辅助垫法,如图 6-6d 所示。当地脚螺栓间距太远时,中间要加一辅助垫板。一般垫板间允许的最大距离为 $500 \sim 1000mm$。

5)混合垫法,如图 6-6e 所示。根据设备底座的形状和地脚螺栓间距的大小来放置。

4. 放置垫板的注意事项

1)垫板的高度应在 $30 \sim 100mm$ 内,过高将影响设备的稳定性,稳定性低则二次灌浆层不易牢固。

2)为了更好地承受压力,垫板与基础面必须紧密贴合。

3)设备机座下有向内的凸缘时,垫板要安放在凸缘下面。

4)设备找平后,平垫板应露出设备底座外缘 $10 \sim 30mm$,斜垫板应露出 $10 \sim 50mm$,以利于调整。而垫板与地脚螺栓边缘的距离应为 $50 \sim 150mm$,以便于螺孔灌浆。

5)每组垫板的块数以 3 块为宜,厚的放在下面,薄的放在上面,最薄的放在中间。在拧紧地脚螺栓后,每组垫板的压紧程度必须一致,不允许有松动现象。

6）在设备找正后，如果是钢垫板，一定要把每组垫板都以点焊的方法焊接在一起。

7）在放垫板时，还必须考虑基础混凝土的承压能力。一般情况下，通过垫板传到基础上的压力不得超过 1.2~1.5MPa。有些机械设备，安装使用垫板的数量和形状在设备说明书或设计图样上都有规定，而且垫板也随同设备一起带来。因此，安装时必须根据图样规定来做。如未作规定，在安装时可参照前面所述的各项要求和做法进行。

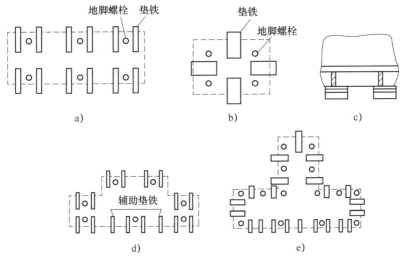

图 6-6 垫板的放置方法

a）标准垫法 b）十字垫法 c）肋底垫法 d）辅助垫法 e）混合垫法

5. 放置垫板的施工方法

（1）研磨法 在安放垫板位置的基础上，去掉表层浮浆层，先用砂轮粗磨后用磨石细研，使垫板与基础的接触面积达 70%以上，水平精度为 0.1~0.5mm/m。

（2）座浆法 研磨法的工效很低，费时费力，现在推广应用座浆法放置垫板，它是直接用高度微膨胀混凝土埋设垫板。其具体操作是：在混凝土基础上、安置垫板的地方凿一个锅底形的坑，用拌好的微膨胀水泥砂浆做成一个馒头形的堆，在其上安放平垫板，一边测量一边用手锤把轻轻敲打，以达到设计要求的标高（要加斜垫板应扣除此高度）和规定的水平度。养护 1~3 天后，就可安装设备，并在此垫板上再装一级斜垫板来调整标高、水平度。这种方法代替了在原有基础上的研磨工作。座浆法是具有高工效、高质量、粘结牢、省钢材等优点的机械安装新工艺。

3.3 设备吊装、找正、找平、找标高

1. 设备吊装

设备从工地沿水平和垂直方向运到基础上就位的整个过程称为吊装。吊装从两个方面着手，一是起重机具的选择应因地制宜，近年来由于汽车吊的起重能力、起重高度都有所提高，加上汽车吊机动性好，故它是一种很有前途的起重机具。二是零部件的捆绑，索具选用要安全可靠，捆绑要牢靠，当采用多绳捆绑时，每个绳索受力应均匀，防止负荷集中。

2. 找正、找平、找标高

（1）找正 找正是为了将设备安装在设计的中心线上，以保证生产的连续性。安装找

正前，必须根据中心标板挂好安装中心线，然后选择设备的精确加工面（如主轴、轧钢机架窗口等），求出其中心标点，按此找正。因为只有当中心标点与安装中心线一致时，设备才算找正完毕。

（2）找平　找水平是利用设备上可以作为水平测定面的表面，用平尺或方水平尺进行检查，检查中发现设备不水平时，用调节垫片实现找平。被检平面应选择精加工面，如箱体剖分面、导轨面等。

（3）找标高　确定设备安装高度的作业称为找标高。为了保证准确的高度，被选定的标高测定面必须是精加工面。标高根据基准点用水准仪或激光仪来测量。

按照设计要求，通过增减垫板调整机器的标高与水平度，使其符合设计要求的中心位置。最后紧固地脚螺栓，才算完成机器的安装工作。

设备找平、找正、找标高虽然是各不相同的作业，但对一台设备安装来说，它们是互相关联的，如调整水平时可能使设备偏移而需重新找正，而调整标高时又可能影响了水平，调整水平时又可能变动了标高。所以要作综合分析，做到彼此兼顾。

通常找平、找正、找标高分两步进行，首先是初找，然后精找。尤其对于找平作业，先初平，在紧固地脚螺栓时才能进行精平。某些极精密设备的找平、找正作业，受负荷、紧固力的影响，甚至受日照温度影响，应仔细分析，反复操作才能确定。

3.4　二次灌浆

由于有垫板，故在基础表面与机器底座下部所形成的空洞必须在机器投产前用混凝土填满，这一作业称为二次灌浆。

二次灌浆的混凝土配比与基础一样，只不过石子的块度应视二次灌浆层的厚度不同而适当选取，为了使二次灌浆层充满底座下面高度不大的空间，通常选用的石子块度要比基础的小。

一般二次灌浆作业由土建单位施工。灌浆期间，设备安装部门应进行监督，并于灌完后进行检查。灌浆时应注意以下事项：

1）要清除二次灌浆处的混凝土表面上的油污。

2）用清水冲洗表面。

3）小心放置模板，以免碰动已找正的设备。

4）灌浆工作应连续完成。

5）灌浆后要浇水养护。

6）拆模板时要防止已调整好设备的变动。

3.5　试运转

试运转（俗称试车）是机械设备安装中最后的，也是最重要的阶段。经过试运转，机械设备就可按要求正常地投入生产。在试运转过程中，无论是设计、制造和安装上存在的问题，都会暴露出来，必须仔细分析，才能找出根源，提出解决的办法。

由于机械设备种类和型号繁多，试运转涉及的问题面较广，所以安装人员在试运转之前一定要认真熟悉有关技术资料，掌握设备的结构性能和安全操作规程，才能搞好试运转工作。

1. 试运转前的检查

1）机械设备周围应全部清扫干净。

2）机械设备上不得放有任何工具、材料及其他妨碍机械运转的东西。

3）机械设备各部分的装配零件必须完整无缺，各种仪表都要经过试验，所有螺钉、销钉之类的紧固件都要拧紧并固定好。

4）所有减速器、齿轮箱、滑动面以及每个应当润滑的润滑点，都要按照产品说明书上的规定，保质、保量地加上润滑油。

5）检查水冷、液压、气动系统的管路、阀门等，该开的是否已经打开，该关的是否已经关闭。

6）在设备运转前，应先开动液压泵将润滑油循环一次，以检查整个润滑系统是否畅通，各润滑点的润滑情况是否良好。

7）检查各种安全设施（如安全罩、栏杆、围绳等）是否都已安设妥当。

8）只有确认设备完好无损，才允许进行试运转，并且在设备起动前还要做好紧急停车的准备，确保试运转时的安全。

2. 试运转的步骤

试运转的步骤是：先无负荷，后有负荷；先低速，后高速；先单机，后联动。对于数台设备连成一套的联动机组，要将每台设备分别试好后，才能进行整个机组的联动试运转；前一步骤未合格前，不得进行下一步骤的试运转。

设备试运转前，电动机应单独试验，以判断电力拖动部分是否良好，并确定其正确的回转方向；其他如电磁制动器、电磁阀限位开关等各种电气设备，都必须提前做好试验调整工作。

试运转时能手动的部件先手动后再机动。对于大型设备，可利用盘车器或吊车转动两圈以上，没有卡阻等异常现象时，方可通电运转。

试运转程序如下：

（1）单机试运转 对每一台机器分别单独起动试运转。其步骤是：手动盘车—电动机点动—电动机空转—带减速器点动—带减速器空转—带机构点动—按机构顺序逐步带动，直至带动整个机组空转。

在此期间必须检验润滑是否正常，轴承及其他摩擦表面的发热是否在允许范围之内，齿的啮合及其传动装置的工作是否平稳、有无冲击，各种连接是否正确，动作是否正确、灵活，行程、速度、定点、定时是否准确，整个机器有无振动。如果发现缺陷，应立即停车消除缺陷，再从头开始试车。

（2）联合试运转 单机试运转合格后，各机组按生产工艺流程全部起动联合运转，检查各机组相互协调动作是否正确，有无相互干扰现象。

（3）负荷试运转 负荷试运转的目的是为了检验设备能否达到正式生产的要求。此时，设备带上工作负荷，在与生产情况相似的条件下进行。除按额定负荷试运转外，某些设备还要作超载试运转（如起重机等）。

思 考 题

1. 什么是机械设备安装？机械设备安装的工艺过程包括哪些？

2. 机械设备安装工程的准备工作有哪几个方面？

3. 预装配和预调整的作用是什么？

4. 基础的作用是什么？

5. 机器基础如何分类？

6. 地脚螺栓有哪些形式？固定方法有哪些分类？

7. 机器基础的设计过程是怎样的？

8. 安装基准的作用是什么？

9. 垫板的作用是什么？有哪些类型？放置垫板的施工方法有哪些？

10. 什么是二次灌浆？

11. 试述设备试运行的步骤。

Chapter 7

学习项目七

典型设备的修理

任务1 卧式车床的修理

卧式车床是加工回转类零件的金属切削设备，属于中等复杂程度的机床，在结构上具有一定的典型性。本章以卧式车床大修为例，介绍其修理工艺特点、主要零部件的修理方法及解决修理过程中的有关问题，以取得举一反三的作用。

1.1 修理前的准备工作

卧式车床在经过一个大修周期的使用后，由于主要零件的磨损、变形，使机床的精度及主要力学性能大大降低，需要对其进行大修。卧式车床修理前，应详细了解其修理要求和存在的主要问题，如主要零部件的磨损情况，机床的几何精度、加工精度降低情况，以及运转中存在的问题。据此提出预检项目，预检后确定具体的修理项目及修理方案，准备专用工具、检具和测量工具，确定修理后的精度检验项目及试车验收要求。

1. 卧式车床修复后应满足的要求

卧式车床修复后应同时满足下列四个方面的要求：

1）达到零件的加工精度及工艺要求。

2）保证机床的切削性能。

3）操纵机构应省力、灵活、安全、可靠。

4）排除机床的热变形、噪声、振动、漏油之类的故障。

在制订具体修理方案时，除满足上述要求外，还应根据企业产品的特点，对使用要求进行具体分析、综合考虑，制订出经济性好、又能满足机床性能和加工工艺要求的修理方案。例如，对于日常只加工圆柱类零件的内外孔径、台阶面等而不需加工螺纹的卧式车床，在修复时可删除有关丝杠传动的检修项目，简化修理内容。

2. 选择修理基准及修理顺序

机床修理时，合理地选择修理基准和修理顺序，对保证机床的修理精度和提高修理效率有很大意义。一般应根据机床的尺寸链关系确定修理基准和修理顺序。

根据修理基准的选择原则，卧式车床可选择床身导轨面作为修理基准。

在确定修理顺序时，要考虑卧式车床尺寸链各组成环之间相互关系。卧式车床修理顺序是：床身修理、溜板部件修理、主轴箱部件修理、刀架部件修理、进给箱部件修理、溜板箱部件修理、尾座部件修理及总装配。在修理中，根据现场实际条件，可采取几个主要部件的修复和刮研工作交叉进行，还可对主轴、丝杠等修理周期较长的关键零件的加工作优先安排。

3. 需要的测量工具

卧式车床修理需要的测量工具见表7-1。

表7-1　需要的测量工具

序号	名　称	规格/mm	数量	用　途
1	检验桥板	长250	1	测量床身导轨精度
2	角度底座	长200~250	1	刮研、测量床身导轨
3	角度底座	200×250	1	刮研、测量床身导轨
4	检验心轴	φ80×1500	1	测量床身导轨的直线度
5	检验心轴	φ30×300	1	测量溜板的丝杠孔对导轨的平行度
6	角度底座	长200	1	刮研溜板箱燕尾导轨
7	角度底座	长150	1	刮研溜板箱燕尾导轨
8	检验心轴	φ50×300	1	测量开合螺母轴线
9	研磨棒		1	研磨尾座轴孔
10	检验心轴	φ30×190/255	1	测量三支承同轴度

1.2　修理工艺过程

以CA6140型卧式车床为例，介绍卧式车床的修理过程。图7-1为CA6140型卧式车床外形图。

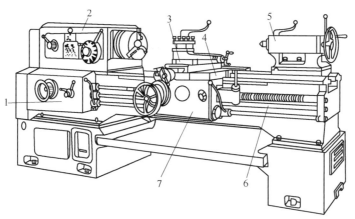

图7-1　CA6140型卧式车床外形图

1—进给箱　2—主轴箱　3—刀架　4—床鞍　5—尾座　6—床身　7—溜板箱

1.2.1　床身的修理

床身修理的实质是修理床身导轨面。床身导轨是卧式车床上各部件移动和测量的基准，也是各零部件的安装基础，其精度的好坏，直接影响卧式车床的加工精度。其精度保持性对卧式车床的使用寿命有很大的影响。机床经过长期的使用运行后，导轨面会有一定程度的磨损，甚至还会出现导轨面的局部损伤，如划痕、拉毛等，这些都会严重影响机床的加工精度。所以在卧式车床的修理时，必须对床身导轨进行修理。

1. 确定修理方案

床身的修理方案应根据导轨的损伤程度、生产现场的技术条件及导轨表面的材质确定。若导轨表面整体磨损，可用刮研、磨削、精刨等方法修复；若导轨表面局部损伤可用焊补、粘补、涂镀等方法修复。确定床身导轨的修理方案包括确定修理方法和修理基准。

1）导轨磨损后的修理方法，可根据实际情况确定。卧式车床一般采取磨削方法修复，对磨损量较小的导轨或其他特殊情况也可采用刮研的方法。目前发展起来的导轨软带新技术，由于其不需要铲刮、研磨即可满足导轨的各种精度要求且耐磨，是值得推广和发展的一种修理方法。

2）修复机床导轨应满足以下两个要求，即修复导轨的几何精度和恢复导轨面对主轴箱、进给箱、齿条、托架等部件安装表面的平行度。在修复导轨时，由于齿条安装面7（见图7-2）基本无磨损，有利于保持卧式车床主要零部件原始的相互位置，因此，床身导轨的修理基准可选择齿条安装面。

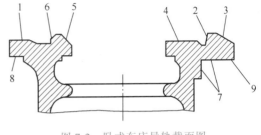

图 7-2　卧式车床导轨截面图

1、2、3—床鞍导轨　4、5、6—尾座导轨
7—齿条安装面　8、9—压板面

2. 床身导轨的修理工艺

（1）床身导轨的磨削　床身导轨在磨削时产生热量较多，易使导轨发生变形，造成磨削表面的精度不稳定。因而在磨削中，应注意磨削的进给量必须适当，以减少热变形的影响。

床身导轨的磨削可在导轨磨床或龙门刨床上（加磨削头）进行。磨削时将床身导轨置于磨床工作台上的调整垫铁上，按齿条安装面7（见图7-2）为基准进行找正，找正的方法为：将千分表固定在磨头主轴上，其测头触及齿条安装面7，移动工作台，调整垫铁使千分表读数变化量不大于0.01mm；再将直角尺的一边紧靠进给箱安装面，测头触及直角尺另一边，移动磨头架，通过转动磨头，使千分表读数不变，找正后将床身夹紧，夹紧时要防止床身变形。

磨削顺序是首先磨削导轨面1、4，检查两面等高后，再磨削两压板面8、9，然后调整砂轮角度，磨削3、5面和2、6面，如图7-2所示。磨削过程中应严格控制温升，以手感导轨面不发热好。

由于卧式车床使用过程中，导轨中间部位磨损最严重，为了补偿磨损和弹性变形，一般应使导轨磨削后导轨面呈中凸状，可采取三种方法磨出：一种为反变形法，即安装时使床身导轨适当产生中凹，磨削完成后床身自动恢复形成中凸；另一种方法是控制背吃刀量法，即在磨削过程中使砂轮在床身导轨两端多走刀几次，最后精磨一刀形成中凸；第三种方法是靠加工设备本身形成中凸，即将导轨磨床本身的导轨调成中凸状，使砂轮相对工作台走出凸形轨迹，这样在调整后的机床上磨削导轨时即呈中凸状。

（2）床身导轨的刮研　床身导轨的刮研是导轨修理的最基本方法，刮研的表面精度高，但劳动强度大，技术性强，并且刮研工作量大，其刮研过程如下：

1）机床的安置与测量：按机床说明书中规定的调整垫铁数量和位置，将床身置于调整垫铁上。在自然状态下，按图7-3所示的方法调整机床床身，并测量床身导轨面在垂直平面内的直线度误差和相互的平行度误差，按一定的比例绘制床身导轨的直线度误差曲线，通过误差曲线了解床身导轨的磨损情况，从而拟订刮研方案。

2）粗刮表面1、2、3（见图7-2）：刮研前首先测量导轨面2、3对齿条安装面7的平行度误差，测量方法如图7-4所示；分析该项误差与床身导轨直线度误差之间的相互关系，从而确定刮研量及刮研部位。然后用平尺拖研及刮研表面2、3。在刮研时，随时测量导轨面2、3对齿条安装面7之间的平行度误差，并按导轨形状修刮好角度底座。粗刮后导轨全长上直线度误差应不大于0.1mm（需呈中凸状），并且接触点应均匀

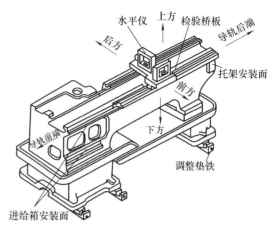

图7-3　卧式车床的安置与测量

分布，使其在精刮过程中保持连续表面。在V形导轨初步刮研至要求后，按图7-3所示用检验桥板和水平仪测量导轨在垂直平面内直线度误差和导轨的平行度误差。在同时考虑此两项精度的前提下，用平尺拖研并粗刮表面1，表面1的中凸应低于V形导轨。

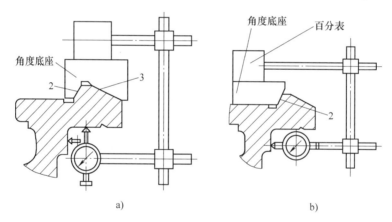

图7-4　导轨对齿条安装面平行度误差的测量

a）测量V形导轨对齿条安装面的平行度误差

b）测量导轨面2对齿条安装面的平行度误差（图中的序号2、3为导轨的工作面代号）

3）精刮表面1、2、3（见图7-2）：利用配刮好的床鞍（床鞍可先按床身导轨精度最佳的一段配刮）与粗刮后的床身相互配研，进行精刮导轨面1、2、3，精刮时按图7-3测量导轨在垂直面内的直线度误差和导轨的平行度误差，按图7-5所示测量导轨水平面内的直线度误差。

4）刮研尾座导轨面4、5、6（见图7-2）：用平行平尺拖研及刮研表面4、5、6，粗刮时按图7-6所示测量每条导轨面对床鞍导轨的平行度误差。在表面4、5、6粗刮达到全长上平行度误差为0.05mm

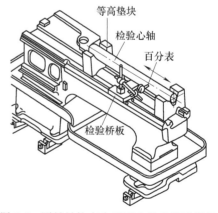

图7-5　测量导轨在水平面内的直线度误差

要求后，用尾座底板作为研具进行精刮，接触点在全部表面上要均匀分布，使导轨面4、5、6在刮研后达到修理要求。精刮时测量方法如图7-7所示。

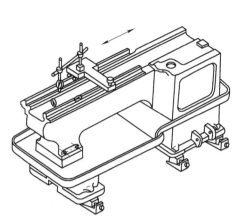

图7-6 测量尾座单条导轨对床鞍的平行度误差

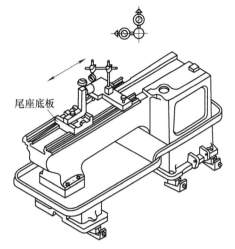

图7-7 测量尾座导轨对床鞍的平行度误差

1.2.2 溜板部件的修理

溜板部件由床鞍、中滑板和横向进给滚珠丝杠副等组成，它主要担负着机床纵、横向进给的切削运动。其自身的精度与床身导轨面之间配合状况良好与否，将直接影响加工零件的精度和表面粗糙度。

1. 溜板部件修理的重点

1）保证床鞍上、下导轨的垂直度要求。修复上、下导轨的垂直度实质上是保证中滑板导轨对主轴轴线的垂直度。

2）补偿因床鞍及床身导轨磨损而改变的尺寸链。由于床身导轨面和床鞍下导轨面的磨损、刮研或磨削，必然引起溜板箱和床鞍倾斜下沉，使进给箱、托架与溜板箱上丝杠、光杠孔不同轴，同时也使溜板箱上的纵向进给齿轮啮合侧隙增大，改变了以床身导轨为基准的与溜板部件有关的几组尺寸链精度。

2. 溜板部件的刮研工艺

卧式车床在长期使用后，床鞍及中滑板各导轨面均已磨损，需修复（见图7-8）。在修复溜板部件时，应保证床鞍横向进给丝杠孔轴线与床鞍横向导轨平行，从而保证中滑板平稳、均匀地移动，使切削端面时获得较小的表面粗糙度值。因此，床鞍横向导轨在修刮时，应以横向进给丝杠安装孔为修理基准，

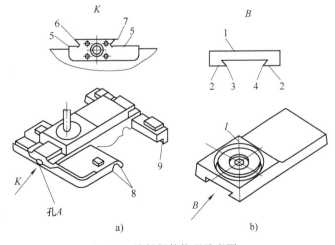

图7-8 溜板部件修理示意图

a）床鞍 b）中滑板

（图中的序号为溜板的工作面代号）

然后再以横向导轨面作为转换基准，修复床鞍纵向导轨面，其修理过程如下：

（1）刮研中滑板表面1、2　用标准平板作研具，拖研中滑板转盘安装面1和床鞍接触导轨面2。一般先刮好表面2，当用0.03mm塞尺不能插入时，观察其接触点情况，达到要求后，再以平面2为基准校刮表面1，保证1、2表面的平行度误差不大于0.02mm。

（2）刮研床鞍导轨面5、6　将床鞍放在床身上，用刮好的中滑板为研具拖研表面5，并进行刮削，拖研的长度不宜超出燕尾导轨两端，以提高拖研的稳定性，表面6采用平尺拖研，刮研后应与中滑板导轨3、4进行配刮角度，在刮研表面5、6时应保证与横向进给丝杠安装孔A的平行度，测量方法如图7-9所示。

（3）刮研中滑板导轨面3　以刮好的床鞍导轨面6与中滑板导轨面3互研，通过刮研达到精度要求。

（4）刮研床鞍横向导轨面7　配置塞铁，利用原有塞铁装入中滑板内配刮表面7，刮研时，保证导轨面7与导轨面6的平行度误差，使中滑板在溜板的燕尾导轨全长上移动平稳、均匀，刮研中用图7-10所示方法测量表面7对表面6的平行度。如果由于燕尾导轨的磨损或塞铁磨损严重，塞铁不能用时，需重新配置塞铁。可采取更换新塞铁或对原塞铁进行修理，修理塞铁时可在原塞铁大端焊接一段使之加长，再将塞铁小头截去一段，使塞铁工作段的厚度增加；也可在塞铁的非滑动面上粘一层尼龙板、层压板或玻璃纤维板，恢复其厚度。

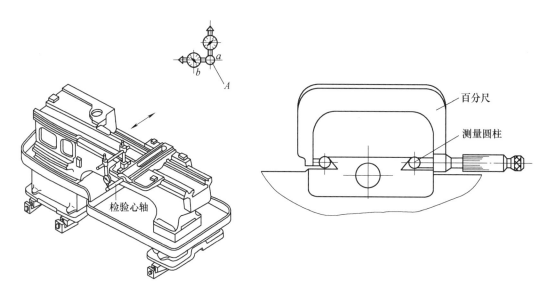

图7-9　测量床鞍横向导轨对横向
进给丝杠安装孔的平行度误差

图7-10　测量床鞍燕尾导轨间的平行度误差

配置塞铁后应保持大端尚有10~15mm的调整余量，在修刮塞铁的过程中应进一步配刮7面，以保证燕尾导轨与中滑板的接触精度，要求在任意长度上用0.03mm塞尺检查，插入深度不大于20mm。

（5）修复床鞍上、下导轨的垂直度　将刮好的中滑板在床鞍横向导轨上安装好，检查床鞍上、下导轨垂直度误差。若超过公差，则修刮床鞍纵向导轨面8、9（见图7-8），使之达到垂直度要求。

在修复床鞍上、下导轨垂直度误差时，还应测量床鞍上溜板结合面对床身导轨的平行度误差（见图 7-11）及该结合面对进给箱结合面的垂直度误差（见图 7-12），使之在规定的范围内，以保证溜板箱中的丝杠、光杠孔轴线与床身导轨平行，使其传动平稳。

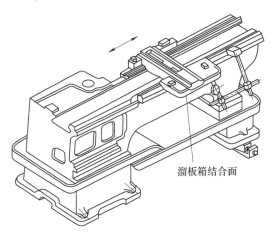

溜板箱结合面

图 7-11　测量溜板箱结合面对床
身导轨的平行度误差

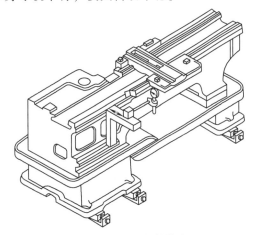

图 7-12　测量溜板箱结合面
对进给箱安装面的垂直度误差

（6）校正中滑板导轨面 1（见图 7-8）　按图 7-13 测量中滑板上转盘安装面 1 与床身导轨的平行度误差，测量位置接近床头箱处，此项精度误差将影响车削锥度时工件母线的正确性，若超差则用小平板对表面 1 刮研至要求。

3. 溜板部件的拼装

（1）床鞍与床身的拼装　床鞍与床身的拼装主要是刮研床身的下导轨面 8、9（见图 7-2）及配刮两侧压板。首先按图 7-14 所示测量床身上、下导轨面的平行度误差，根据实际误差刮削床身下导轨面 8、9（见图 7-2），使之达到对床身上导轨面的平行度误差在 1000mm 长度上不大于 0.02mm，全长不大于 0.04mm。然后配刮压板，使压板与床身下导轨面的接触精度为 6~8 点/25mm×25mm，刮研后调整紧固压板全部螺钉，应满足如下要求：用 250~360N 的推力使床鞍在床身全长上移动无阻滞现象，用 0.03mm 塞尺检验接触精度，端部插入深度小于 20mm。

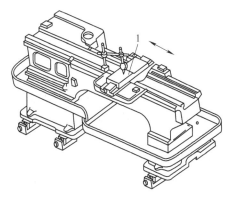

图 7-13　测量中滑板上转盘安装面 1 与
床身导轨的平行度误差

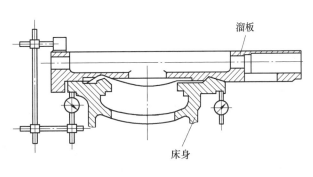

溜板

床身

图 7-14　测量床身上、下导轨的平行度误差

（2）中滑板与床鞍的拼装　中滑板与床鞍的拼装包括塞铁的安装及横向进给丝杠的安装。塞铁是调整中滑板与床鞍燕尾导轨间隙的环节，塞铁安装后应调整其松紧程度，使中滑板在床鞍上横向移动时均匀、平稳。

横向进给丝杠一般磨损较严重，而丝杠的磨损会引起横向进给传动精度降低、刀架窜动、定位不准，影响零件的加工精度和表面粗糙度，一般应予以更换，也可采用修丝杠、配螺母，修轴颈、换（镶）铜套的方式进行修复。

丝杠的安装过程如图 7-15 所示，首先垫好螺母垫片 6（可估计垫片厚度 Δ 值并分成多层），再用螺柱将左、右半螺母及楔块挂住，先不拧紧，然后转动丝杠 5，使之依次穿过丝杠右半螺母、楔形块丝杠左半螺母，再将小齿轮（包括键）、法兰盘 2（包括套）、刻度盘 4 及锁紧螺母 5，按顺序安装在丝杠上。旋转丝杠，同时将法兰盘 3 压入床鞍安装孔内，然后锁紧螺母 3。最后紧固左半螺母 7、右半螺母 10 的连接螺柱。在紧固左、右半螺母时，需调整垫片 6 的厚度 Δ 值，使调整后达到转动手柄灵活，转动力不大于 80N，正反向转动手柄空行程不超过回转周的 1/20r。

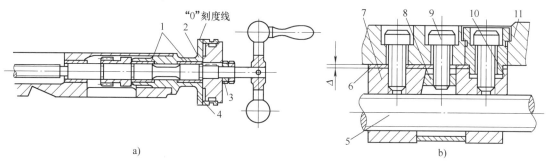

图 7-15　横向进给丝杠安装示意图

a）丝杠支承结构　b）丝杠螺母结构

1—镶套　2—法兰盘　3—锁紧螺母　4—刻度盘　5—横向进给丝杠　6—垫片
7—左半螺母　8—楔块　9—调节螺钉　10—右半螺母　11—中滑板

1.2.3　主轴箱部件的修理

主轴箱部件是由箱体、主轴部件、各传动件、变速机构、离合器机构、操纵机构等部分组成。如图 7-16 所示，主轴箱部件是卧式车床的主运动部件，要求有足够的支承刚度、可靠的传动性能、灵活的变速操纵机构、较小的热变形、低的振动噪声、高的回转精度等。此部件的性能将直接影响到加工零件的精度及表面粗糙度。此部件修理的重点是主轴部件及摩擦离合器，要特别重视其修理和调整质量。

1. 主轴部件的修理

主轴部件是机床的关键部件，它担负着机床的主要切削运动，对被加工工件的精度、表面粗糙度及生产率有着直接的影响。主轴部件的修理是机床大修的重要工作之一，修理的主要内容包括：主轴精度的检验、主轴的修复、轴承的选配和预紧、轴承的配磨等。

2. 主轴箱体的修理

图 7-17 所示为 CA6140 型卧式车床主轴箱体，主轴箱体检修的主要内容是检修箱体前后轴承孔的精度，要求 $\phi 160H7$ 主轴前轴承孔及 $\phi 115H7$ 后轴承孔圆柱度误差不超过 0.012mm，圆度误差不超过 0.01mm，两孔的同轴度误差不超过 0.015mm。卧式车床在使用过程中，由于轴承外圈的游动，造成了主轴箱体轴承安装孔的磨损，影响主轴回转精度的稳定性和主轴的刚度。

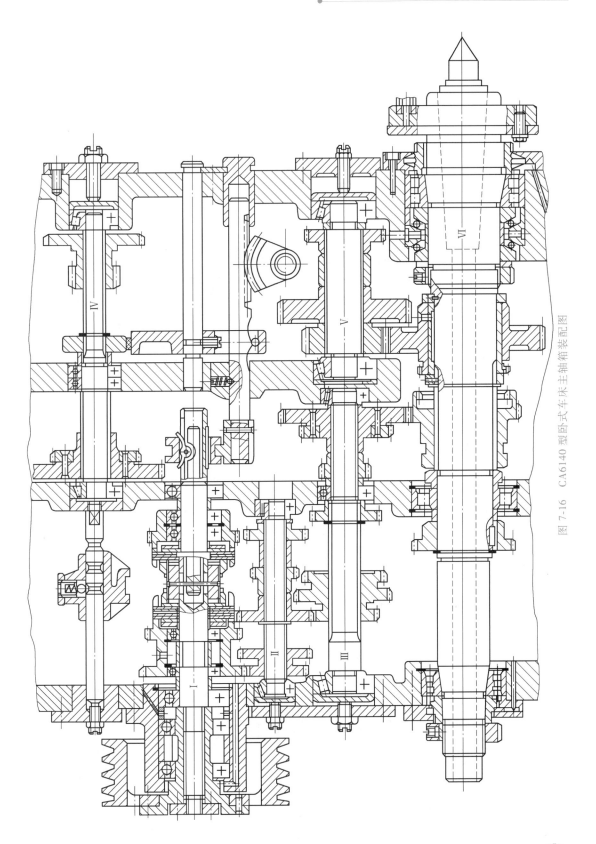

图 7-16 CA6140 型卧式车床主轴箱装配图

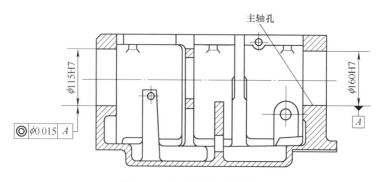

图 7-17　卧式车床主轴箱体

　　修理前可用内径千分表测量前、后轴承孔的圆度和尺寸误差，观察孔的表面质量，是否有明显的磨痕、研伤等缺陷，然后在镗床上用镗杆和杠杆千分表测量前、后轴承孔的同轴度误差（见图 7-18）。由于主轴箱前、后轴承孔是标准配合尺寸，不宜研磨或修刮，一般采用镗孔镶套或镀镍修复。若轴承孔圆度、圆柱度超差不大时，可采用镀镍法修复，镀镍前要修正孔的精度，采用无槽镀镍工艺，镀镍后经过精加工恢复此孔与滚动轴承的

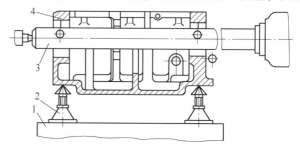

图 7-18　在镗铣床上测量主轴箱体的精度

1—工作台　2—可调千斤顶　3—镗杆　4—主轴箱体

公差配合要求；若轴承孔圆度、圆柱度误差过大时，则采用镗孔镶套法来修复。

　　3. 主轴起停及制动机构的修理

　　主轴起停及制动操纵机构主要包括双向多片摩擦离合器、制动器及其操纵机构，实现主轴的起动、停止、换向。由于卧式车床频繁起停和制动，使部分零件磨损严重，在修理时必须逐项检验各零件的磨损情况，视情况予以更换和修理。

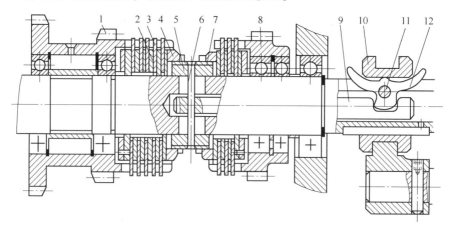

图 7-19　双向多片摩擦离合器

1—双联齿轮　2—内摩擦片　3—外摩擦片　4、7—螺母　5—压套
6—长销　8—齿轮　9—拉杆　10—滑套　11—销轴　12—元宝形摆块

1）在双向多片摩擦离合器中（见图7-19），修复的重点是内、外摩擦片，当机床切削载荷超过调整好的摩擦片所传递的力矩时，摩擦片之间就产生相对滑动现象，多次反复，其表面就会被研出较深的沟槽。当表面渗碳层被全部磨掉时，摩擦离合器就失去功能，修理时一般更换新的内、外摩擦片。若摩擦片只是翘曲或拉毛，可通过延展校直工艺校平和用平面磨床磨平，然后采取吹砂打毛工艺来修复。

元宝形摆块12及滑套10在使用中经常作相对运行，在二者的接触处及元宝形摆块与拉杆9接触处产生磨损，一般是更换新件。

2）卧式车床的制动机构如图7-20所示，当摩擦离合器脱离时，使主轴迅速制动。由于卧式车床的频繁起停，使制动机构中制动钢带6和制动轮7磨损严重，所以制动带的更换、制动轮的修整、齿条轴2起位位（图7-20中的b部位）的焊补是制动机构修理的主要任务。

4. 主轴箱变速操纵机构的修理

主轴箱变速操纵机构中各传动件一般为滑动摩擦，长期使用中各零件易产生磨损，在修理时需注意滑块、滚柱、拨叉、凸轮的磨损状况。必要时可更换部分滑块，以保证齿轮转动灵活、定位可靠。

5. 主轴箱的装配

主轴箱各零部件修理后应进行装配调整，检查各机构、各零件修理或更换后能否达到组装技术要求。组装时按先下后上、先内后外的顺序，逐项进行装配调整，最终达到主轴箱的工作性能及精度要求。主轴箱的装配重点是主轴部件的装配与调整，主轴部件装配后，应在主轴运转达到稳定的温升后调整主轴轴承间隙，使主轴的回转精度达到如下要求：

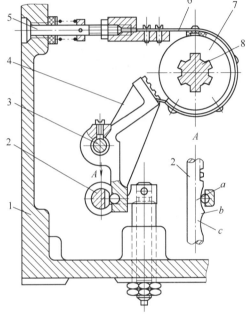

图7-20　制动机构

1—箱体　2—齿条轴　3—杠杆支承轴
4—杠杆　5—调节螺钉　6—制动钢带
7—制动轮　8—花键轴

1）主轴定心轴颈的径向圆跳动误差小于0.01mm。

2）主轴轴肩的轴向圆跳动误差小于0.015mm。

3）主轴锥孔的径向圆跳动靠近主轴端面处为0.015mm，距离端面300mm处为0.025mm。

4）主轴的轴向窜动量不超过0.01~0.02mm。

除主轴部件调整外，还应检查并调整使齿轮传动平稳、变速操纵灵敏准确、各级转速与铭牌相符、起停可靠、箱体温升正常、润滑装置工作可靠等。

6. 主轴箱与床身的拼装

主轴箱内各零件装配并调整好后，将主轴箱与床身拼装，然后按图7-21所示方法测量床鞍移动对主轴轴线的平行度误差，通过修刮主轴箱底面，使主轴轴线达到下列要求：

1）床鞍移动对主轴轴线的平行度误差在垂直平面内300mm长度上不大于0.03mm，在水平面内300mm长度上不大于0.015mm。

2）主轴轴线的偏斜方向：只允许心轴外端向上和向前偏斜。

1.2.4 刀架部件的修理

刀架部件包括转盘、小滑板和方刀架等零件，如图7-22所示。刀架部件是安装了刀具、直接承受切削力的部件，各结合面之间必须保持正确的配合；同时，刀架的移动应保持一定的直线性，避免影响加工圆锥工件母线的直线度和降低刀架的刚度。因此，刀架部件修理的重点是刀架移动导轨的直线度和刀架重复定位精度的修复。刀架部件的修理主要包括小滑板、转盘和方刀架等零件主要工作面的修复，如图7-23所示。

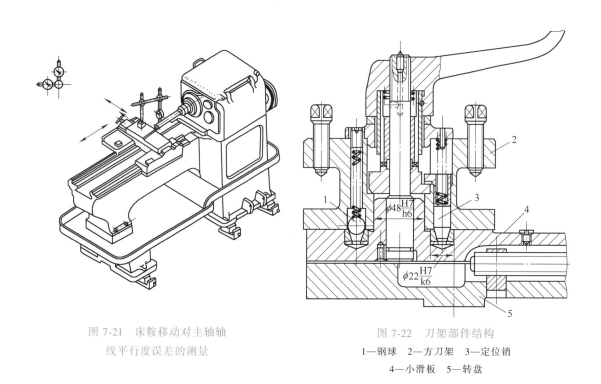

图 7-21　床鞍移动对主轴轴
线平行度误差的测量

图 7-22　刀架部件结构

1—钢球　2—方刀架　3—定位销
4—小滑板　5—转盘

（1）小滑板的修理　小滑板导轨面2可在平板上拖研修刮；燕尾导轨面6采用角形平尺拖研修刮或与已修复的刀架转盘燕尾导轨配刮，保证导轨面的直线度及与丝杠孔的平行度；表面1由于定位销的作用留下一圈磨损沟槽，可将表面1车削后与方刀架底面8进行对研配刮，以保证接触精度；更换小滑板上的刀架转位定位销锥套（见图7-23），保证它与小滑板安装孔 $\phi22$mm 之间的配合精度；采用镶套或涂镀的方法修复刀架座与方刀架孔（见图7-23）的配合精度，保证 $\phi48$mm 定位圆柱面与小滑板上表面1的垂直度。

（2）方刀架的刮研　配刮方刀架与小滑板的接触面8、1（见图7-23a、c），配作方刀架上的定位销，保证定位销与小滑板上定位销锥套孔的接触精度，修复刀架上刀具夹紧螺纹孔。

（3）刀架转盘的修理　刮研燕尾导轨面3、4、5（见图7-23b），保证各导轨面的直线度和导轨相互之间的平行度。修刮完毕后，将已修复的镶条装上，进行综合检验，镶条调节合适后，小滑板的移动应无轻、重或阻滞现象。

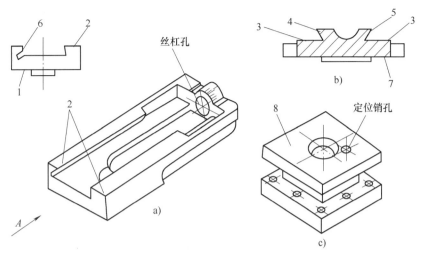

图 7-23　刀架部件主要修理零件的示意图

a）小滑板　b）转盘　c）方刀架

（图中序号为刀架工作的代号）

（4）丝杠螺母的修理和装配调整　刀架丝杠及与其相配的螺母都属易损件，一般采用换丝杠配螺母或修复丝杠、重新配螺母的方法进行修复。在安装丝杠和螺母时，为保证丝杠与螺母的同轴度要求，一般采用如下两种方法：

1）设置偏心螺母法。在卧式车床花盘 1 上装专用三角铁 6（见图 7-24），将小滑板 3 和转盘 2 用配刮好的塞铁楔紧，一同安装在专用三角铁 6 上，将加工好的实心螺母体 4 压入转盘 2 的螺母安装孔内（实心螺母体 4 与转盘 2 的螺母安装孔为过盈配合）；在卧式车床花盘 1 上调整专用三角铁 6，以小滑板丝杠安装孔 5 找正，并使小滑板导轨与卧式车床主轴轴线平行，加工出实心螺母体 4 的螺纹底孔；然后再卸下实心螺母体 4，在卧式车床四爪卡盘上以螺母底孔找正加工出螺母螺纹，最后再修螺母外径保证与转盘螺母安装孔的配合要求。

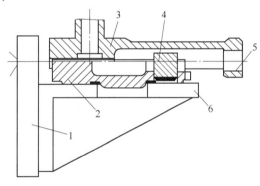

图 7-24　装配丝杆螺母示意图

1—花盘　2—转盘　3—小滑板

4—实心螺母体　5—丝杠安装孔　6—三角铁

2）设置丝杠偏心轴套法。将丝杠轴套做成偏心式轴套，在调整过程中转动偏心轴套使丝杠螺母达到灵活转动位置，这时做出轴套上的定位螺钉孔，并加以紧固。

1.2.5　进给箱部件的修理

进给箱部件的功用是变换加工螺纹的种类和导程，以及获得所需的各种进给量，它主要由基本螺距机构、倍增机构、改变加工螺纹种类的移换机构、丝杠与光杠的转换机构以及操纵机构等组成。其主要修复的内容如下：

（1）基本螺距机构、倍增机构及其操纵机构的修理　检查基本螺距机构、倍增机构中各齿轮、操纵机构、轴的弯曲等情况，修理或更换已磨损的齿轮、轴、滑块、压块、斜面推销等零件。

（2）丝杠连接法兰及推力球轴承的修理 在车削螺纹时，要求丝杠传动平稳、轴向窜动小。丝杠连接轴在装配后轴向窜动量不大于 0.008~0.010mm，若轴向窜动量超差，可通过选配推力球轴承和刮研丝杠连接法兰表面来修复。丝杠连接法兰修复如图 7-25a 所示，用刮研心轴进行研磨修正，使表面 1、2 保持相互平行，并使其对轴孔中心线垂直度误差小于 0.006mm，装配后按图 7-25b 所示测量其轴向窜动量。

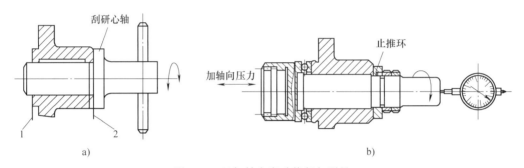

图 7-25 丝杠轴向窜动修复与测量

a）丝杠连接法兰的刮研 b）丝杠连接轴轴向窜动的测量

（3）托架的调整与支承孔的修复 床身导轨磨损后，溜板箱下沉，丝杠弯曲，使托架孔磨损。为保证三支承孔的同度轴，在修复进给箱时，应同时修复托架。托架支承孔磨损后，一般采用镗孔镶套来修复，使托架的孔中心距、孔轴线至安装底面的距离均与进给箱尺寸一致。

1.2.6 溜板箱部件的修理

溜板箱固定安装在沿床身导轨移动的纵向溜板下面。其主要作用是将进给箱传来的运动转换为刀架的直线移动。实现刀架移动的快慢转换，控制刀架运动的接通、断开、换向以及实现过载保护和刀架的手动操纵。溜板箱部件修理的主要工作内容有丝杠传动机构的修理、光杠传动机构的修理、安全离合器和超越离合器的修理及进给操纵机构的修理。

（1）丝杠传动机构的修理 丝杠传动机构的修理主要包括传动丝杠及开合螺母机构的修理。丝杠一般应根据磨损情况确定修理或更换，修理一般可采用校直和精车的方法；对于开合螺母机构的修理过程如下：

1）溜板箱燕尾导轨的修理。如图 7-26 所示，用平板配刮导轨面 1，用专用角度底座配刮导轨面 2。刮研时要用直角尺测量导轨面 1、2 对溜板结合面的垂直度误差，其误差值为在 200mm 长度上不大于 0.08~0.10mm，导轨面与研具间的接触点达到均匀即可。

2）开合螺母体的修理。由于燕尾导轨的刮研，使开合螺母体的螺母安装孔中心位置产生位移，造成丝杠螺母的同轴度误差增大。当其误差超过 0.05~0.08mm 时，将使安装后的溜板箱移动阻力增加，丝杠旋转时受到侧弯力矩的作用。因此，当丝杠螺母的同轴度误差超差时必须设法消除，一般采取在开合螺母体燕尾导轨面上粘贴铸铁板或聚四氟乙烯胶带的方法消除。其补偿量的测量方法如图 7-27 所示，测量时将开合螺母体夹持在专用心轴 2 上，然后用千斤顶将溜板箱在测量平台上垫起，调整溜板箱的高度，使溜板箱结合面与直角尺直角边贴合，使心轴 1、2 母线与测量平台平行，测量心轴 1 和心轴 2 的高度差 Δ 值，此测量值 Δ 的大小即开合螺母体燕尾导轨修复的补偿量（实际补偿量还应加上开合螺母体燕尾导轨的刮研余量）。

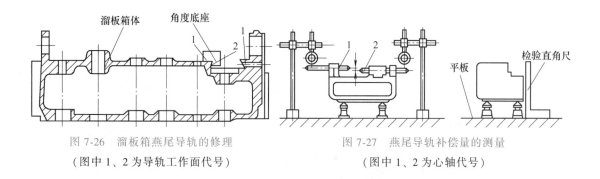

图 7-26　溜板箱燕尾导轨的修理 　　　　　图 7-27　燕尾导轨补偿量的测量

（图中 1、2 为导轨工作面代号）　　　　　　（图中 1、2 为心轴代号）

消除上述误差后，须将开合螺母体与溜板箱导轨面配刮。刮研时首先车一实心的螺母坯，其外径与螺母体相配，并用螺钉与开合螺母体装配好，然后和溜板箱导轨面配刮，要求两者间的接触精度不低于 8～10 点/25mm×25mm，用心轴检验螺母体轴线与溜板箱结合面的平行度误差，其误差控制在 200mm 测量长度上不大于 0.08～0.10mm，然后配刮调整塞铁。

3）开合螺母应根据修理后的丝杠进行配做，其加工是在溜板箱体和螺母体的燕尾导轨修复后进行的。首先将实心螺母坯和刮好的螺母体安装在溜板箱上，并将溜板箱放置在卧式镗床的工作台上；按图 7-27 的方法找正溜板箱结合面，以光杠孔中心为基准，按孔间距的设计尺寸平移工作台，找出丝杠孔中心位置，在镗床上加工出内螺纹底孔；然后以此孔为基准，在卧式车床上精车内螺纹至要求，最后将开合螺母切开为两个半部分。

（2）光杠传动机构的修复　光杠传动机构由光杠、传动滑键和传动齿轮组成。光杠的弯曲、光杠键槽及滑键的磨损、齿轮的磨损，将会引起光杠传动不平稳，床鞍纵向工作进给时产生爬行。光杠的弯曲采用校直修复，校直后再修正键槽，使装配在光杠轴上的传动齿轮在全长上移动灵活。滑键、齿轮损严重时一般需更换。

（3）安全离合器和超越离合器的修理　超越离合器用于刀架快速运动动和工作进给运动的相互转换；安全离合器用于刀架工作进给超载时自动停止，起超载保护作用。

超越离合器经常出现传递力小时易打滑、传递力大时快慢转换脱不开的故障，造成机床不能正常运转，一般可采用加大滚柱直径（传递力小时打滑）或减小滚柱直径（传递力大时快慢转换脱不开）来解决上述问题。

安全离合器的修复重点是左右两半离合器结合面的磨损，一般需要更换，然后调整弹簧压力使之能正常传动。

（4）纵横向进给操纵机构的修理　卧式车床纵横向进给操纵机构的功用是实现床鞍的纵向快慢速运动和中滑板的横向快慢速运动的操纵和转换。由于使用频繁，操纵机构的凸轮槽和操纵圆销易产生磨损，使拨动离合器不到位、控制失灵。另外，离合器齿形端面易产生磨损，造成传动打滑。这些磨损件的修理，一般采用更换方法即可。

1.2.7 尾座部件的修理

尾座部件结构如图 7-28 所示，主要由尾座体 2、尾座底板 1、顶尖套筒 3、尾座丝杠 4、螺母等组成。其主要作用是支承工件或在尾座顶尖套中装夹刀具来加工工件，要求尾座顶尖套移动轻便，在承受切削载荷时稳定可靠。

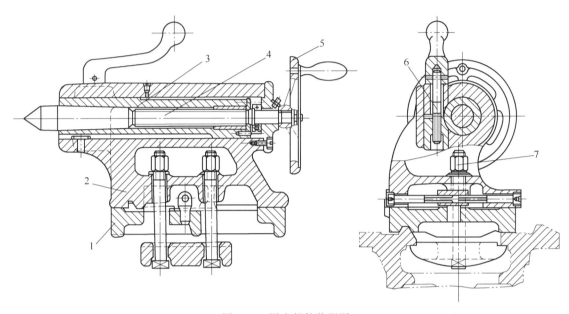

图 7-28 尾座部件装配图

1—尾座底板 2—尾座体 3—顶尖套筒 4—尾座丝杠 5—手轮 6—锁紧机构 7—压紧机构

尾座体部件的修理主要包括：尾座体孔、顶尖套筒、尾座底板、丝杠螺母、夹紧机构的修理。修复的重点是尾座体孔。

（1）尾座体孔的修理 尾座部件的修理一般是先恢复孔的精度，然后根据已修复的孔实际尺寸配尾座顶尖套筒。由于顶尖套筒受径向载荷并经常处于夹紧状态下工作，容易引起尾座体孔的磨损和变形，使尾座体孔孔径呈椭圆形，孔前端呈喇叭形。在修复时，若孔磨损严重，可在镗床上精镗修正，然后研磨至要求。修镗时需考虑尾座部件的刚度，将镗削余量严格控制在最小范围；若磨损较轻时，可采用研磨方法进行修正。研磨时，采用如图 7-29 所示方法，利用可调式研磨棒，以摇臂钻床为动力，在垂直方向研磨，以防止研磨棒的重力影响研磨精度。尾座体孔修复后应达到如下精度要求：圆度、圆柱度误差不大于 0.01mm，研磨后的尾座体孔与更换或修复后的尾座顶尖套筒配合为 H7/h6。

（2）顶尖套筒的修理 尾座体孔修磨后，必须配制相应的顶尖套筒才能保证两者间的配合精度。顶尖套筒的配制可根据尾座孔修复情况而定，当尾座孔磨

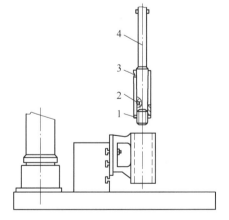

图 7-29 研磨尾座孔示意图

1—螺母 2—定位销 3—研磨套 4—心轴

损严重采用镗修法修正时，可更换新制套筒，并增加外径尺寸，达到与尾座体孔配合的要求；当尾座孔磨损较轻，采用研磨法修正时，可采用原件经修磨外径及锥孔后整体镀铬，然后再精车外圆，达到与尾座体孔的配合要求。尾座顶尖套筒经修配后，应达到如下精度要求：套筒外径圆度、圆柱度误差小于 0.008mm；锥孔轴线相对外径的径向圆跳动误差在端部小于 0.01mm，在 300mm 处小于 0.02mm；锥孔修复后端面的轴线位移不超过 5mm。

（3）尾座底板的修理 由于床身导轨刮研修复以及尾座底板的磨损，必然使尾座孔中心线下沉，导致尾座孔中心线与主轴轴线高度方向的尺寸链产生误差，使卧式车床加工轴类零件时圆柱度超差。

（4）丝杠副及锁紧装置的修理 尾座丝杠螺母磨损后一般采取更换新的丝杠副，也可修丝杠配螺母；尾座顶尖套筒修复后，必须相应修刮紧固块，如图 7-30 所示，使紧固块圆弧面与尾座顶尖套筒圆弧面接触良好。

（5）尾座部件与床身的拼装 尾座部件安装时，应通过检验和进一步刮研，使尾座安装后达到如下要求：

1）尾座体与尾座底板的接触面之间用 0.03mm 塞尺检查时不得插入。

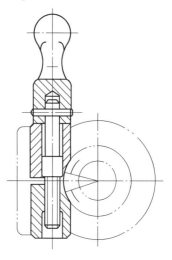

图 7-30 尾座紧固块

2）主轴锥孔轴线和尾座顶尖套筒锥孔轴线对床身导轨的等高度误差不大于 0.06mm，且只允许尾座端高，测量方法如图 7-31 所示。

3）床鞍移动对尾座顶尖套筒伸出方向的平行度误差在 100mm 长度上，上素线不大于 0.03mm，侧素线不大于 0.01mm，测量方法如图 7-32 所示。

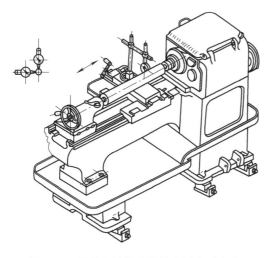

图 7-31 测量主轴锥孔轴线和尾座顶尖套锥孔轴线对床身导轨的等高度

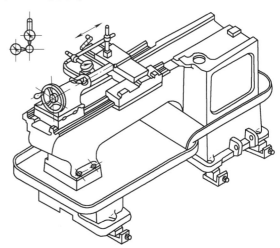

图 7-32 测量床鞍移动对尾座顶尖套筒伸出方向的平行度

4）床鞍移动对尾座顶尖套筒锥孔轴线的平行度误差在 100mm 测量长度上，上素线和侧素线不大于 0.03mm，测量方法如图 7-33 所示。

1.2.8 卧式车床的总装配

卧式车床的总装配要求是达到组成卧式车床各个部件的位置、尺寸及相互间的传动精度要求。所以要根据卧式车床的传动要求来确保各项几何精度，只有各个部件的修复质量和精度都能达到要求后，才能保证卧式车床总装后的工作精度。在装配时，首先应选出正确的装配基准，装配先后顺序以简单方便为原则，可按先下后上、先内后外的原则进行，同时应注意部件热变形及自重变形的影响。下面就卧式车床总装配的几个问题作简要说明。

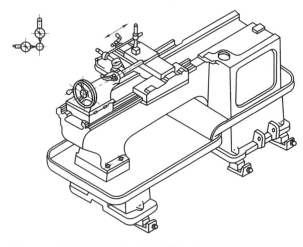

图 7-33　测量床鞍移动对尾座顶尖套筒锥孔轴线的平行度

（1）总装配的一般技术要求　部件拼装时要求部件间的静止结合面应保持平整、无碰伤、凸点或毛刺，重要的结合面应检查其接触率，一般不低于 4～6 点/25mm×25mm。对于一般结合面，压紧后用 0.03～0.04mm 塞尺应不能插入，特别是结合面的螺孔、销孔周围不允许有间隙，以免拧紧螺钉时引起部件变形。部件间的定位销孔，在精度调整后，应用铰刀重新铰光，然后装入定位销，保证定位精度的稳定性。卧式车床的滑动结合面在装配后移动必须灵活自如，在全长上移动无阻滞。

（2）卧式车床装配工艺顺序　卧式车床的一般装配工艺如下：①安装床身及检验床身导轨的几何精度；②安装进给箱、托架（后支架）、溜板箱；③安装齿条；④安装丝杠、光杠；⑤安装尾座；⑥安装主轴箱及校正主轴轴线；⑦安装刀架。

（3）装配工艺　在前述修理工艺中已讲述的部件拼装工艺不再重复。其他部件拼装工艺如下：

1）安装进给箱、托架、溜板箱：将进给箱、托架按原来的紧固螺钉孔及锥孔位置安装到床身上，测量并调整进给箱、托架的光杠支承孔的同轴度、平行度，达到如下要求：

① 进给箱与托架的丝杠、光杠孔轴线对床身导轨的平行度误差在 100mm 长度上，上素线不大于 0.02mm（只允许前端向上），侧素线不大于 0.01mm（只许向床身方向偏）。

② 进给箱与托架的丝杠、光杠孔轴线的同轴度误差在上素线、侧素线都不大于 0.01mm。

检查并调整好进给箱、托架后，再安装溜板箱。由于溜板箱结合面的修刮，使床鞍与溜板箱之间横向传动齿轮副的原中心距离发生变化（见图 7-34），安装溜板箱时需调整此中心距，可采用左移或右移箱体，校正横向自动进给齿轮副的啮合间隙为 0.08mm，使齿轮副在新的装配位置上正常啮合。装上溜板后按图 7-35 所示方法测量并调整溜板箱、进

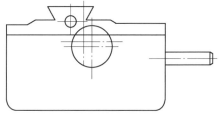

图 7-34　溜板箱的安装调整

给箱、托架的光杠三支承孔的同轴度，达到修理要求后，铰床鞍与溜板箱结合面的定位锥销孔、装入锥销，同时，将进给箱、托架与床身结合的锥销孔也微量铰光之后，装入锥销。

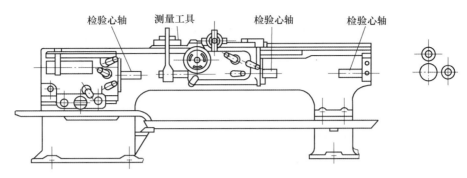

图 7-35　测量光杠三支承孔的同轴度

2）安装齿条时注意调整齿条的安装位置，使其与溜板箱纵向进给齿轮啮合间隙适当，并保证在床鞍行程全长上，纵向进给齿轮与齿条的啮合间隙一致。调整完成后重新铰制齿条定位锥销孔并安装齿条。

3）丝杠和光杠的安装应在溜板箱、进给箱、托架三支承孔的同轴度校正以后进行。安装丝杠时可参照图 7-34 测量丝杠轴线和开合螺母中心对床身导轨的平行度，测量时溜板箱的位置一般应将开合螺母放在丝杠的中间为宜，因丝杠在此处的挠度最大，并且应闭合开合螺母，以避免因丝杠自重、弯曲等因素造成的影响。要求丝杠轴线和开合螺母中心对床身导轨的平行度误差在上素线和侧素线都不大于 0.20mm。丝杠安装后还应测量丝杠的轴向窜动（见图 7-36），使之小于 0.015mm；左、右移动溜板箱，测量丝杠轴向游隙使之小于 0.02mm。若

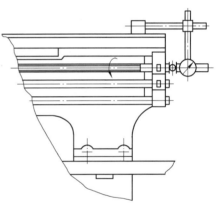

图 7-36　丝杠轴向窜动的测量

上述两项超差，可通过修磨丝杠安装轴法兰端面和调整推力球轴承的间隙予以消除。

1.3　卧式车床常见故障及排除方法

卧式车床经大修以后，在工作时往往会出现故障，卧式车床常见故障、原因分析及排除方法见表 7-2。

表 7-2　卧式车床常见故障、原因分析及排除方法

序号	故障内容	原因分析	排除方法
1	圆柱类工件加工后，外径发生锥度	1）主轴箱主轴轴线对床鞍移动导轨的平行度超差 2）床身导轨倾斜，一项精度超差过大或装配后发生变形 3）床身导轨面严重磨损，主要三项精度均已超差 4）两顶尖支持工件时产生锥度 5）刀具的影响，切削刃不耐磨 6）由于主轴箱温升过高，引起机床热变形 7）地脚螺钉松动（或调整垫铁松动）	1）重新校正主轴箱主轴轴线的安装位置，使工件误差在公差范围之内 2）用调整垫铁来重新校正床身导轨的倾斜精度 3）刮研导轨或磨削床身导轨 4）调整尾座两侧的横向螺钉 5）修正刀具，正确选择主轴转速和进给量 6）如冷态检验（工件时）精度合格而运转数小时后工件即超差时，可按"主轴箱的修理"中的方法降低油温，并定期换油，检查液压泵进油管是否堵塞 7）按调整导轨精度方法调整并紧固地脚螺钉

(续)

序号	故障内容	原 因 分 析	排 除 方 法
2	圆柱形工件加工后,外径产生椭圆及棱圆	1)主轴轴承间隙过大 2)主轴轴颈的椭圆度误差过大 3)主轴轴承磨损 4)主轴轴承(套)的外径(环)有椭圆,或主轴箱体轴孔有椭圆,或两者的配合间隙过大	1)调整主轴轴承的间隙 2)修理后的主轴轴颈没有达到要求,这一情况多数反映在采用滑动轴承的结构上。当滑动轴承尚有足够的调整余量时,可将主轴的轴颈进行修磨,以达到圆度要求 3)刮研轴承、修磨轴颈或更换滚动轴承 4)修整主轴箱体的轴孔,并保证它与滚动轴承外环的配合精度
3	精车外径时,在圆周表面上每隔一定长度距离,重复出现一次波纹	1)溜板箱的纵向进给小齿轮与齿条啮合不正确 2)光杠弯曲,或光杠、丝杠、进给杠等位置孔不在同一平面上 3)溜板箱内某一传动齿轮(或蜗轮)损坏或由于节径振摆而引起的啮合不正确 4)主轴箱、进给箱中的轴弯曲或齿轮损坏	1)如波纹之间距离与齿条的齿距相同时,这种波纹是由齿轮与齿条啮合引起的,设法应使齿轮与齿条正常啮合 2)这种情况下只是重复出现有规律的周期波纹(光杠回转一周与进给量的关系)。消除时,将光杠拆下来校直;装配时要保证三孔同轴及在同一平面 3)检查与校正溜板箱内传动齿轮,遇有齿(或蜗轮)已损坏时必须更换 4)校正转动轴,用手转动各轴,在空转时应无轻重现象
4	精车外径时,在圆周表面上与主轴轴线平行或成某一角度重复出现有规律的波纹	1)主轴上的传动齿轮齿形不良或啮合不良 2)主轴轴承的间隙太大或太小 3)主轴箱上的带轮外径(或带槽)振摆过大	1)出现这种波纹时,如波纹的线数(或条数)与主轴上的传动齿轮齿数相同,就能确定是由主轴上的传动齿轮不良或啮合不良造成的。一般在主轴轴承调整后,齿轮副的啮合间隙不得太大或太小。在正常情况下,侧隙保持在0.05mm左右。当啮合间隙太小时,可用研磨膏研磨齿轮,然后全部拆卸清洗。对于啮合间隙过大或齿形磨损过度而无法消除该种波纹时,只能更换主轴齿轮 2)调整主轴轴承的间隙 3)消除带轮的偏心振摆,调整其滚动轴承的间隙
5	精车外圆时,圆周表面上有混乱的波纹	1)主轴滚动轴承的滚道磨损 2)主轴轴向游隙太大 3)主轴的滚动轴承外环与主轴箱孔有间隙 4)用卡盘夹持工件切削时,因卡爪呈喇叭孔形状而使工件夹紧不稳 5)方刀架因夹紧刀具而变形,结果其底面与上刀架底板的表面接触不良 6)上、下刀架(包括床鞍)的滑动表面之间间隙过大 7)进给箱、溜板箱、托架的三支承不同轴,转动有卡阻现象 8)使用尾座支承工件切削时,顶尖套筒不稳定	1)更换主轴的滚动轴承 2)调整主轴后端推力球轴承的间隙 3)修理轴承孔达到要求 4)产生这种现象时可以改变工件的夹持方法,即用尾座支承工件进行切削,如乱纹消失后,即可肯定乱纹是由卡盘法兰的磨损所致。这时可按主轴的定心轴颈及前端螺纹配制新的卡盘法兰 5)在夹紧刀具时,用涂色法检查方刀架与小滑板结合面接触精度,应保证方刀架在夹紧刀具时仍保持与它均匀地全面接触,否则应刮研修正 6)将所有导轨副的塞铁、压板均调整到合适的配合,使移动平稳、轻便。用0.04mm塞尺检查时,插入深度应小于或等于10mm,以克服由于床鞍在床身导轨上纵向移动时受齿轮与齿条及切削力的颠覆力矩而沿导轨斜面跳跃一类的缺陷 7)修复床鞍倾斜下沉 8)检查尾座顶尖套筒与尾座孔及夹紧装置配合是否合适,如轴孔松动过大而夹紧盘位置又失去作用时,要修复尾座顶尖套筒达要求

（续）

序号	故障内容	原 因 分 析	排 除 方 法
6	精车外径时,在固定的长度（固定位置）有一节波纹凸起	1）床身导轨在固定的长度位置上有碰伤、凸痕等 2）齿条表面在某处凸出或齿条之间的接缝不良	1）修去碰伤、凸痕等毛刺 2）将两齿条的接缝配合仔细校正,遇到齿条上某一齿特粗或特细时,可修整至与其他单齿的齿厚相同
7	精车外径时,圆周表面上出现有规律性的波纹	1）因为电动机旋转不平稳而引起机床振动 2）因为带轮等旋转零件的振幅太大而引起机床振动 3）车间地基引起机床振动 4）刀具与工件之间引起的振动	1）校正电动机转子的平衡,有条件时进行动平衡测试 2）校正带轮等旋转零件的振摆,对其外径、带轮三角槽进行光整车削 3）在可能的情况下,将具有有强烈振动来源的机器,如砂轮机（磨刀用）等移开机床一定距离,以减少振源的影响 4）设法减少振动,如减少刀杆伸出长度等
8	精车外径时,主轴每一转在圆周表面上有一处振痕	1）主轴的滚动轴承某几粒滚柱（珠）磨损严重 2）主轴上的传动齿轮节径振摆过大	1）将主轴滚动轴承拆卸后用千分尺逐粒测量滚柱（珠）,如确系某几粒滚柱（珠）磨损严重（或滚柱间的尺寸相差很大）时,须更换轴承 2）消除主轴齿轮的节径振摆,严重时要更换齿轮副
9	精车后的工件端面中凸	1）溜板移动对主轴箱主轴轴线的平行度超差,要求主轴中心线向前偏 2）床鞍的上、下导轨垂直度超差,该项要求是溜板上导轨的外端必须偏向主轴箱	1）校正主轴箱主轴轴线的位置,在保证工件合格的前提下,要求主轴轴线向前偏（偏向刀架） 2）对经过大修后的机床出现该项误差时,必须重新刮研床鞍下导轨面。只有尚未经过大修而床鞍上导轨的直线度精度差、磨损严重形成工件中凸时,可刮研床鞍的上导轨面
10	精车螺纹表面有波纹	1）因机床导轨磨损而使床鞍倾斜下沉,造成丝杠弯曲,与开合螺母的啮合不良（单片啮合） 2）托架支承孔磨损,使丝杠回转轴线不稳定 3）丝杠的轴向游隙过大 4）进给箱交换齿轮轴弯曲、扭曲 5）所有的滑动导轨面（指方刀架中滑板及床鞍）间有间隙 6）方刀架与小滑板的接触面间接触不良 7）车削长螺纹工件时,因工件本身弯曲而引起的表面波纹 8）因电动机、机床本身固有频率（振动区）而引起的振动	1）修理机床导轨、床鞍达到要求 2）托架支承孔镗孔镶套 3）调整丝杠的轴向间隙 4）更换进给箱的交换齿轮轴 5）调整导轨间隙及塞铁、床鞍压板等,各滑动面间用0.03mm塞尺检查,插入深度应≤20mm。固定结合面间应插不进去 6）修刮小滑板底面与方刀架接触面,使其接触良好 7）工件必须加以合适的随刀托架（跟刀架）,使工件不因车刀的切入而引起跳动 8）摸索、掌握该振动区规律

（续）

序号	故障内容	原因分析	排除方法
11	方刀架上的紧压手柄压紧后（或刀具在方刀架上固紧后），小刀架手柄转不动	1）方刀架的底面不平 2）方刀架与小滑板底面的接触面不良 3）刀具夹紧后方刀架产生变形	均用刮研刀架座底面的方法修正
12	用方刀架进给精车锥孔时，锥孔呈喇叭形或表面质量不高	1）方刀架的移动燕尾导轨不直 2）方刀架移动对主轴轴线不平行 3）主轴径向回转精度不高	1）参阅"刀架部件的修理"刮研导轨 2）调整主轴的轴承间隙，提高主轴的回转精度
13	用剖槽刀割槽时产生"颤动"，或外径重切削时产生"颤动"	1）主轴轴承的径向间隙过大 2）主轴孔的后轴承端面不垂直 3）主轴轴线（或与滚动轴承配合的轴颈）的径向振摆过大 4）主轴的滚动轴承内环与主轴锥度的配合不良 5）工件夹持中心孔不良	1）调整主轴轴承的间隙 2）检查并校正后端面的垂直度要求 3）设法将主轴的径向振摆调整至最小值，如滚动轴承的振摆无法避免时，可采用角度选配法来减少主轴的振摆 4）修磨主轴 5）在校正工件毛坯后，修顶尖中心孔
14	重切削时，主轴转速低于标牌上的转速或发生自动停车	1）摩擦离合器调整过松或磨损 2）开关杆手柄接头松动 3）图7-19中元宝形摆块和滑套磨损 4）摩擦离合器轴上的弹簧垫圈或锁紧螺母松动 5）主轴箱内集中操纵手柄的销子或滑块磨损，手柄定位弹簧过松而使齿轮脱开 6）电动机传动V带调节过松	1）调整摩擦离合器，修磨或更换摩擦片 2）打开配电箱盖，紧固接头上螺钉 3）修焊或更换元宝形摆块和滑套 4）调整弹簧垫圈及锁紧螺钉 5）更换销子、滑块，将弹簧力加大 6）调整V带的传动松紧程度
15	停车后主轴有自转现象	1）摩擦离合器调整过紧，停车后仍未完全脱开 2）制动器过松没有调整好	1）调整摩擦离合器 2）调整制动器的制动带
16	溜板手摇太沉	1）小齿轮与齿条啮合太紧 2）光杠及丝杠的三支承不同轴 3）溜板导轨面接触不良	1）加大齿轮与齿条的啮合间隙，保证齿轮与齿条的侧隙不少于0.10mm 2）调整或修复三点的同轴度 3）修刮溜板导轨面达到要求，可用氧化铬对研后洗干净

（续）

序号	故障内容	原 因 分 析	排 除 方 法
17	横向进给刻度不准,重复定位精度低	1）横向进给丝杠、螺母磨损,间隙过大 2）横向丝杠螺母装配不良 3）横向丝杠轴向窜动 4）刻度盘内弹簧片无弹性	1）松开前后螺母的螺钉,然后用中间螺钉将夹在两个螺母中间的斜铁往上拉,使前后两个螺母产生轴向移动来消除螺母与丝杠的间隙 2）调整刻度盘前的圆螺母 3）装配横向丝杠螺母时要仔细调整垫片厚度,使手摇横向溜板移动灵活,在全程上无轻重不均现象,然后将螺母紧固 4）更换弹簧片
18	进给箱齿轮打齿	1）未停车变速 2）变速手柄定位不准确,使两对齿轮同时啮合	1）严格机床操作规程,禁止未停车变速 2）正确装配进给箱变速齿轮和调整定位机构
19	光杆、丝杠同时转动	溜板箱内的互锁保险机构的拨叉磨损、失灵	修复互锁保险机构
20	尾座锥孔内钻头、顶尖等顶不出来	尾座丝杠头部磨损	烧焊加长丝杠顶端
21	主轴箱油窗不注油	1）过滤器、油管堵塞 2）液压泵活塞磨损,压力过小或油量过小 3）进油管漏油	1）清洗过滤器,疏通油路 2）修复或更换活塞 3）拧紧管接头

任务 2　试 车 验 收

卧式车床经修理后,需进行试车验收,主要包括空运转试验前的准备、空运转试验、负荷试验、机床几何精度检验和机床工作精度试验。

2.1　空运转试验前的准备

1）机床在完成总装后,需清理现场和对机床进行全面清洗。

2）检查机床各润滑油路,根据润滑图表要求,注入符合规格的润滑油和切削液,使之达到规定要求。

3）检查紧固件是否可靠;溜板、尾座滑动面是否接触良好,压板调整是否松紧适宜。

4）用手转动各传动件,要求运转灵活;各变速、变向手柄应定位可靠、变换灵活;各移动机构手柄转动时应灵活、无阻滞现象,并且反向空行程量小。

2.2　空运转试验

1）从低速开始依次运转主轴的所有转速档,进行主轴空运转试验,各级转速的运转时间不少于 5min，最高转速的运转时间不少于 0.5h。在最高速下运转时，主轴的稳定温度如下：滑动轴承不超过 60℃，温升不超过 30℃；滚动轴承不超过 70℃，温升不超过 40℃；其他机构的轴承温度不超过 50℃。在整个试验过程中，润滑系统应畅通、正常并无泄漏现象。

2）在主轴空运转试验时，变速手柄变速操纵应灵活，定位准确可靠；摩擦离合器在合上时，能传递额定功率而不发生过热现象，处于断开位置时，主轴能迅速停止运转；制动闸带松紧程度合适，达到主轴在 300r/min 转速运转时，制动后主轴转动不超过 2~3r，非制动状态，制动闸带能完全松开。

3）检查进给箱各档变速定位是否可靠，输出的各种进给量是否与转换手柄标牌指示的数值相符；各对齿轮传动副运转是否平稳，应无振动和较大的噪声。

4）检查床鞍与刀架部件，要求床鞍在床身导轨上，中、小滑板在其燕尾导轨上移动平稳，无松紧、快慢感觉，各丝杠旋转灵活、可靠。

5）溜板箱各操纵手柄应操纵灵活，无阻卡现象，互锁准确可靠。纵、横向快速进给运动应平稳，快慢转换可靠；丝杠开合螺母应控制灵活；安全离合器弹簧调节应松紧合适，传力可靠，脱开迅速。

6）尾座部件的顶尖套筒由套筒孔内端伸出至最大长度时，应无不正常的间隙和阻滞现象，手轮转动应灵活，夹紧装置操作应灵活、可靠。

7）调节带传动装置，四根 V 带松紧应一致。

8）电气控制设备应准确可靠，电动机转向正确，润滑、冷却系统运行可靠。

2.3　机床负荷试验

机床负荷试验在于检验机床各种机构的强度，以及在负荷下机床各种机构的工作情况。其内容包括：机床主传动系统最大转矩试验，以及短时间超过最大转矩 25% 的试验；机床最大切削主分力的试验及短时间超过最大切削主分力 25% 的试验。负荷试验一般在机床上用切削试件方法或用仪器加载方法进行。

2.4　机床几何精度检验

机床几何精度检验主要按 GB/T 4020—1997 要求的主要检验项目进行检验，其检验方法及要求的精度指标可参考上述标准。要注意的是，在精度检验过程中，不得对影响精度的机构和零件进行调整，否则应复查因调整受影响的有关项目。检验时，凡与主轴轴承温度有关的项目应在主轴轴承温度达到稳定后方可进行检验。

2.5　卧式车床工作精度试验

卧式车床工作精度试验是检验卧式车床动态工作性能的主要方法。其试验项目有：精车外圆、精车端面、精车螺纹及切断试验。以上这几个试验项目，分别检验卧式车床的径向和轴向刚度性能及传动工作性能。其具体方法为：

（1）精车外圆试验　用高速钢车刀车 $\phi 30 \sim \phi 50mm \times 250mm$ 的 45 钢棒料试件，检验所

加工零件的圆度误差不大于 0.01mm，表面粗糙度值不大于 $Ra1.6\mu m$。

（2）精车端面试验　用 45°的标准右偏刀加工 $\phi250mm$ 的铸铁试件的端面，加工后其平面度误差不大于 0.02mm，只允许中间凹。

（3）精车螺纹试验　精车螺纹主要是检验机床传动精度。用 60°的高速钢标准螺纹车刀加工 $\phi40mm\times500mm$ 的 45 钢棒料试件，加工后要达到螺纹表面无波纹及表面粗糙度值不大于 $Ra1.6\mu m$，螺距累积误差在 100mm 测量长度上不大于 0.060mm，在 300mm 测量长度上不大于 0.075mm。

（4）切断试验　用宽 5mm 标准切断刀切断 $\phi80mm\times150mm$ 的 45 钢棒料试件，要求切断后试件切断底面不应有振痕。

任务3　液压系统故障诊断的步骤和方法

3.1　液压传动系统概述

液压传动系统是以运动着的液体作为工作介质，通过能量转换装置将原动机的机械能转变为液体的压力能，然后通过封闭管道、调节控制元件，再通过另一能量装置将液体的压力能转变为机械能的系统。

液压传动系统和机械传动系统相比，由于具有单位功率重量轻、易于实现无级调速、自动控制和过载保护，排列布置具有较大的机动性，组装方便等技术优势。因此，在我国国民经济的各个行业中得到广泛应用。特别是新型液压系统和元件中的计算机技术、机电一体化技术和优化技术使液压传动正向着高压、高速、大功率、高效、低噪声、长寿命、高度集成化、复合化、小型化以及轻量化等方向发展。

图 7-37 所示为简化的机床工作台液压传动系统。它由油箱、过滤器、液压泵、换向阀、溢流阀、节流阀、液压缸（液压缸固定在床身上，活塞杆与工作台连接做往复运动）及油管等组成。

该系统的工作原理：液压泵由电动机带动旋转后，从油箱经过滤器吸油，由泵输出压力油→换向阀 1→节流阀→换向阀 2→液压缸左腔，推动活塞并带动工作台向右移动；此时，液压缸右腔的油液→换向阀 2→回油管→油箱。如果将换向阀 1 的手柄转换到右位，则经节流阀的压力油→换向阀 2→液压缸右腔，推动活塞并带动工作台向左移动；此时，液压缸左腔的油液→换向阀 2→回油管→油箱。

工作台的运动速度由节流阀调节，并与溢流阀配合实现。改变节流阀的开口大小，可以改变进入液压缸的流量，由此可控制液压缸活塞的运动速度，并使液压泵

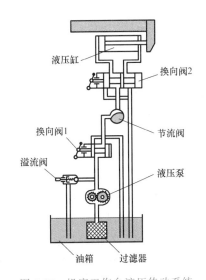

图 7-37　机床工作台液压传动系统

输出的多余流量经溢流阀流回油箱。液压泵出口处的油液压力是由溢流阀决定的，溢流阀在

液压系统中的主要功能是调节和稳定系统的最大工作压力。

从上述实例可以看出，液压传动系统总共由五个部分组成：

（1）动力元件 液压泵的作用是将原动机输入的机械能转换为介质的压力能，向系统提供压力介质。

（2）执行元件 液压缸做直线运动，输出力、位移；液压马达做回转运动，输出转矩、转速；执行元件是将介质的压力能转换成机械能的装置。

（3）控制元件 控制介质压力、方向、流量的元件。它们是对液压系统中油液压力、流量或方向进行控制和调节的装置。这些元件的不同组合形成不同功能的液压系统，以保证执行元件完成预期的工作运动。

（4）辅助元件 辅助元件包括油箱、管路、压力表等。这些元件分别起散热、储油、输油、连接、过滤、测量压力和测量流量等作用，它们对保证液压系统可靠和稳定地工作有重大作用。

（5）工作介质 常用的工作介质是液压油，工作介质用于实现运动和动力的传递。

3.2 液压系统故障诊断的一般步骤与方法

1. 液压传动系统故障诊断步骤

一个设计良好的液压系统与同等复杂程度的机械式机构或电气式机构相比，故障发生的概率是较低的，但由于液压故障具有隐蔽性、多样性、不确定性和因果关系复杂性等特点，寻找故障部位比较困难。诊断液压系统故障时，要掌握液压传动的基本知识，熟悉元件的性能，具有处理故障的经验。应该深入现场，全面了解故障情况。一般步骤如下：

（1）熟悉性能和资料 在查找故障前，首先要了解设备的性能，反复研究液压系统图，将其彻底弄懂。不但要弄清各元件的性能及其在系统中的作用，还要弄清它们之间的联系和型号、生产厂家以及出厂年月等情况；然后在弄清原理的基础上，再对液压系统进行全面的分析。

（2）调查情况、现场考察 向操作者询问设备出现故障前后的状况和现象，产生故障的部位和故障的现象。如果还能运作，应亲自起动设备，仔细察看故障现象和参数变化。对照本次故障现象查阅技术档案，了解设备运行历史和当前的状况。

分析判断时一定要综合机械、电气、液压等多方面的因素。首先，应注意外界因素对系统的影响，在排除外界原因之后，再查找系统内部原因。

（3）归纳分析、排除故障 对照本故障现象查阅设备技术档案是否有相似的历史记载（利于准确判断），根据工作原理，将所有资料进行综合、比较、归纳和分析。分析时注意事物的相互联系，逐步缩小范围。直到准确地判断出故障的部位和元件。本着"先外后内""先调后拆""先洗后修""先易后难"的原则，制订修理工作的具体措施并实施。

（4）写出工作报告，总结经验，记载归档 将本次产生故障的现象、部位及排除方法归入设备技术档案，作为原始资料记载，积累维修工作的实际经验。

2. 液压传动系统故障诊断的方法

液压系统故障诊断的方法有很多，一般可分为简易诊断和精密诊断。简易诊断技术也称为主观诊断法，它是靠维修人员利用简单的诊断仪器以及凭个人的实践经验对液压系统出现的故障进行诊断，判断产生故障的部位和原因。这种方法简单易行，目前应用广泛。现介绍简易诊断法。

这种方法通过"看、听、摸、闻、阅、问"六字口诀进行。

（1）看　用眼睛观察液压系统工作的真实状况。看速度：观察执行机构运动速度有无变化和异常现象。看压力：观察液压系统中各油压点的压力值及波动大小。看油液：观察油液是否清洁，是否变质，油液表面是否有泡沫，油量是否在规定的油标线范围内，油液的黏度是否符合要求等。看泄漏：观察液压管道接头、阀板结合处、液压缸端盖和液压泵轴端等是否有渗漏、滴漏现象。看振动：观察液压缸活塞杆或工作台等运动部件工作时有无因振动而跳动等现象。看产品：根据加工的产品质量，判断运动机构的工作状态、系统工作压力和流量的稳定性等。

（2）听　用耳听判断液压系统或元件工作是否正常。听噪声：听液压泵和液压系统工作时的噪声是否过大，溢流阀、顺序阀等压力元件是否有尖叫声。听冲击声：听液压缸换向时冲击声是否过大，液压缸活塞是否有冲击缸底的声音，换向阀换向时是否有冲击端盖的声音。听气蚀与困油的异常：检查液压泵是否吸入空气，或是否存在严重困油现象。听敲打声：听液压泵运转时是否有因损坏引起的敲打声。听液压油在油管中流动的声音：听流动声音判断油液流动情况。

（3）摸　用手摸运动部件的温升和工作状态。摸温升：用手摸液压泵、油箱和阀类元件外壳表面上的油温，若接触两秒钟就感到烫手，应检查温升过高的原因。摸振动：用手摸运动件和管子的振动情况，若有高频振动应检查产生的原因。摸爬行：当执行元件在轻载低速运动时，用手摸有无爬行现象。摸松紧程度：用手拧一下挡铁、微动开关和紧固螺钉等以查看其松紧程度。

（4）闻　用嗅觉器官辨别油液是否发臭变质，橡胶件是否因过热发出特殊气味等。

（5）阅　查阅设备技术档案中的有关故障分析和修理记录，查阅日检卡和定检卡，查阅交接班记录和维护保养情况的记录。

（6）问　询问设备操作者，了解设备平时的运行状况；询问液压系统工作是否正常，液压泵有无异常现象；询问液压油更换的时间，滤网是否清洁；询问发生事故前是否调节过压力调节阀或速度调节阀，有哪些不正常的现象；询问发生事故前是否更换过密封件或液压件；询问发生事故前液压系统出现过哪些不正常的现象；询问过去经常出现过哪些故障以及故障是怎样排除的，了解哪位维修人员对故障原因与排除方法比较清楚。

由于每个人的感觉、判断能力和实践经验的差异，判断结果肯定会有差异，但是经过反复实践，故障原因是特定的，终究会被确定并排除。这种方法对于有实践经验的工程技术人员更加有效。

3.3　液压系统维修的原则

对液压系统的维修可以总结为"观察、分析、严密、调整"八个字，即在"观察"上打基础，在"分析"上花时间，在"严密"上下工夫，在"调整"上找出路。在液压系统中，由于液压元件都在充分润滑的条件下工作，液压系统均有可靠的过载保护装置，很少发生金属零件破损、严重磨损等现象，故大多数故障能通过调整的办法排除。有些故障可用更换易损件、换液压油甚至个别标准液压元件或清洗液压元件的办法排除，只有部分故障是因设备使用年久，精度不够需要修复才能恢复其性能。因此，排除故障时应注意采用"先外后内、先调后拆、先洗后修"的步骤，尽量通过调整来实现，只有在必要的情况下才大拆大卸。清洗液压元件时，要用毛刷或绸布、塑料泡沫及海绵等，不能用棉布或棉纱等来擦洗，以免堵塞微小的通道。

3.4 液压系统的故障特征

1. 液压设备安装调试阶段的故障

液压设备安装调试阶段的故障发生率较高，其特征是设计、制造与安装的质量问题交织在一起，综合了机械、电气和液压多方面的因素。液压系统常发生的故障有以下六种：

1）设计不合理，制造与安装的误差，如接头松动、板式连接或法兰连接接合面螺钉预紧力不够等，造成外泄漏严重，主要发生在接头和有关元件连接端盖处。

2）执行元件运动速度不稳定。

3）控制元件的阀芯卡死或运动不灵活，导致执行元件动作失灵。

4）压力控制阀的阻尼小孔堵塞，导致压力不稳定。

5）液压系统设计上的技术参数存在问题，控制元件（如单向阀、换向阀）、辅助元件（如油箱、管路）的布局及摆放位置不合理，导致系统发热、执行元件同步精度降低等。

6）阀类元件漏装弹簧、密封件，造成控制失灵，有时出现管路接错而使系统动作错乱。

2. 液压设备运行初期的故障

液压设备经过调试阶段后，便进入正常生产运行阶段，此阶段故障特征为：

1）管接头因振动而松脱。

2）密封件质量差，或由于装配不当而出现损伤，造成泄漏。

3）管道或液压元件油道内的毛刺、型砂及切屑等污物在油流的冲击下脱落，堵塞阻尼孔或过滤器，造成压力和速度不稳定。

4）由于负荷大或外界环境散热条件差，使油液温度过高，引起泄漏，导致压力和速度的变化。

3. 液压设备运行中期的故障

液压设备运行到中期，故障率最低，这个阶段液压系统运行状态最佳。据有关资料统计，液压系统故障75%以上与液压油污染有关，因此，在使用液压油时要定期查看并保持足够的清洁度，只有保持足够的清洁度，才能将液压系统的故障率降到最低限度。这就需要定期更换液压油以避免油液的污染。

4. 液压设备运行后期的故障

液压设备运行到后期，液压元件因工作频率和负荷的差异，易损件先后开始出现正常性的超差磨损。此阶段故障率较高，泄漏增加，效率降低。针对这一状况，要对元件进行全面检查，对已失效的液压元件应进行修理或更换。以防止液压设备不能运行而被迫停止工作。

5. 液压设备的突发故障

除上述阶段涉及的故障以外，液压设备在运行的初期和后期还经常会发生突发性故障。

故障的特征是突发性，故障发生的区域及产生原因较为明显，如发生碰撞、元件内弹簧突然折断、管道破裂，异物堵塞管路通道以及密封件损坏等故障。

突发性故障往往与液压设备安装不当、维修不良有着直接关系。有时操作错误也会导致突发性故障。防止这类故障发生的主要措施是加强设备日常管理维护，严格执行岗位责任制并加强操作人员的业务培训。

思 考 题

1. 简述卧式车床的修理工艺过程。
2. 简述卧式车床常见故障及排除方法。
3. 简述液压传动系统的故障诊断方法。

参 考 文 献

[1]　张念淮. 机电设备维修技术 [M]. 北京：中国铁道出版社，2014.

[2]　刘洪. 机修钳工企业生产实践 [M]. 北京：机械工业出版社，2009.

[3]　吴先文. 机电设备维修技术 [M]. 2 版. 北京：机械工业出版社，2017.

[4]　晏初宏. 机械设备修理工艺学 [M]. 2 版. 北京：机械工业出版社，2010.

[5]　吴先文. 机电设备维修 [M]. 2 版. 北京：机械工业出版社，2015.

[6]　张翠凤. 机电设备诊断与维修技术 [M]. 3 版. 北京：机械工业出版社，2016.